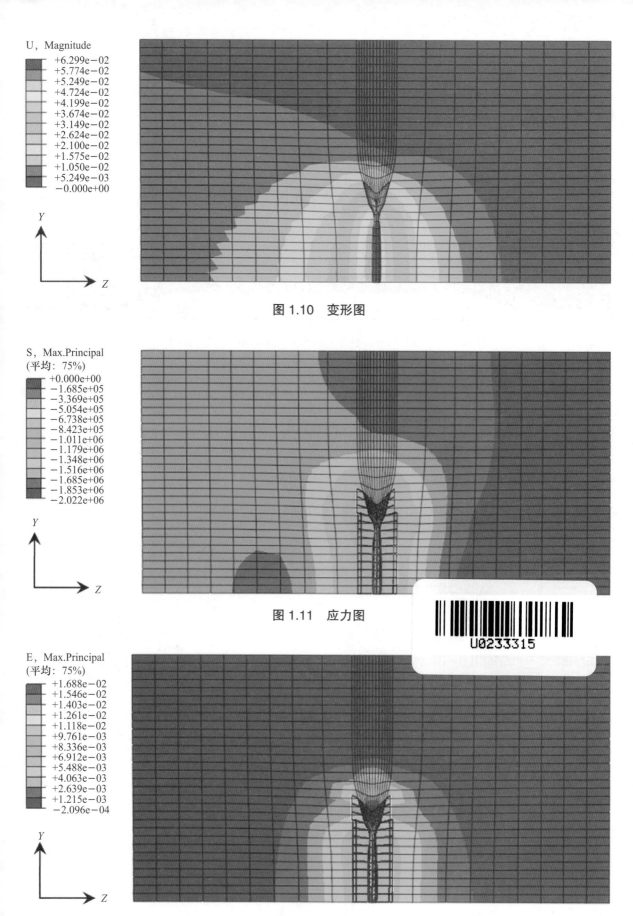

U, Magnitude

+6.299e−02
+5.774e−02
+5.249e−02
+4.724e−02
+4.199e−02
+3.674e−02
+3.149e−02
+2.624e−02
+2.100e−02
+1.575e−02
+1.050e−02
+5.249e−03
−0.000e+00

Y
Z

图 1.10　变形图

S，Max.Principal
（平均：75%）

+0.000e+00
−1.685e+05
−3.369e+05
−5.054e+05
−6.738e+05
−8.423e+05
−1.011e+06
−1.179e+06
−1.348e+06
−1.516e+06
−1.685e+06
−1.853e+06
−2.022e+06

Y
Z

图 1.11　应力图

E，Max.Principal
（平均：75%）

+1.688e−02
+1.546e−02
+1.403e−02
+1.261e−02
+1.118e−02
+9.761e−03
+8.336e−03
+6.912e−03
+5.488e−03
+4.063e−03
+2.639e−03
+1.215e−03
−2.096e−04

Y
Z

图 1.12　应变图

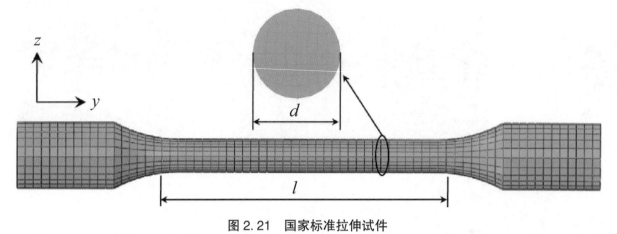

图 2.21　国家标准拉伸试件

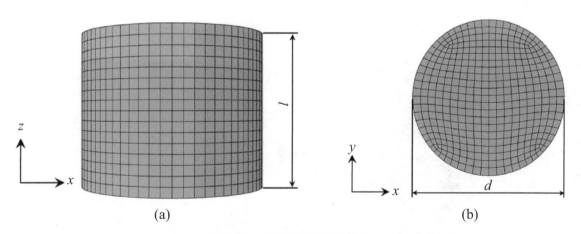

(a)　　　　　　　　　　　　　　　　　　(b)

图 2.22　国家标准压缩试件

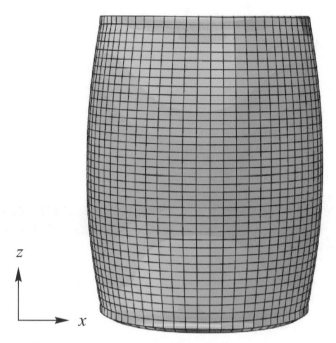

图 2.34 铸铁压缩过程中产生的变形

SF，SF1
(平均：75%)

+4.423e+00
+4.325e+00
+4.228e+00
+4.130e+00
+4.033e+00
+3.935e+00
+3.837e+00
+3.740e+00
+3.642e+00
+3.545e+00
+3.447e+00
+3.350e+00
+3.252e+00

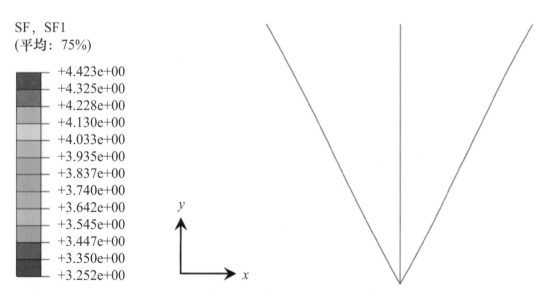

图 2.46 杆系结构轴力的有限元数值模拟

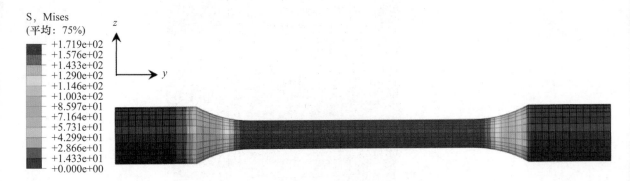

图 2.27　屈服阶段

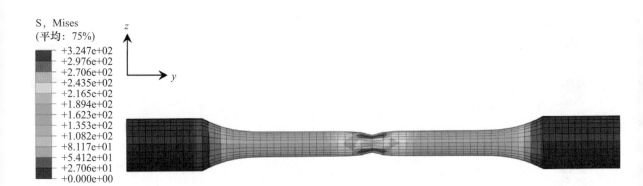

图 2.28　局部变形阶段

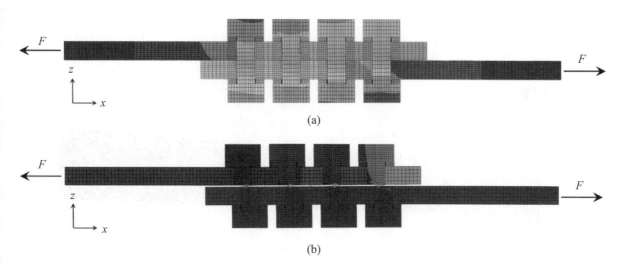

图 3.1　螺栓连接件的剪切与挤压

（a）剪切云图；（b）挤压云图

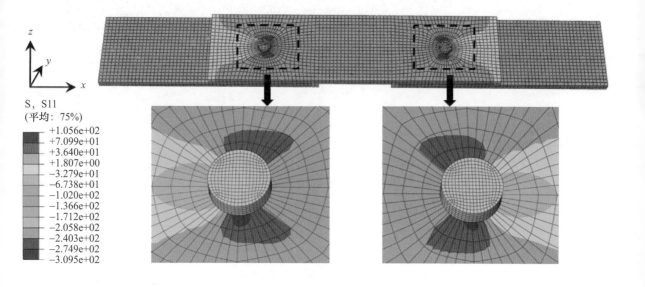

图 3.16　有限元建模

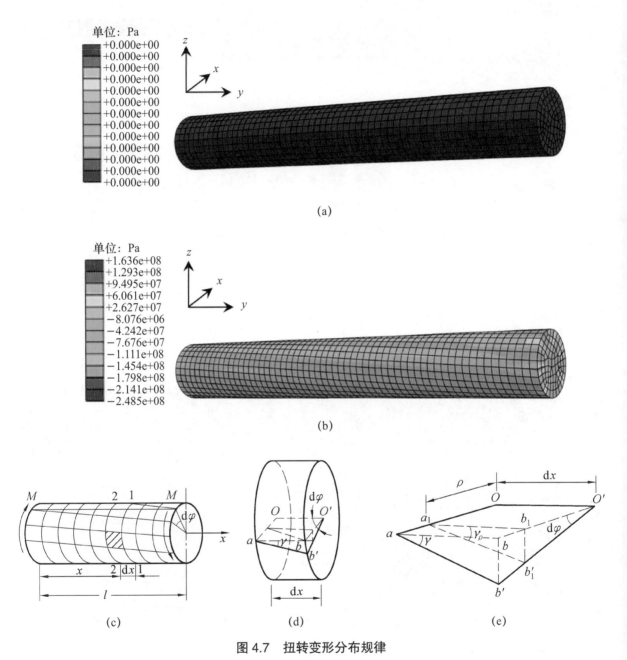

单位：Pa

+0.000e+00
+0.000e+00
+0.000e+00
+0.000e+00
+0.000e+00
+0.000e+00
+0.000e+00
+0.000e+00
+0.000e+00
+0.000e+00
+0.000e+00
+0.000e+00
+0.000e+00

(a)

单位：Pa

+1.636e+08
+1.293e+08
+9.495e+07
+6.061e+07
+2.627e+07
−8.076e+06
−4.242e+07
−7.676e+07
−1.111e+08
−1.454e+08
−1.798e+08
−2.141e+08
−2.485e+08

(b)

(c)   (d)   (e)

图 4.7　扭转变形分布规律

（a）受扭前；（b）受扭后；（c）整体计算简图；（d）微段计算简图；（e）内部变形计算简图

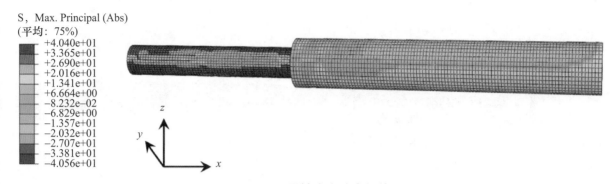

S，Max. Principal (Abs)
（平均：75%）
+4.040e+01
+3.365e+01
+2.690e+01
+2.016e+01
+1.341e+01
+6.664e+00
−8.232e−02
−6.829e+00
−1.357e+01
−2.032e+01
−2.707e+01
−3.381e+01
−4.056e+01

图 4.11　圆轴应力分布规律

单位：无
+0.000e+00
+0.000e+00
+0.000e+00
+0.000e+00
+0.000e+00
+0.000e+00
+0.000e+00
+0.000e+00
+0.000e+00
+0.000e+00
+0.000e+00
+0.000e+00
+0.000e+00

(a)

单位：无
+1.042e−03
+9.564e−04
+8.710e−04
+7.856e−04
+7.002e−04
+6.148e−04
+5.294e−04
+4.439e−04
+3.585e−04
+2.731e−04
+1.877e−04
+1.023e−04
+1.690e−05

(b)

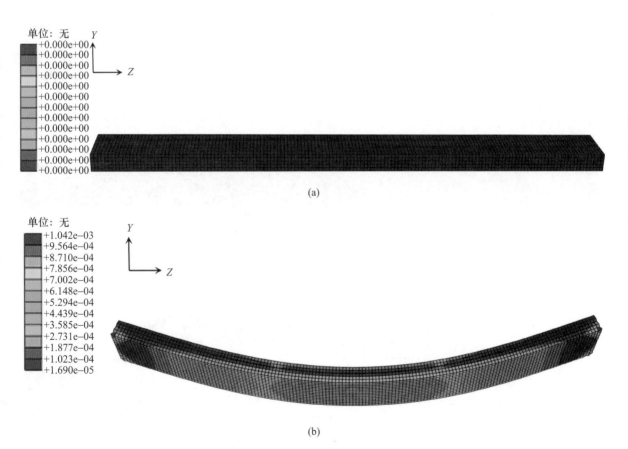

图 5.2　矩形截面梁弯曲变形三维有限元模型应变云图

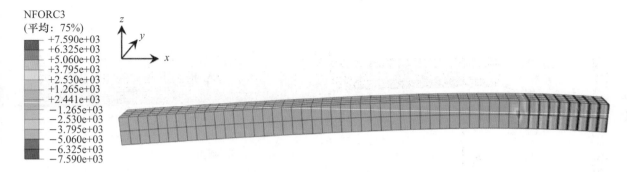

图 5.16　悬臂梁内力云图

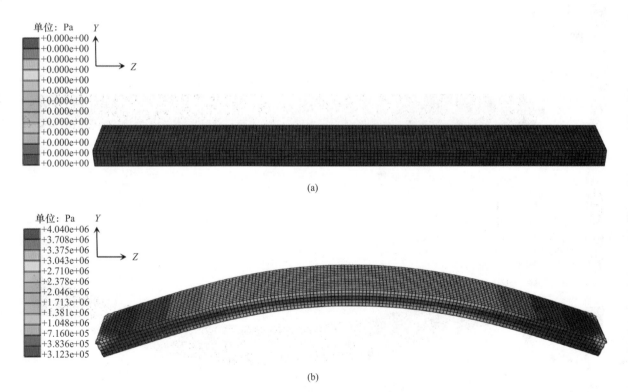

(a)

(b)

图 6.4　矩形截面梁纯弯曲三维有限元模型应力云图

（a）受力前；（b）受力后

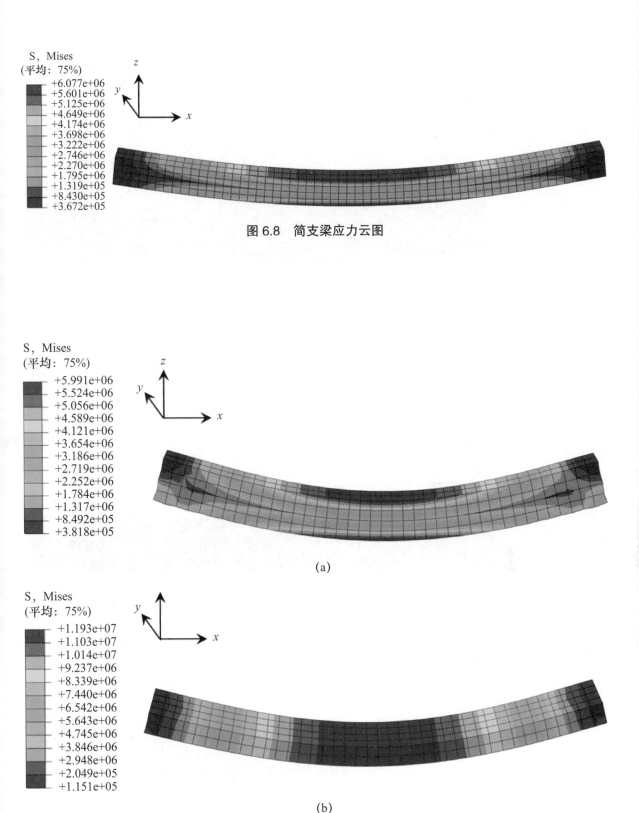

图 6.8　简支梁应力云图

(a)

(b)

图 6.10　梁竖放和横放的正应力对比

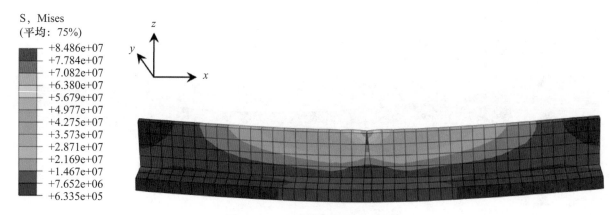

图 6.12　T 形截面梁应力云图

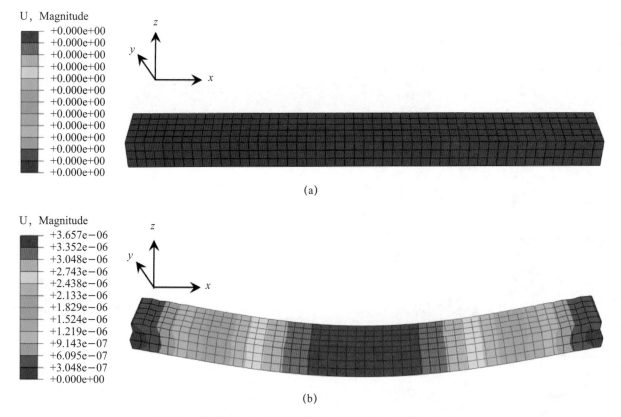

（a）

（b）

图 7.2　矩形截面梁纯弯曲变形三维有限元模型位移云图

（a）变形前；（b）变形后

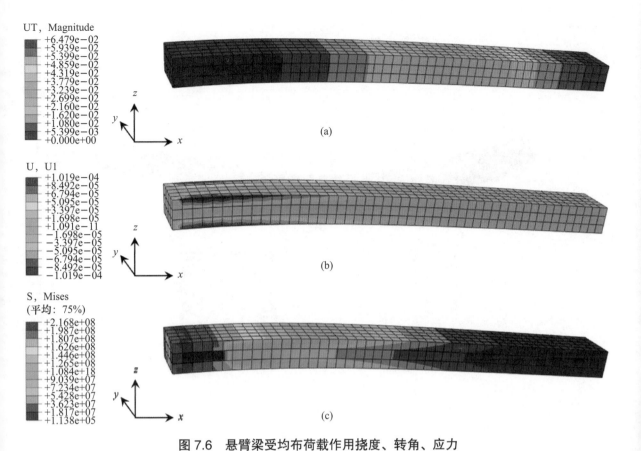

UT, Magnitude
+6.479e−02
+5.939e−02
+5.399e−02
+4.859e−02
+4.319e−02
+3.779e−02
+3.239e−02
+2.699e−02
+2.160e−02
+1.620e−02
+1.080e−02
+5.399e−03
+0.000e+00

(a)

U, U1
+1.019e−04
+8.492e−05
+6.794e−05
+5.095e−05
+3.397e−05
+1.698e−05
+1.091e−11
−1.698e−05
−3.397e−05
−5.095e−05
−6.794e−05
−8.492e−05
−1.019e−04

(b)

S, Mises
(平均：75%)
+2.168e+08
+1.987e+08
+1.807e+08
+1.626e+08
+1.446e+08
+1.265e+08
+1.084e+18
+9.039e+07
+7.234e+07
+5.428e+07
+3.623e+07
+1.817e+07
+1.138e+05

(c)

图 7.6　悬臂梁受均布荷载作用挠度、转角、应力

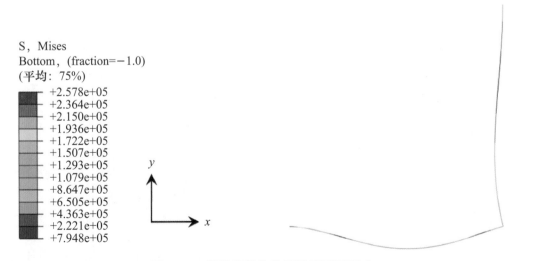

S, Mises
Bottom，(fraction=−1.0)
(平均：75%)
+2.578e+05
+2.364e+05
+2.150e+05
+1.936e+05
+1.722e+05
+1.507e+05
+1.293e+05
+1.079e+05
+8.647e+05
+6.505e+05
+4.363e+05
+2.221e+05
+7.948e+05

图 7.19　超静定结构体系的变形及受力

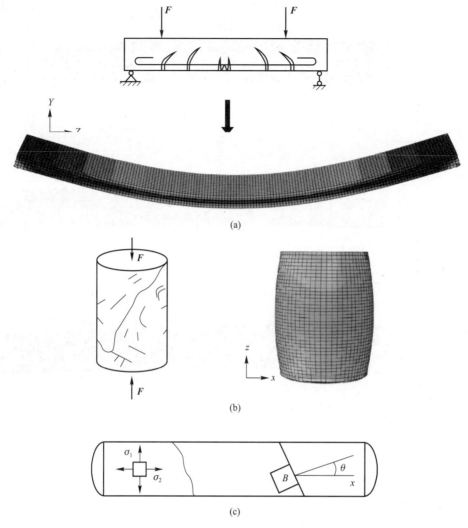

(a)

(b)

(c)

图 8.2　物体受力及有限元模拟

（a）集中载荷作用下的简支梁；（b）铸铁压缩；（c）长油罐受力状态示意

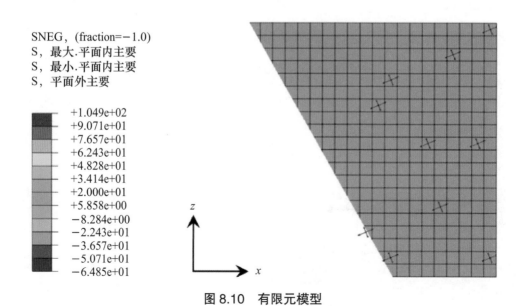

SNEG，(fraction=−1.0)
S，最大.平面内主要
S，最小.平面内主要
S，平面外主要

	+1.049e+02
	+9.071e+01
	+7.657e+01
	+6.243e+01
	+4.828e+01
	+3.414e+01
	+2.000e+01
	+5.858e+00
	−8.284e+00
	−2.243e+01
	−3.657e+01
	−5.071e+01
	−6.485e+01

图 8.10　有限元模型

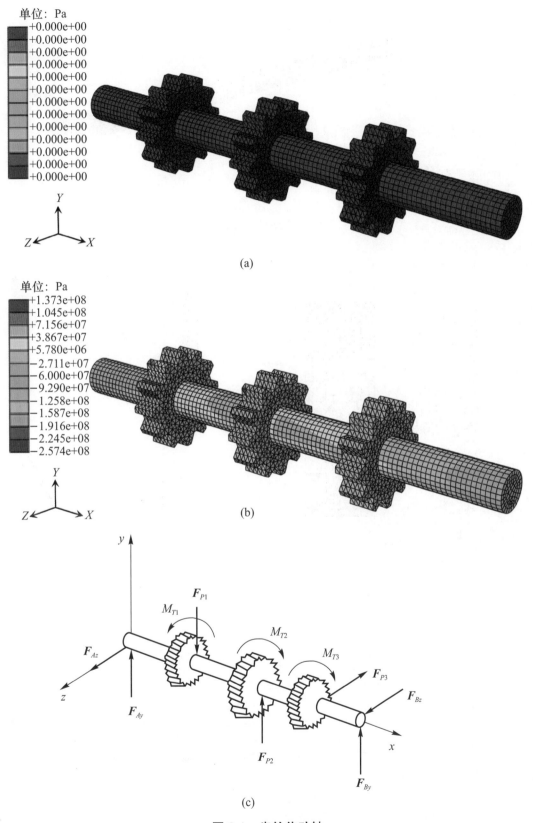

图 9.1 齿轮传动轴

（a）受力前；（b）受力后；（c）力学模型

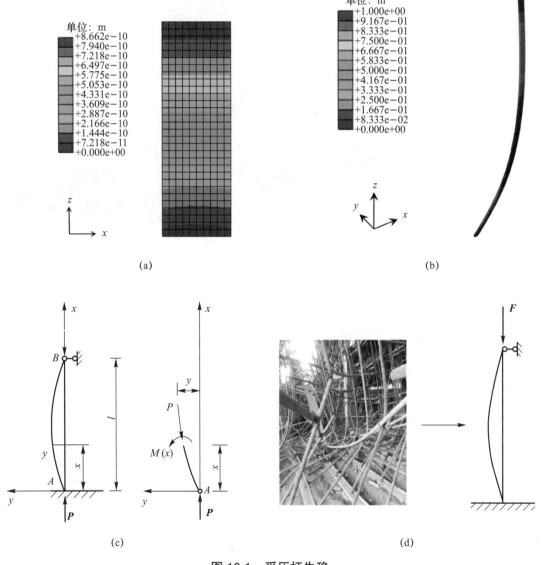

S, Mises
SNEG, (fraction=−1.0)
（平均:75%）

```
+8.498e+01
+7.969e+01
+7.439e+01
+6.910e+01
+6.380e+01
+5.851e+01
+5.322e+01
+4.792e+01
+4.263e+01
+3.733e+01
+3.204e+01
+2.675e+01
+2.145e+01
```

图 9.9　有限元模型

单位：m
```
+8.662e-10
+7.940e-10
+7.218e-10
+6.497e-10
+5.775e-10
+5.053e-10
+4.331e-10
+3.609e-10
+2.887e-10
+2.166e-10
+1.444e-10
+7.218e-11
+0.000e+00
```

单位：m
```
+1.000e+00
+9.167e-01
+8.333e-01
+7.500e-01
+6.667e-01
+5.833e-01
+5.000e-01
+4.167e-01
+3.333e-01
+2.500e-01
+1.667e-01
+8.333e-02
+0.000e+00
```

（a）

（b）

（c）

（d）

图 10.1　受压杆失稳

（a）短粗杆受压；（b）细长杆受压；（c）力学模型；（d）杆件失稳

U，Magnitude

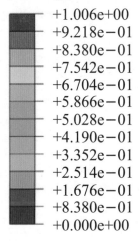

- +1.006e+00
- +9.218e−01
- +8.380e−01
- +7.542e−01
- +6.704e−01
- +5.866e−01
- +5.028e−01
- +4.190e−01
- +3.352e−01
- +2.514e−01
- +1.676e−01
- +8.380e−01
- +0.000e+00

分析步：Step−1
Mode   1：EigenValue=153.59

图 10.6 有限元模型

普通高等院校土建类应用型人才培养系列教材

"十三五"江苏省高等学校重点教材

材料力学

（第 2 版）

主　编　冯晓九　刘少峰　杨福剑

副主编　尚美珺

主　审　丛　蕊

北京理工大学出版社
BEIJING INSTITUTE OF TECHNOLOGY PRESS

内 容 提 要

本书共10章，内容包括绪论、轴向拉伸与压缩、剪切与挤压、扭转、弯曲内力、弯曲应力、弯曲变形、应力状态与强度理论、组合变形及压杆稳定。

本书修订中结合现代信息技术，利用ABAQUS有限元数值模拟软件对梁、杆等构件进行了设计参数计算。充分吸收了国内外前沿工程技术，结合教材编写团队教学和科研成果，更新了工程案例、例题、习题。

本书适用适用于四年制普通本科院校的土木工程、水利工程、机械工程、材料科学、石油工程、化工工程及力学等各专业，也可供其他专业及有关工程技术人员参考。

图书在版编目（CIP）数据

材料力学 / 冯晓九，刘少峰，杨福剑主编. -- 2版
. -- 北京：北京理工大学出版社，2021.12
　　ISBN 978-7-5763-0781-8

　Ⅰ.①材…　Ⅱ.①冯…②刘…③杨…　Ⅲ.①材料力学－高等学校－教材　Ⅳ.①TB301

　中国版本图书馆CIP数据核字（2021）第260985号

出版发行 / 北京理工大学出版社有限责任公司
社　　址 / 北京市海淀区中关村南大街5号
邮　　编 / 100081
电　　话 / （010）68914775（总编室）
　　　　　　（010）82562903（教材售后服务热线）
　　　　　　（010）68944723（其他图书服务热线）
网　　址 / http://www.bitpress.com.cn
经　　销 / 全国各地新华书店
印　　刷 / 北京紫瑞利印刷有限公司
开　　本 / 787毫米×1092毫米　1/16
印　　张 / 16.5
插　　页 / 16　　　　　　　　　　　　　　责任编辑 / 陆世立
字　　数 / 403千字　　　　　　　　　　　文案编辑 / 李　硕
版　　次 / 2021年12月第2版　2021年12月第1次印刷　　责任校对 / 刘亚男
定　　价 / 54.00元　　　　　　　　　　　责任印制 / 李志强

图书出现印装质量问题，请拨打售后服务热线，本社负责调换

修订说明

本书第 1 版于 2017 年 1 月出版，本书编写充分总结常州大学土木工程系力学教研室多年积累的教学与实践经验，受到广大师生的一致好评。2019 年，本书被江苏省列入重点教材建设项目。多年来，编者在第 1 版教材教学实践的基础上，一方面广泛开展调研，了解学生所需，并先后走访多所高校的力学教研室，征集到很多有益的反馈；另一方面结合教学团队的科研项目，积极开展材料力学求解方法的创新，以满足智能化、信息化技术的发展需求。在此基础上，编者决定对教材重新修订。

本次修订依据江苏省示范性高等院校使用教材要求规范，努力将本书建设成为精品教材，使理论知识与实践知识相结合，更符合现代新科学技术的发展需求，以期能够有效提高高等院校教学质量，有利于培养学生的创新能力与实践动手能力。具体体现在，第一，为了让学生充分理解材料力学知识点的工程背景、关联性及发展规律，每章节均由具体实际案例引出对应的知识内容，并在每章中增加与本章重点内容相匹配的工程案例分析、例题和习题。第二，结合信息化、智能化发展趋势，引入了有限单元法（简称有限元法，即 Finite Element Method，FEM）的求解思路，并结合数值模拟技术，采用 ABAQUS 有限元结构分析软件模拟各种变形和实验的过程，将抽象变形融合三维有限元图形，以可视化、立体化的教学体验，使抽象的应力和应变简洁明了。第三，教材充分吸收本学科国内外前沿研究成果，适当融入了材料力学教学团队的科研成果，使其更符合理论与现代工程实际相结合的教学特点。第四，采用彩色插页的形式，清晰呈现数值模拟中所展示出的网格划分、建模状况及求解后所得的应力、应变云图，能够直接引导学生课后练习。第五，除了保留第 1 版弯曲内力一章的坐标设定，还增设了弯矩图的另一种坐标设置。为统一专业内不同课程间相关符号的规定，如与后续课程《结构力学》相衔接，本书中梁的弯矩图坐标设定为：梁轴线所在的 x 轴向右为正，垂直向弯矩轴向下为正，以契合《结构力学》中正值的弯矩画在梁的受拉侧、负值的弯矩画在梁的受压侧的规定。

前　言

本书获 2019 年"十三五"江苏省高等学校重点教材立项。本书在修订过程中,参考了江苏省示范性高等院校使用教材要求规范,使教材的理论知识与实践知识相结合,突出工程案例的引领,更符合现代新科学技术的发展,以期达到有效提高教学质量、有效培养学生学习能力和实践能力的目的。

本书在编写过程中突出基本概念、基本原理及基本方法,注重理论联系工程实际。全面更新了引入案例、例题和习题,以增强学生在学习中的概念理解和工程计算能力。除原有的理论计算方法外,基于有限元原理,增加了案例和例题的数值模拟分析,用另一种解题方法,以直观明了的方式给出构件的内力云图、位移云图、应力云图,让学生更容易理解力学概念、力学原理、力学计算原理与方法,激发学生学习材料力学课程的兴趣,使学生既能掌握材料力学基本知识,又能加强建立工程结构力学模型的能力,对学生工程应用能力与创新能力的培养具有极其重要的作用。

在此,特别感谢哈尔滨工业大学、哈尔滨工程大学、燕山大学、黑龙江科技大学等学校同人的大力支持与帮助。同时感谢参加编写的博士和硕士研究生们辛勤的工作。

由于编者水平有限,书中难免存在一些不足之处,诚恳希望读者批评指正。

编　者

目 录

绪 论

本章重点 ⫸⫸⫸

　　材料力学是研究构件承载能力的一门学科。本章主要介绍材料力学的基本概念(内力、应力、应变)、变形固体的基本假设、杆件变形的基本形式,并结合编写团队科研项目,介绍了 ABAQUS 有限元基本分析方法和极限设计理论的概念。本章的学习需重点掌握材料力学的基本概念、截面法和变形固体的基本假设。

1.1　材料力学的任务

　　结构物的部件和机械设备的零部件统称为构件。如建筑物的梁和柱、电动机的轴、活塞连杆等都称为构件。作用在建筑物和机械上的外力通常称为载荷(有时也称为荷载)。例如,厂房外墙受到的风力、水坝受到的水压力、车床主轴受到的切削力及物体的自重等。建筑物中承受载荷而起骨架作用的部分称为结构。要使结构物或机械能正常地工作,就必须保证组成它的每个构件在载荷作用下能正常工作。因此,在工程中对所设计的构件都有一定的要求。具体如下:

　　(1)满足强度要求:不同的材料有不同的抵抗破坏的能力及不同的破坏机理。同一种材料在不同环境、不同工作条件下的破坏机理和形式也不尽相同。按不同要求设计的构件,如建筑物的梁、柱,起重机的吊索,船舶的传动轴等,在所处的工作条件和环境下,在规定的使用寿命期间不应该发生断裂破坏。要求构件必须具有足够的抵抗破坏的能力,即必须有足够的强度。

　　(2)满足刚度要求:有些构件虽然满足其强度要求,但由于过大的变形也将使它不能正常工作。所以,还应要求构件的变形在一定的限度内,也就是构件必须具有足够的抵抗变形的能力,即必须有足够的刚度。

　　(3)满足稳定性要求:稳定性是指构件保持其原有平衡状态的能力,对于长的压杆必须保证其具有足够的稳定性。

　　材料力学的任务就是满足结构强度、刚度及稳定性要求，并能应用相应的准则和假设，完成构成结构的构件的设计计算、校核计算、许可载荷计算，确保其经济性和安全性。

　　一般来说，要使构件安全工作，应同时满足以上三项要求。但由于各种构件对强度、刚度和稳定性的要求程度有所不同，有的以强度为主，有的以刚度为主，有的则以稳定性为主，因此，工程上设计构件时只考虑其主要的要求便可。

　　构件的承载能力，不仅与其受力有关，还与其形状、尺寸、组成、工作条件、材料的力学性质等有关。在结构设计中，如果构件截面面积设计得过小，则构件不能满足强度、刚度或稳定性要求；如果构件的截面面积设计得过大，则用料过多会造成浪费。这样，就必须对构件进行承载能力计算。一个合理的构件设计，不但应该保证构件有足够的承载能力，使其能够安全可靠工作，还应该满足降低材料消耗、减轻自身重量和节约资金等经济性要求。因此，材料力学的任务就是要研究如何在满足强度、刚度和稳定性要求的前提下，为设计既安全又经济的构件提供必要的理论基础和计算方法。

1.2　变形固体的基本假设

　　构件由固体材料组成，任何固体在外力作用下将或多或少地发生变形，因此也称为可变形固体，简称变形固体。变形固体按其变形性质可分为弹性变形和塑性变形。弹性变形是指作用于变形固体上的外力去除后能消失的变形；而塑性变形是指作用于变形固体的外力去除后不能消失的变形。只产生弹性变形的固体称为弹性体。材料力学仅研究弹性体的变形。

　　制造构件的材料多种多样，它们的组成和微观结构更是复杂。材料力学仅研究材料的宏观形态，为了突出主要因素，以便于工程应用，对变形固体做以下假设：

　　(1)连续性假设：假设组成固体的物质不留空隙地充满了固体的体积。这个假设有助于将有关的力学量表达为固体内各点坐标的连续函数。

　　(2)均匀性假设：假设组成固体的物质在固体内均匀分布并且在各处都具有相同的力学性能。这个假设有助于将用小试样测得的力学性能作为该材料的性能。

　　(3)各向同性假设：假设材料沿任何方向的力学性能是完全相同的。金属材料单晶的力学性质具有方向性，但许多晶粒随机排列的结果，从宏观上看，是各向同性的。许多工程材料，如金属材料、塑料、玻璃都可认为是各向同性材料。这个假设有助于对构件进行力学分析时，可沿任意方向截取分析对象，而材料力学性能均相同。

　　实践表明，根据这些假设得出的力学理论，对于工程上的大多数材料都是正确的。当然，也有一些工程材料，它们的力学性能具有明显的方向性，如木材，其顺纹与横纹的强度是不同的。又如单向纤维增强复合材料，沿其纤维方向和垂直于纤维方向的力学性能也是不同的。这类材料属于各向异性材料，本书主要研究各向同性材料。

　　(4)小变形假设：所谓小变形指的是构件的变形远小于构件的原始尺寸。材料力学中研究的构件在承受荷载作用时，其变形与构件的原始尺寸相比通常很小，所以，在研究构件的平衡或运动及内部受力和变形等问题时，可按构件的原始尺寸和形状进行计算。

1.3 外力的概念及其分类

建筑物或机械工作时通常都受到各种外力作用。如建筑物所受风压力及地震力、轧钢机所受钢坯的阻力、车床主轴所受切削力和齿轮啮合力等。建筑物和机械中的任一构件或零件一般也要承受作用力或进行传递运动，当将其从周围物体中隔离出进行力学分析时，构件所受的外部作用力即外力。

外力按作用方式可分为体积力和表面力。体积力是场力，包括自重和惯性力，连续在物体内部各点处。体积力通常由其集度来度量其大小，体积分布力集度就是每单位体积内力的大小。表面力则是作用在物体表面的力，包括直接作用在物体上和经由周围其他物体传递来的外力，又可分为分布力和集中力。分布力是在物体表面连续分布的力，如屋面上的雪的压力、作用于水坝和船体表面的水压力、作用于油缸内壁的油压力等。分布力也由其集度来度量其大小，分布力集度就是每单位面积上分布的力。有些分布力是沿杆件轴线作用的，如楼板对梁的作用力，这时工程上常用的单位是 N/m。若表面力分布面积远小于物体表面尺寸或轴线长度，则可视为作用于一点的集中力，如交叉叠置的梁之间的相互作用力、火车轮对钢轨的压力、汽车重量对路面的压力等。

外力按随时间变化的情况可分为静载荷和动载荷。静载荷是指缓慢由零增加到一定数值，以后即基本保持不变的载荷。例如，屋面所承受的雪载荷、将设备缓缓搁置于基础上时基础因之所承受的外力等。动载荷则是指随时间明显变化的载荷。随时间做周期性变化的动载荷称为交变载荷，例如，齿轮轮齿的受力、内燃机连杆和机车轮轴的受力都明显随时间做周期性变化。因由物体运动瞬间突然变化或碰撞所引起的动载荷则称为冲击载荷，如岩石在爆炸力作用下破碎、飞轮急刹车时轮轴的受力等。

1.4 内力、截面法及应力的概念

1.4.1 内力

变形固体在没有受到外力作用之前，内部质点与质点之间就已经存在着相互作用力以使固体保持一定的形状。当受到外力作用而发生变形时，各点之间产生附加的相互作用力，称为附加内力，简称内力。也就是说，材料力学所研究的内力是由外力引起的，内力将随外力的变化而变化，外力增大，内力也增大。外力去掉后，内力将随之消失。

内力的分析与计算是材料力学解决构件的强度、刚度、稳定性问题的基础，必须予以重视。

1.4.2 截面法

内力是由外力引起并与变形同时产生的，它随着外力的增大而增大，当超过某一限度时，构件就发生破坏。所以，要研究构件的承载能力，必须要研究和计算内力。

根据变形固体的连续性假设，弹性体内各部分的内力是连续分布的。为显示并求出内力，可将构件假想地沿某一截面切开，确定截面上的内力。这就是求解内力的普遍方法，即截面法。下面介绍截面法。

在图1.1(a)中，用平面 m—m 假想地在欲求内力处将构件截开，分为Ⅰ、Ⅱ两部分。任取其中一部分(如左半部分Ⅰ)作为研究对象，弃去另一部分(如右半部分Ⅱ)。在Ⅰ部分，除原有作用的外力，截开面上还作用有内力(也即Ⅱ部分对Ⅰ部分的作用力)，才能与Ⅰ部分所受外力平衡，如图1.1(b)所示。根据作用与反作用定律可知，另一部分Ⅱ也受到Ⅰ部分内部构件的反作用力，两者大小相等且方向相反。

对研究对象Ⅰ部分而言，该部分所受外力与 m—m 截面上的内力组成平衡力系[图1.1(c)]，根据平衡方程即可求出 m—m 截面上所作用的内力。

上述显示并确定内力的方法，称为截面法。概括而言，截面法可归纳为以下3个步骤：

(1)截开。用假想截面将构件沿待求内力截面处截开，将构件一分为二。

(2)代替。任取一部分分析，画出作用在该部分的所有外力和内力。

(3)平衡。根据研究部分的平衡条件建立平衡方程，由已知外力求出未知内力。

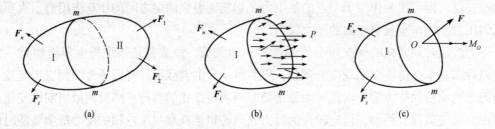

图1.1　截面法

1.4.3　应力

确定截面内力以后，还不能判断构件在外力作用下是否会因强度不足而破坏，为了说明分布内力系在截面内某一点处的强弱程度和方向，下面引入内力集度的概念。

要了解物体的某一截面 m—m 上任意一点 C 处分布内力的情况，可设想在 m—m 截面上围绕 C 点取一微小面积 ΔA[图1.2(a)]，设该截面面积上分布内力的合力为 ΔF，ΔF 与 ΔA 的比值可度量 C 点周围内力系的平均集度，称为平均应力，即 $P_m = \dfrac{\Delta F}{\Delta A}$。

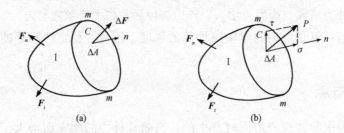

图1.2　应力

当 ΔA 趋近于零时，平均应力 P_m 的极限值称为截面 m—m 上 C 点的应力，用 P 表示，即

$$P = \lim_{\Delta A \to 0} \frac{\Delta F}{\Delta A} = \frac{\mathrm{d}F}{\mathrm{d}A} \tag{1.1}$$

应力 P 的方向为 ΔF 的极限方向，如图 1.2（b）所示，通常将应力 P 沿截面的法向与切向分解为两个分量。沿截面法向的应力分量称为正应力，用 σ 表示；沿截面切向的应力分量称为切应力，用 τ 表示。

应力的国际单位为帕斯卡（Pascal），简称为帕（Pa），$1\ \mathrm{Pa} = 1\ \mathrm{N/m^2}$。在实际工程中，应力的常用单位为 MPa、GPa，$1\ \mathrm{MPa} = 10^6\ \mathrm{Pa} = 1\ \mathrm{N/mm^2}$，$1\ \mathrm{GPa} = 10^9\ \mathrm{Pa}$。

1.5　变形与应变

构件在载荷作用下，其形状和尺寸都将发生改变，即产生变形，构件发生变形时，内部任意一点将产生移动，这种移动称为线位移。同时，构件上的线段（或平面）将发生转动，这种转动称为角位移。由于构件的刚体运动也可产生线位移和角位移，因此，构件的变形要用线段长度的改变和角度的改变来描述。线段长度的改变称为线变形；线段角度的改变称为角变形。线变形和角变形分别用线应变和角应变来度量。

图 1.3（a）所示为在构件中取出的一微小六面体，现取其中一棱边研究，设棱边 AB 原长为 Δx，构件在载荷作用下发生变形，A 点沿 x 轴方向的位移为 u，B 点沿 x 轴方向的位移为 $u + \Delta u$，则棱边的改变为 $[(\Delta x + u + \Delta u) - (\Delta x + u) = \Delta u]$，棱边 AB 的平均应变为

$$\varepsilon_m = \frac{\Delta u}{\Delta x} \tag{1.2}$$

通常，AB 上各点的变形程度不同，则

$$\varepsilon = \lim_{\Delta x \to 0} \frac{\Delta u}{\Delta x} = \frac{\mathrm{d}u}{\mathrm{d}x} \tag{1.3}$$

称为点 A 沿 x 轴方向的线应变或简称为应变。

线应变的物理意义是构件上一点沿某一方向变形量的大小。线应变无量纲、无单位。

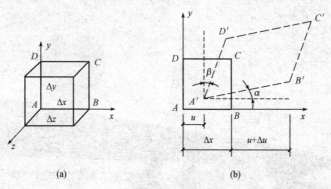

（a）　　　　　　　　　（b）

图 1.3　变形

（a）变形前；（b）变形后

棱边长度发生改变时，相邻棱边之夹角一般也发生改变。如图1.3(b)所示，AD 边与 AB 边原交角为直角。若变形后两线段的夹角为 $\angle B'A'D'$，当 AB 边与 AD 边的两边长趋于无限小时，则变形后原直角发生的微小角度改变

$$\gamma = \lim_{\substack{\Delta x \to 0 \\ \Delta y \to 0}} \left(\frac{\pi}{2} - \angle B'A'D' \right), \text{ 即 } \gamma = \alpha + \beta \qquad (1.4)$$

称为 A 点在 xy 平面内的切应变或剪应变。切应变无量纲，单位为弧度。线应变 ε 和切应变 γ 是度量一点处变形程度的基本量，无量纲。

1.6 杆件变形的基本形式

材料力学主要研究杆件的受力和变形。描述杆件的两个主要几何要素为横截面和轴线，横截面是指沿垂直于杆长度方向的截面；而轴线则为杆件所有横截面形心的连线，两者相互垂直。如杆件的轴线为直线，称为直杆；如杆件的轴线为曲线，则称为曲杆。对横截面大小和形状不变的杆件，称其为等截面杆；反之称为变截面杆，包括截面突变和渐变两类。材料力学的基本理论主要建立在等截面直杆(简称等直杆)的基础上。

随着外力作用方式的不同，杆件受力后所产生的变形也有差异。杆件变形的基本形式有四种，分别为轴向拉伸或压缩、剪切、扭转及弯曲。

1.6.1 轴向拉伸或压缩

一对大小相等、方向相反、作用线与杆件轴线重合的外力作用在杆件的两端，使杆件产生伸长或缩短，这种变形称为轴向拉伸或压缩。例如，建筑物的柱子、桥墩、斜拉桥的拉杆(图1.4)、理想桁架杆、托架的吊杆、液压缸的活塞杆、压缩机、蒸汽机的连杆、门式机床和起重机的立柱都属于此类变形。

图1.4 斜拉桥

1.6.2　剪切

剪切变形是由一对大小相等、方向相反、作用线互相平行且相距很近的横向外力所引起。相应于这种外力作用，杆件的主要变形是相邻横截面沿外力作用方向发生相对错动。工程中的很多连接件，如螺钉、螺栓、铆钉(图1.5)、销钉和平键等都易产生剪切变形。一般杆件在发生剪切变形的同时，还伴有其他种类的变形形式。

图 1.5　钢结构桥梁的铆钉连接结构

1.6.3　扭转

扭转变形是由作用面垂直于轴线的力偶所引起的。相应于这种外力作用，杆件的主要变形是任意两横截面绕轴线相对转动。机器的传动轴(图1.6)、电机和汽轮机的主轴都会产生扭转变形。

图 1.6　机器的传动轴

1.6.4　弯曲

弯曲变形是由作用面平行于轴线的力偶或作用线垂直于轴线的横向力所引起的。相应于这种外力作用，杆件的主要变形是轴线由直线变为曲线。建筑物的横梁(图1.7)、起重机的吊臂、桥式起重机的大梁、门式起重机的横梁、机车的轮轴、钻床和冲床的伸臂都会产生弯曲变形。

图 1.7　建筑物横梁

另外,工程中还有一些杆件在工作时,同时发生几种基本变形,即组合变形。例如,起重机的横梁是弯曲与压缩的组合变形(图 1.8),曲线桥的箱梁结构受曲率影响将发生弯扭组合变形(图 1.9),传动轴变形往往是弯曲与扭转的组合作用,而车床主轴工作时会发生弯曲、扭转和压缩的组合变形。本书首先将依次研究上述四种基本变形的强度和刚度计算,然后再研究组合变形的问题。

图 1.8　起重机　　　　　　　　　　图 1.9　曲线桥

1.7　有限元原理与数值模拟方法

1.7.1　有限元原理

有限单元法简称有限元法(Finite Element Method, FEM),是基于近代计算机技术的快速提升而发展起来的一种近似数值方法，用来解决力学、数学中的带有特定边界条件的偏微分方程问题，而这些偏微分方程是解决工程实践中常见的力学问题的基础。有限元和计算机协同发展，共同构成了现代计算力学的基础。有限元法的核心思想是"数值近似"和"离散化"，所以，它的发展也是围绕着这两个点进行的。

有限元法的求解基本思路是将复杂的整体结构离散到有限个单元，再把这种理想化的假定和力学控制方程施加于结构内部的每个单元，然后通过单元分析组装得到结构总刚度方程，再通过边界条件和其他约束解得结构总反应。总结构内部每个单元的反应可以随后通过总反应一一映射得到，这样就可以避免直接建立复杂结构的力学和数学模型。其总过程可以描述为：总结构离散化→单元力学分析→单元组装→总结构分析→施加边界条件→得到结构总反应→结构内部某单元的反应分析。

在进行单元分析和单元内部反应分析时，形函数插值和高斯数值积分被用来近似表达单元内部任意一点的反应，这就是有限元数值近似的重要体现。一般来说，形函数阶数越高，近似精度也就越高，但其要求的单元控制点数量和高斯积分点数量也更多。另外，单元划分得越精细，其近似结果也越精确。但是以上两种提高有限元精度的代价就是计算量几何倍数增加。

1.7.2　数值模拟方法

随着工业发展和计算机仿真技术的不断提高，基于有限元方法的数值模拟技术越来越受到重视，已成为复杂结构设计与应用领域成熟的分析手段之一。ABAQUS 作为国际上先进的大型通用有限元软件之一，具有广泛的模拟性能，该软件（模拟工具）除能够解决大量结构（应力/位移）问题，还可以模拟其他工程领域的许多问题，如热传导、岩土力学分析（流体渗透/应力耦合分析）、材料力学分析（轴向拉伸与压缩/扭转/梁弯曲变形）。

ABAQUS 有限元分析过程由三个阶段实现，即前处理阶段（通过 ABAQUS/CAE 或第三方前处理软件实现）、分析问题阶段（通过 ABAQUS/Standard 或 ABAQUS/Explicit 实现）、后处理阶段（通过 ABAQUS/CAE 或第三方后处理软件实现）。进入 ABAQUS/CAE，单击环境栏的 Modules 选项的下拉按钮，可以看到 ABAQUS/CAE 由 10 个模块组成，分别是 Part（部件）、Property（特性）、Assembly（装配）、Step（分析步）、Interaction（相互作用）、Load（荷载）、Mesh（网格）、Job（分析作业）、Visualization（可视化）和 Sketch（绘图）。其中，绘图模块可以看作是部件模块的补充模块。

在解决实际问题时，需要利用 ABAQUS/CAE（前处理模块）进行建模。所谓前处理就是建立所分析问题的模型数据库，在 ABAQUS/CAE 中完成前处理过程是通过前 7 个模块实现的，利用这些模块建立几何模型，并定义模型的材料、材料性质、有限元分析网格、荷载和边界条件等数据。该过程也可采用第三方软件完成，但是要注意各软件之间的兼容性。

在使用过程中，通过利用 ABAQUS/CAE 中的 Job 模块将建立的模型提交到 ABAQUS/Standard 或 ABAQUS/Explicit 进行分析，根据模型的复杂程度和计算机运行能力，ABAQUS 完成一个分析过程需要的时间也有很大的差别，短的可能是几秒，长的可能是数天。

当模型分析完毕后,使用 ABAQUS/CAE 中的 Visualization 模块进行后处理,所谓后处理就是对模型分析结果的处理。结合编写本教材的教师科研团队所做的"富水软土地层盾构小曲线半径穿越老旧建筑群、河流等始发与掘进技术及沉降控制研究"项目中实际盾构隧道穿越河流沉降分析研究的内容,可以看到 ABAQUS 后处理可以显示地层及隧道的变形图(图1.10)、应力图(图1.11)及应变图(图1.12)等。如图1.10所示,可以看到变形主要集中在施工过程中隧道两边的土体上,其变形导致的土体最大沉降值约为6.299 cm;如图1.11所示,可见最大应力主要集中在施工过程中,其应力值约为5.054 MPa;如图1.12所示,可以得出应变主要集中在盾构开挖土体的前方,其应变值约为1.688。由此可见,采用数值模拟法所得结果内容丰富、直观性强,便于发现问题、解决问题。本章给出的只是其中一个分析步骤的计算结果,还可以通过改变变量,利用 ABAQUS 有限元软件得出更多的分析数据及图形进行对比研究,从而在工程实践中设计、优化施工方案。

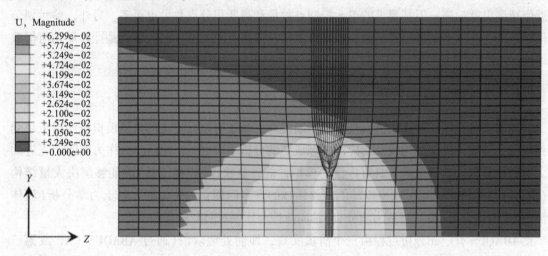

图1.10 变形图

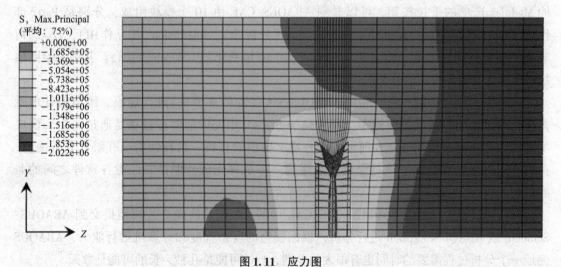

图1.11 应力图

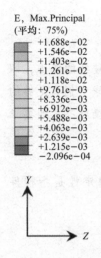
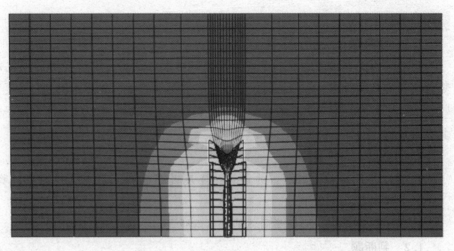

图 1.12 应变图

本章小结

本章介绍了材料力学的任务，变形固体的基本假设，内力、截面法、应力和应变的概念，杆件的变形形式，并结合编写本教材的教师科研团队所做的"富水软土地层盾构小曲线半径穿越老旧建筑群、河流等始发与掘进技术及沉降控制研究"项目介绍了有限元基本原理与 ABAQUS 数值模拟软件。主要内容如下：

（1）材料力学的任务：强度要求、刚度要求和稳定性要求。

（2）变形固体的基本假设：连续性假设、均匀性假设、各向同性假设和小变形假设。

（3）内力：由于外力的作用而在杆件两部分之间引起的相互作用力。

（4）截面法：为显示内力并计算其大小，用假想的平面将构件截开，一分为二弃去一半，保留另一半作为研究对象，再通过平衡方程求出内力的方法。

（5）应力：表示一点处内力的强弱程度。

$$P = \lim_{\Delta A \to 0} \frac{\Delta F}{\Delta A} = \frac{\mathrm{d}F}{\mathrm{d}A}$$

（6）应变：应变是对变形的量度，是无量纲的量。线应变又称正应变，是弹性体变形时一点沿某一方向微小线段的相对改变量，是一无量纲量。

$$\varepsilon = \lim_{\Delta x \to 0} \frac{\Delta u}{\Delta x} = \frac{\mathrm{d}u}{\mathrm{d}x}$$

角应变又称剪应变，是弹性体变形时某点处一对互相正交的微线段所夹直角的改变量，单位为弧度（rad），用 γ 表示，即

$$\gamma = \lim_{\substack{\Delta x \to 0 \\ \Delta y \to 0}} \left(\frac{\pi}{2} - \alpha \right)$$

式中，α 是变形后原来正交的两线段间的夹角。

（7）ABAQUS 有限元软件分析问题的三个阶段，即前处理阶段、分析问题阶段、后处理阶段。

（8）有限元法核心思想：数值近似、离散化。

习 题

1.1 填空题

1. 为了保证机器或结构物正常地工作，要求每个构件都有足够的抵抗破坏的能力，即要求它们有足够的_____；同时要求它们有足够的抵抗变形的能力，即要求它们有足够的_____；另外，对于受压的细长直杆，还要求它们工作时能保持原有的平衡状态，即要求其有足够的_____。

2. 材料力学是研究构件_____、_____、_____的学科。

3. 强度是指构件_____的能力；刚度是指构件_____的能力；稳定性是指构件_____的能力。

4. 在材料力学中，对变形固体的基本假设是_____、_____、_____。

1.2 判断题

1. 材料力学研究的主要问题是微小弹性变形问题，因此在研究构件的平衡与运动时，可不计构件的变形。 （　　）

2. 构件的强度、刚度、稳定性与其所用材料的力学性质有关，而材料的力学性质又是通过试验测定的。 （　　）

3. 在载荷作用下，构件截面上某点处分布内力的集度，称为该点的应力。 （　　）

1.3 简答题

1. 工程中对设计的构件有哪些要求？

2. 外力的分类有哪些？

3. 什么是变形与应变？应变是否有量纲？

4. ABAQUS 有限元结构分析软件能够解决材料力学中的哪些问题？

1.4 实践应用题

1. 如图 1.13 所示的受力杆件中，请分别指出杆 1、2、3 发生何种变形。

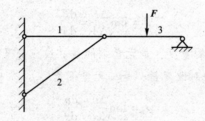

图 1.13 题 1.4(1)图

2. 如图 1.14 所示的阶梯杆，试求每段的轴力。

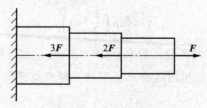

图 1.14 题 1.4(2)图

3. 如图 1.15 所示的三角形薄板因受外力作用而变形，B 点垂直向上的位移为 0.06 mm，但 AB 和 BC 仍保持直线。试求沿 OB 的平均应变。（本题试用有限元软件求解）

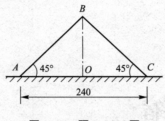

图 1.15　题 1.4(3) 图

4. 如图 1.16 所示，在木板上施加集中力 P，求木板截面 $m—m$ 上的内力。

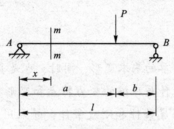

图 1.16　题 1.4(4) 图

第 1 章　习题答案

1.1—1.3　略

1.4　实践应用题

1. 杆 1 发生拉伸变形，杆 2 发生压缩变形，杆 3 发生弯曲变形。

2. 由左向右依次是 $-4F$，$-F$，F。

3. 5×10^{-4}。

4. $Q = \dfrac{Pb}{l}(\uparrow)$；

$M = \dfrac{Pbx}{l}(\downarrow)$。

轴向拉伸与压缩

本章重点

　　轴向拉伸与压缩是杆件最简单的基本变形，同时，也是其他基本变形中都会伴随发生的一种变形。本章主要讲述轴向拉伸与压缩的受力特点和变形特点，给出内力、应力、强度、刚度的概念及计算方法，建立强度条件和刚度条件，并采用 ABAQUS 有限元结构分析软件模拟轴向拉伸与压缩变形的全过程，将抽象变形融合三维有限元图形，使抽象的轴向拉伸与压缩的学习内容更加简洁明了。在本章学习中，应重点掌握轴向拉伸与压缩变形的概念，能够正确利用强度条件和刚度条件进行强度和刚度计算。

案例：杆件受拉与受压

　　常泰长江大桥位于江苏省南部，是长江上首座集高速公路、城际铁路、一级公路"三位一体"的过江通道，于 2019 年 1 月 9 日开工建设。其主航道桥采用双层斜拉桥方式，主跨达 1 176 m，是世界上最长的公铁两用斜拉桥，主塔高度达到 352 m，如图 2.1 所示。常泰长江大桥在外力作用下会产生轴向拉伸变形，塔柱在桥的自重和车辆等外荷载的作用下会产生轴向压缩变形，而这些杆件无论是受拉还是受压，都会产生内力和变形。通过截面法，可以得到杆件轴向受拉或压缩时截面上的内力，进而绘制出轴力图。

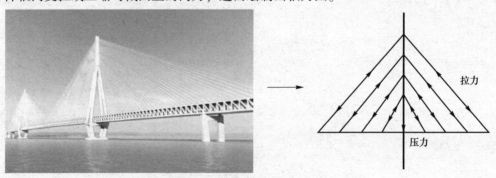

图 2.1　常泰长江大桥

为了保证构件的安全可靠性，必须保证其具有足够的强度和刚度。为了解决强度问题，不但要知道杆件可能沿着哪一个截面破坏，而且还要知道截面上哪些点最危险。可见，仅仅知道截面上的内力是不够的，还必须知道截面上内力的分布情况，即内力的分布集度，截面上的内力分布集度就是应力。当然，了解材料的力学性能也是非常有必要的，有助于分析构件的强度。另外，环境温度变化、构件的加工误差及构件截面尺寸的突变也会在超静定结构构件内引起应力变化，即温度应力、装配应力和应力集中。

2.1　轴向拉伸与压缩的概念

在实际工程中，由于外力作用而产生拉伸或压缩变形的杆件是很常见的。轴向拉伸与压缩是杆件变形的基本形式。

如图 2.2 所示为悬索桥。其中，主桥采用独塔斜拉桥，结构为半漂浮双索面结构体系，在外力作用下会产生拉伸变形。

被誉为"亚洲第一高墩大桥"的洛川洛河特大桥位于陕西省洛川县黄陵至延安高速公路上，于 2006 年 8 月 9 日建成，如图 2.3 所示。洛河特大桥全长为 1 056 m，主墩高达 143.5 m，桥面高为 152 m，最大跨度为 160 m。洛河特大桥的桥墩在桥面和车载作用下会产生压缩变形。

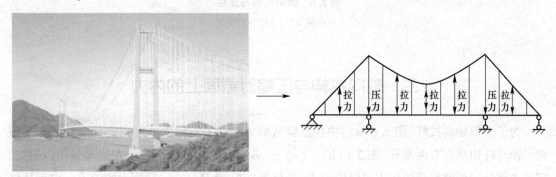

图 2.2　悬索桥

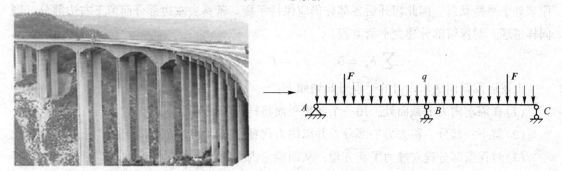

图 2.3　洛川洛河特大桥

图 2.4 所示的某体育场馆的屋顶桁架，各个杆件在受外力作用时，会产生拉伸或压缩变形。

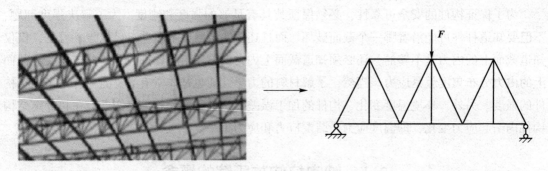

图2.4 桁架结构

由以上实例可知，如果杆件在其两端受到一对沿着杆件轴线、大小相等、方向相反的外力作用，则杆件将发生轴向拉伸或压缩变形。当外力是拉力时，产生拉伸变形，杆件的纵向尺寸增大、横向尺寸缩小[图2.5(a)]；当外力是压力时，产生压缩变形，杆件的纵向尺寸缩短、横向尺寸增大[图2.5(b)]。

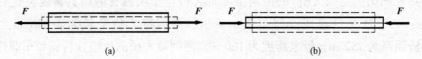

(a)   (b)

图2.5 轴向拉伸与压缩

(a)拉伸变形；(b)压缩变形

2.2 轴向拉伸与压缩时截面上的内力

为了求得轴向拉杆[图2.6(a)]中任意横截面 m—m 上的内力，可在此截面处用一个假想平面将杆切成左右两部分[图2.6(b)、(c)]，若移去右边部分而留下左边部分加以研究，则移去部分对保留部分的作用可以内力 F_N 来代替，F_N 就是 m—m 截面上的内力。由于杆件原来处于平衡状态，因此切开后各部分仍应保持平衡。若移去左边部分而留下右边部分，则同样道理。对保留部分建立平衡方程：

$$\sum F_x = 0 \qquad F_N - F = 0 \qquad F_N = F$$

上述运用截面法求内力的过程可归纳如下：

(1)在需求内力的截面处，用一个假想平面将杆件切成两部分。

(2)留下一部分，移去另一部分，并以内力代替移去部分对留下部分的作用。

(3)对保留部分建立静力平衡方程，从而确定内力的大小和方向。

截面法是变形体静力学中求内力的一个基本方法，在讨论杆件的其他变形形式时，也经常使用。

由于外力 F 的作用线与杆的轴线重合，故内力 F_N 的作用线也与杆轴线重合，称为轴向内力，简称为轴力。在轴向拉伸时，轴力的指向离开截面；而在轴向压缩时，轴力的指向向

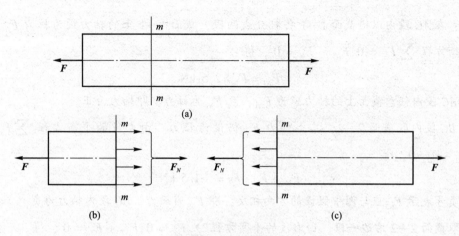

图 2.6　截面法求轴力

着截面。通常，把拉伸时的轴力规定为正；压缩时的轴力规定为负。计算中可假定轴力 F_N 为拉力，由平衡条件求出轴力的正负号，就可表明该截面及其邻近一段杆件是受拉或是受压了。

当杆件受到多个轴向外力作用时，在杆件的不同段内将有不同的轴力。为了表明杆内的轴力随截面位置的改变而变化的情况，常以轴力图来表示。所谓轴力图，就是用平行于杆件轴线的坐标表示横截面的位置、垂直于杆件轴线的坐标表示相应横截面上的轴力，从而绘制出表示轴力沿杆轴变化规律的图线。

【例 2.1】　如图 2.7 所示，沿杆件轴线作用 F_1、F_2 和 F_3。已知 $F_1 = 2.5 \text{ kN}$，$F_2 = 4 \text{ kN}$，$F_3 = 1.5 \text{ kN}$。试求 AC 段和 CB 段内横截面上的轴力。

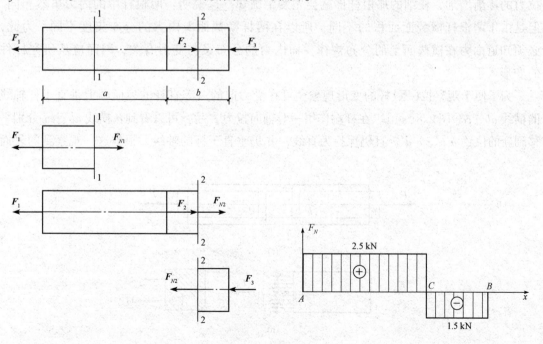

图 2.7　例 2.1 图

解：在 AC 段内以横截面1—1将杆分成两段，截面1—1上的轴力设为拉力 F_{N1}，由左段的平衡方程 $\sum F_x = 0, F_{N1} - F_1 = 0$，得

$$F_{N1} = F_1 = 2.5 \text{ kN}$$

在 AC 段内任意截面上的轴力皆为 F_{N1}，且 F_{N1} 为拉力，即轴力为正。

在 BC 段内取截面2—2，其上轴力 F_{N2} 仍设为拉力。由左段的平衡方程 $\sum F_x = 0$，$F_{N2} + F_2 - F_1 = 0$，得

$$F_{N2} + F_1 - F_2 = -1.5 \text{ kN}$$

式中，负号表示 F_{N2} 应与图中假设的方向相反，即 F_{N2} 为压力。BC 段内轴力为负。

若取截面2—2右边一段，由右段的平衡方程 $\sum F_x = 0, F_{N2} + F_3 = 0$，得

$$F_{N2} = -F_3 = -1.5 \text{ kN}$$

以横坐标 x 表示横截面的位置，纵坐标表示相应截面上的轴力 F_N，于是便可用图线表示沿杆件轴线轴力的变化情况，这就是轴力图，在轴力图中拉力绘制在 x 轴的上侧，压力绘制在 x 轴的下侧。

2.3 轴向拉伸与压缩时的应力及强度条件

2.3.1 横截面上的应力

由实践可知，如果材料相同而粗细不同的两根杆件，在承受相等的轴向拉力时，随着拉力的逐渐增加，较细的那根杆件就会先发生破坏。这说明：两根杆中的内力虽然相同，但是由于两根杆横截面面积的不同，所以在两杆横截面上内力的分布集度不同。为此，必须知道内力在横截面上的分布规律，而内力的分布又与变形有关，因而应从研究杆件的变形入手。

为了便于观察拉(压)杆的变形现象，可在受力前的一等直杆的表面画上垂直于杆轴线的横线 ab、cd[图2.8(a)]。在杆端作用一对轴向拉力 F 后，可以看到：横线 ab、cd 分别平移到新的位置 $a'b'$、$c'd'$，且仍保持为直线，并仍垂直于杆的轴线。根据这一观察到的表面

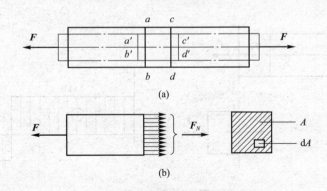

图2.8 横截面上的应力

变形现象，可以作出一个重要假设，即认为变形前原为平面的横截面，变形后仍然为平面且仍垂直于杆轴线，这个假设称为平面假设。

根据平面假设可以推断：任意两个横截面之间所有纵向线段的伸长都相等，又因假设材料是连续的、均匀的，所以内力在横截面上是均匀分布的，且垂直于横截面，即横截面上只有法向应力即正应力 σ，且是均匀分布的[图2.8(b)]。因轴力 F_N 是横截面上分布内力系的合力，而横截面上各点处分布内力集度即正应力 σ 均相等，故有

$$F_N = \int_A \sigma \mathrm{d}A = \sigma \int_A \mathrm{d}A = \sigma A$$

于是，拉(压)杆横截面上的正应力为

$$\sigma = \frac{F_N}{A} \tag{2.1}$$

式(2.1)是在杆件横截面上的正应力 σ 的计算公式，规定它的正负号与轴力 F_N 相同，以拉应力为正，压应力为负。

正应力公式的导出是综合考虑了三个方面的因素：一是观测杆件的实际变形并提出平面假设，称为几何关系；二是由内力集度求合力，称为静力关系；三是材料的均匀连续、内力与变形有关等性质，称为物理关系。这样的分析方法具有普遍性，在后续的章节里将多次用到。

【例 2. 2】 图 2. 9(a)所示的一横截面为正方形的砖柱，分上、下两段，柱顶受轴向压力 F 的作用，$F = 50$ kN，其截面尺寸如图 2.9 所示，试求杆内的最大工作应力。

解： 首先作该柱的轴力图如图 2.9(b)所示。

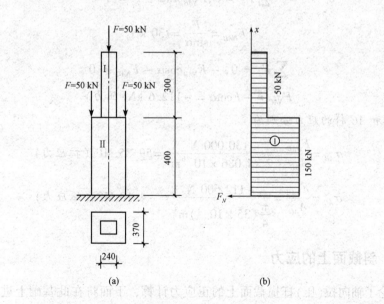

图 2.9 例 2.2 图

由于砖柱为变截面杆，故需用式(2.1)分段计算各段柱的横截面上的正应力值，从而确定最大工作应力值。Ⅰ、Ⅱ两段柱横截面上的正应力分别为

$$\sigma_{I} = \frac{F_{NI}}{A_{I}} = \frac{-50\ 000\ N}{240 \times 240 \times 10^{-6}\ m^{2}} = -0.87\ MPa(压应力)$$

$$\sigma_{II} = \frac{F_{NII}}{A_{II}} = \frac{-150 \times 10^{3}\ N}{370 \times 370 \times 10^{-6}\ m^{2}} = -1.1\ MPa(压应力)$$

即最大应力 $\quad\quad\quad\quad\quad \sigma_{max} = \sigma_{II} = -1.1\ MPa(压应力)$

【例2.3】 图2.10(a)所示为一旋转式起重机计算简图，斜杆 AB 由两根截面面积 $A = 10.86\ cm^{2}$ 的等边角钢构成，AC 杆的直径 $d = 35\ mm$，荷载 $F = 65\ kN$，$\alpha = 30°$，求 AB 杆及 AC 杆横截面上的应力。

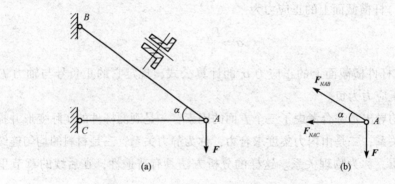

图2.10　例2.3图

解： 取节点 A 为研究对象，设各杆均受拉力作用，受力如图2.10(b)所示。

$$\sum F_{y} = 0, F_{NAB}\sin\alpha - F = 0$$

$$F_{NAB} = \frac{F}{\sin\alpha} = 130\ kN$$

$$\sum F_{x} = 0, -F_{NAB}\cos\alpha - F_{NAC} = 0$$

$$F_{NAC} = -F\cot\alpha = -112.6\ kN(压力)$$

则 AB 杆和 AC 杆的应力分别为

$$\sigma_{AB} = \frac{F_{NAB}}{A_{AB}} = \frac{130\ 000\ N}{2 \times 1\ 086 \times 10^{-6}m^{2}} = 59.85\ MPa(拉应力)$$

$$\sigma_{AC} = \frac{F_{NAC}}{A_{AC}} = \frac{-112\ 600\ N}{\frac{\pi}{4}(35 \times 10^{-3})m^{2}} = -4.10\ MPa(压应力)$$

2.3.2　斜截面上的应力

上面讨论了轴向拉(压)杆横截面上的正应力计算，下面将在此基础上进一步研究其他斜截面上的应力。

【例2.4】 图2.11(a)所示为一轴向受拉的直杆。该杆件的横截面 $m—m$ 上有均匀分布的正应力 $\sigma = \frac{F_{N}}{A}$ [图2.11(b)]。现在假想用一与横截面 $m—m$ 成 α 角的斜截面(简

称 α 截面)将杆件切成两部分，保留左段，弃去右段，用内力 $F_{N\alpha}$ 来表示右段对左段的作用[图 2.11(c)]。因为 $F_{N\alpha}$ 在斜截面上也是均匀分布的，故 α 截面上也有均匀分布的应力

$$P_\alpha = \frac{F_{N\alpha}}{A_\alpha} \tag{2.2}$$

式中　$F_{N\alpha}$——拉压杆斜截面上的内力；

　　　A_α——斜截面的面积；

　　　P_α——斜截面上各点处的总应力。

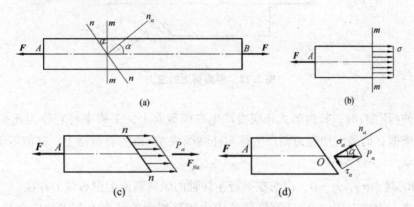

图 2.11　斜截面上的应力

根据受力图 2.11(c)，由平衡条件 $\sum F_x = 0$ 可求得斜截面上的内力为

$$F_{N\alpha} = F \tag{a}$$

斜截面面积与横截面面积的关系为

$$A_\alpha = \frac{A}{\cos\alpha} \tag{b}$$

将式(a)、式(b)代入式(2.2)，得

$$P_\alpha = \frac{F}{A}\cos\alpha = \sigma\cos\alpha$$

式中　σ——横截面上的正应力，$\sigma = F_N/A$。

将总应力 P_α 分解为垂直于斜截面的正应力 σ_α 和相切于斜截面的切应力 τ_α[图 2.11(d)]，得

$$\sigma_\alpha = P_\alpha\cos\alpha = \sigma\cos^2\alpha = \frac{\sigma}{2}(1 + \cos2\alpha) \tag{2.3}$$

$$\tau_\alpha = P_\alpha\sin\alpha = \sigma\sin\alpha\cos\alpha = \frac{\sigma}{2}\sin2\alpha \tag{2.4}$$

式(2.3)和式(2.4)表示了轴向拉(压)杆斜截面的正应力 σ_α 和切应力 τ_α 的数值随截面位置而变化。一般情况下，拉(压)杆斜截面上既有正应力，又有切应力。

当 $\alpha = 0°$ 时，斜截面就成为横截面，σ_α 达到最大值，而 $\tau_\alpha = 0$，即

$$\sigma_{0°} = \sigma_{max} = \sigma, \quad \tau_{0°} = 0$$

当 $\sigma_{0°} = \pm 45°$(图 2.12)时，τ_α 分别达到最大值和最小值，即

$$\tau_{45°} = \tau_{\max} = \frac{\sigma}{2}, \quad \sigma_{45°} = \frac{\sigma}{2}$$

$$\tau_{-45°} = \tau_{\min} = -\frac{\sigma}{2}, \quad \sigma_{-45°} = \frac{\sigma}{2}$$

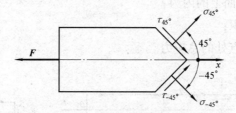

图 2.12　斜截面上的应力

轴向拉伸(压缩)时，杆内最大正应力产生在横截面上，工程中将它作为建立拉(压)杆强度计算的依据；而最大切应力则产生在与杆轴线成 45°角的斜截面上，其值等于横截面上正应力的一半。

当 $\alpha = 90°$时，$\sigma_\alpha = \tau_\alpha = 0$，说明在平行于杆轴的纵向截面上没有应力存在。

应当指出，直接用式(2.1)计算杆件外力作用区域附近截面上各点的应力是不准确的，因为在该处外力作用的具体方式不同，引起的变形规律也比较复杂，其研究已超出材料力学范围。理论与试验均证明，在离杆件外力作用点约为横截面的最大尺寸处的横截面上，内力已趋于平均分布，式(2.1)就可应用。这一结论称为圣维南原理。

【例 2.5】　木立柱上面放一钢块，钢块上承受压力，如图 2.13(a)所示。已知钢块横截面面积 $A_1 = 2 \times 2 \ cm^2$，产生的工作应力为 35 MPa，木柱横截面面积 $A_2 = 8 \times 8 \ cm^2$，求木柱顺纹方向(与水平方向成 30°夹角)切应力大小及方向。

解：(1)计算钢块上部的压力 F。

由公式

$$\sigma = \frac{F}{A_1}$$

得

$$F = \sigma_钢 \cdot A_1 = 35 \times 10^6 \times 2 \times 2 \times 10^{-4} = 14(kN)$$

(2)计算木柱内顺纹方向的切应力 $\tau_{30°}$。

木柱横截面上的正应力为

$$\sigma = \frac{F}{A_2} = \frac{-14 \times 10^3}{64 \times 10^{-4}} = -2.19(MPa)$$

根据式(2.3)可得

$$\tau_{30°} = \frac{\sigma}{2}\sin(2 \times 30°) = -0.95(MPa)$$

$\tau_{30°}$ 方向如图 2.13(b)所示。

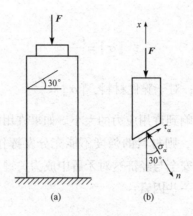

图 2.13 例 2.5 图

2.3.3 轴向拉伸与压缩时的强度条件

1. 许用应力

在实际工程中，当构件正应力达到强度极限时，试件就会产生断裂；当正应力达到屈服强度 σ_s 时，试件就会产生显著的塑性变形。例如，2011 年 7 月 14 日，武夷山公馆大桥发生垮塌事故，如图 2.14 所示。武夷山公馆大桥垮塌事故的直接原因是重型货车严重超载致拉杆发生断裂，导致桥梁垮塌，未发生断裂的拉杆也产生了较大的塑性变形。

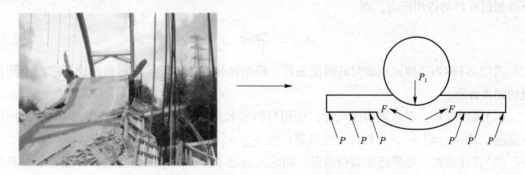

图 2.14 拉伸破坏实例：武夷山公馆大桥垮塌

一般情况下，为保证工程结构能正常工作，要求组成结构的每个构件既不断裂，也不产生过大的变形。因此，工程中将材料断裂或产生塑性变形时的应力统称为材料的极限应力，用 σ_u 表示。

对于脆性材料，因为它没有屈服阶段，在变形很小的情况下就发生断裂破坏，所以它只有一个强度指标，即强度极限 σ_b。因此，通常以强度极限作为脆性材料的极限应力，即 $\sigma_u = \sigma_b$。对于塑性材料，由于它一经屈服就会产生很大的塑性变形，构件也就恢复不了原有的形状，所以一般取屈服强度作为塑性材料的极限应力，即 $\sigma_u = \sigma_s$。

为了保证构件能够正常地工作和具有必要的安全储备，必须使构件的工作应力小于材料的极限应力。因此，构件的许用应力 $[\sigma]$ 应该是材料的极限应力 σ_u 除以一个数值大于 1 的

安全系数 n，即

$$[\sigma] = \frac{\sigma_u}{n} \tag{2.5}$$

对于塑性材料，$[\sigma] = \frac{\sigma_s}{n_s}$；对于脆性材料，$[\sigma] = \frac{\sigma_b}{n_b}$。

安全系数 n 的取值直接影响到许用应力的大小。如果许用应力定得太大，即安全系数偏低，则结构物偏于危险；反之，则材料的强度不能充分发挥作用，造成物质上的浪费。所以，安全系数在所使用材料的安全与经济这对矛盾中成为关键。正确选取安全系数是一个很重要的步骤，一般要考虑以下一些因素：

(1)材料的不均匀性。

(2)载荷估算的近似性。

(3)计算理论及公式的近似性。

(4)构件的工作条件、使用年限等差异。

通常，安全系数由国家有关部门决定，可以在有关规范中查到。目前，在一般静载条件下，塑性材料可取 $n_s = 1.2 \sim 2.5$，脆性材料可取 $n_b = 2 \sim 5$。随着材料质量和施工方法的不断改进、计算理论和设计方法的不断完善，安全系数的选择将会更加合理。

2. 拉伸与压缩时的强度条件

轴向拉伸或压缩时，为了保证等直杆件安全、正常地工作，要求杆件中的最大工作应力不得超过材料的许用应力，即

$$\sigma_{max} = \frac{F_{Nmax}}{A} \leqslant [\sigma] \tag{2.6}$$

式(2.6)称为拉伸或压缩时的强度条件。根据该强度条件，可以对构件进行三种不同情况的强度计算。

(1)强度校核。在已知构件尺寸、所用材料和载荷的情况下，可用式(2.6)来校核构件的强度。若 $\sigma_{max} \leqslant [\sigma]$，则构件安全可靠；若 $\sigma_{max} > [\sigma]$，则构件强度不够。

(2)设计截面。如果已知载荷情况，同时又选定了构件所采用的材料，即确定了材料的许用应力 $[\sigma]$，则构件所需的截面大小可由式 $A \geqslant F_{Nmax}/[\sigma]$ 计算。

(3)确定许可载荷。如果已知构件的横截面面积 A 及材料的许用应力 $[\sigma]$，则构件能承受的许可轴力可由式 $[F_{Nmax}] \leqslant [\sigma]A$ 计算。然后，可以根据静力平衡条件由外力与轴力之间的关系确定结构所能允许承受的最大载荷。

【例2.6】 如图2.15(a)所示，AB 为木杆，其横截面面积 $A_木 = 10^4 \ mm^2$，许用应力 $[\sigma]_木 = 7 \ MPa$。BC 杆为钢杆，$A_钢 = 600 \ mm^2$，$[\sigma]_钢 = 160 \ MPa$，试求许可载荷 $[F]$。

解：假想地将吊架截开，保留 B 点部分，如图2.15(b)所示。由保留部分的平衡条件可得

$$\sum F_y = 0, F_{NBC}\sin30° - F = 0$$

$$\sum F_{NBC} = \frac{F}{\sin30°} = 2F$$

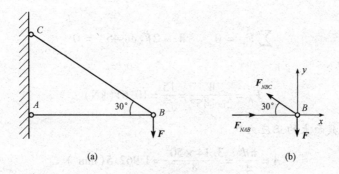

图 2.15　例 2.6 图

$$\sum F_x = 0, F_{NAB} - F_{NBC}\cos30° = 0$$

$$F_{NAB} = F_{NBC}\cos30° = \sqrt{3}F$$

由强度条件式可得

$$F_{NAB} = \sqrt{3}F \leqslant A_{木}[\sigma]_{木} = 10^4 \times 10^{-6} \times 7 \times 10^6 \text{ N} = 70 \text{ kN}$$

所以，按照木杆的强度要求可得

$$[F] = \frac{70}{\sqrt{3}} \text{kN} = 40.4 \text{ kN}$$

$$F_{NBC} = 2F \leqslant A_{钢}[\sigma]_{钢} = 600 \times 10^{-6} \times 160 \times 10^6 \text{ N} = 96 \text{ kN}$$

所以，按照钢杆的强度要求可得

$$[F] = \frac{96}{2} \text{ kN} = 48 \text{ kN}$$

只有木杆 AB 和钢杆 BC 均满足强度条件时，吊架才安全，故吊架的许可载荷 [F] 应取为 40.6 kN。

【例 2.7】　如图 2.16（a）所示为起重机起吊钢管时的情况。若已知钢管的重量 $W = 15$ kN，绳索的直径 $d = 50$ mm，容许应力 $[\sigma] = 10$ MPa，试校核绳索的强度。

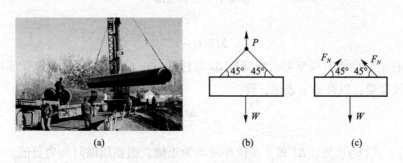

图 2.16　例 2.7 图

（a）起重机起吊钢管；（b）起重机起吊钢管简化图；（c）受力图

解：（1）求绳索中的轴力 F_N。

以钢管为研究对象，画出其受力图，如图 2.16（b）所示。由对称性可知两侧轴力相等。

列平衡方程:

$$\sum F_y = 0 \qquad W - 2F_N\cos45° = 0$$

得绳索的轴力:

$$F_N = \frac{W}{2\cos45°} = \frac{15}{\sqrt{2}} = 10.61(\text{kN})$$

(2)求绳索横截面上的正应力。

$$A = \frac{\pi d^2}{4} = \frac{3.14 \times 50^2}{4} = 1\,962.5(\text{mm}^2)$$

$$\sigma = \frac{F_N}{A} = \frac{10.61 \times 10^3}{1\,962.5} = 5.41(\text{N/mm}^2) = 5.41\ \text{MPa}$$

(3)校核强度。

$$\sigma = 5.41\ \text{MPa} < [\sigma] = 10\ \text{MPa}$$

满足强度条件,故绳索安全。

2.4 轴向拉伸与压缩时的变形及刚度条件

2.4.1 轴向变形·胡克定律

直杆受轴向拉力或压力作用时,杆件会产生轴线方向的伸长或缩短,如图 2.17 所示的等直杆原长为 l 变为 l_1,杆的轴向伸长为

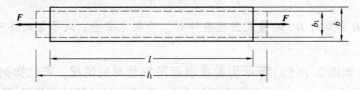

图 2.17 拉伸变形

$$\Delta l = l_1 - l \qquad\qquad (\text{a})$$

Δl 称为杆的轴向绝对线变形。线变形 Δl 与杆件原长 l 之比,表示单位长度内的线变形,又称为轴向线应变,以符号 ε 表示,即

$$\varepsilon = \frac{\Delta l}{l} \qquad\qquad (\text{b})$$

由式(a)、式(b)可见,Δl 和 ε 在拉伸时均为正值,而在压缩时均为负值。

试验表明,工程中使用的大多数材料都有一个线弹性范围。在此范围内,轴向拉(压)杆的伸长(或缩短)Δl 与轴力的大小 ε、杆长 l 成正比,而与横截面面积 A 成反比,引入比例常数 E,即

$$\Delta l = \frac{F_N l}{EA} \qquad\qquad (2.7)$$

这就是轴向拉伸或压缩时等直杆的轴向变形计算公式，通常称为胡克定律。引入 $\sigma = F_N/A$ 和 $\varepsilon = \Delta l/l$，可得到胡克定律的另一表达式

$$\sigma = E\varepsilon \tag{2.8}$$

式(2.8)说明，当杆内应力未超过材料的比例极限时，横截面上的正应力与轴向线应变成正比。比例常数 E 称为材料的弹性模量，其数值根据不同的材料，可由试验加以测定。E 的量纲与应力的量纲相同。弹性模量 E 表示材料抵抗弹性拉压变形能力的大小，E 值越大，则材料越不易产生伸长或缩短变形。

式(2.7)中的 EA 称为杆件的抗拉(压)刚度，它表示杆件抵抗弹性拉压变形的能力。EA 值越大，即刚度越大，杆的伸长(缩短)变形就越小。

2.4.2　横向变形·泊松比

试验表明，当杆件受拉伸而沿纵向伸长时，则横向收缩。如图 2.18 所示，杆件变形前横向尺寸为 b，变形后为 b_1，设横向线应变为 ε'，则 $\varepsilon' = \dfrac{\Delta b}{b} = \dfrac{b_1 - b}{b}$。

显然，杆件受拉伸时，Δb 与 ε' 均为负值。试验证明，只要在线弹性范围内，材料的横向线应变 ε' 与轴向线应变 ε 成比例关系，即横向线应变 ε' 与轴向线应变 ε 之比的绝对值为一常数，即

$$\left| \frac{\varepsilon'}{\varepsilon} \right| = \mu \tag{2.9}$$

比值 μ 称为横向变形系数或泊松比。它是一个无量纲的量，其值随材料而异，可由试验测定。由于 ε' 与 ε 的符号总是相反的，在线弹性范围内两者的关系可表示为

$$\varepsilon' = -\mu\varepsilon \tag{2.10}$$

弹性模量 E 与泊松比 μ 是表示材料性质的两个弹性常数。一些常用材料的 E、μ 值列于表 2.1 中。

表 2.1　常用材料的弹性模量 E 和泊松比 μ 的约值

材料名称	E/GPa	μ
Q235 钢	200 ~ 220	0.24 ~ 0.28
Q345(16Mn)钢	200	0.25 ~ 0.30
合金钢	210	0.28 ~ 0.32
灰铸铁	60 ~ 160	0.23 ~ 0.27
球墨铸铁	150 ~ 180	0.24 ~ 0.27
铝及其合金	72	0.33
铜及其合金	100 ~ 110	0.31 ~ 0.36
混凝土	15 ~ 36	0.16 ~ 0.20

2.4.3　刚度条件

为了杆件的安全,前面建立了强度条件。可是,有时杆件的强度足够,但由于变形过大、刚度不足以致不能使用。因此,为了使结构既经济又安全,同时还要适用,就必须限制构件的变形,需要满足变形条件,即刚度条件。

$$\Delta l = \frac{F_N l}{EA} \leqslant [\Delta l] \text{ 或 } \delta \leqslant [\delta] \tag{2.11}$$

许可变形$[\Delta l]$或许可位移$[\delta]$视结构使用条件而定。

【例2.8】　如图2.18所示,已知$F_A = 10\text{ kN}$,$F_B = 20\text{ kN}$,$l = 100\text{ mm}$,AB段与BC段的横截面面积分别为$A_{AB} = 100\text{ mm}^2$、$A_{BC} = 200\text{ mm}^2$,材料的弹性模量$E = 200\text{ GPa}$。试求杆的总伸长量及端面A与D—D截面间的相对位移。

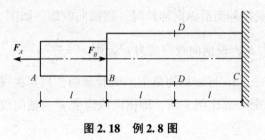

图2.18　例2.8图

解：AB段及BC段的轴力F_{NAB}和F_{NBC}分别为

$$F_{NAB} = F_A = 10\text{ kN}$$

$$F_{NBC} = F_A - F_B = -10\text{ kN}$$

杆件的总伸长量为

$$\Delta l = \Delta l_{AB} + \Delta l_{BC} = \frac{F_{NAB} l}{EA_{AB}} + \frac{F_{NBC} \times 2l}{EA_{BC}}$$

$$= \left[\frac{10 \times 10^3 \times 100 \times 10^{-3}}{200 \times 10^9 \times 100 \times 10^{-6}} + \frac{(-10 \times 10^3 \times 2 \times 100 \times 10^{-3})}{200 \times 10^9 \times 200 \times 10^{-6}}\right]\text{m}$$

$$= 0\text{ m}$$

端面A与D—D截面间的相对位移Δ_{AD}等于端面A与D—D截面间杆的伸长量Δl_{AD},即

$$\Delta l_{AD} = \frac{F_{NAB} l}{EA_{AB}} + \frac{F_{NBC} l}{EA_{BC}}$$

$$= \left[\frac{10 \times 10^3 \times 100 \times 10^{-3}}{200 \times 10^9 \times 100 \times 10^{-6}} + \frac{(-10 \times 10^3 \times 2 \times 100 \times 10^{-3})}{200 \times 10^9 \times 200 \times 10^{-6}}\right]\text{m}$$

$$= 2.5 \times 10^{-5}\text{ m} = 0.025\text{ mm}$$

【例2.9】　如图2.19所示,杆系由两根钢杆1和2组成。已知杆端铰接,两杆与铅垂线均成$\alpha = 30°$的角度,长度均为2 m,直径均为25 mm,钢的弹性模量$E = 210\text{ GPa}$。设在点A销钉处悬挂一重物,重力$P = 100\text{ kN}$,试求点A的位移Δ_A。

解：考虑节点A的受力,如图2-19(b)所示,列平衡方程,求出杆的轴力。

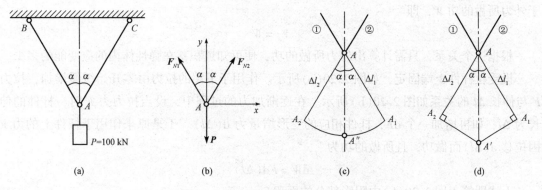

图 2.19 例 2.9 图

$$\sum F_x = 0, F_{N2}\sin\alpha - F_{N1}\sin\alpha = 0$$

$$\sum F_y = 0, F_{N1}\cos\alpha + F_{N2}\cos\alpha - P = 0$$

$$F_{N1} = F_{N2} = \frac{P}{2\cos\alpha}$$

两杆的变形为

$$\Delta l_1 = \Delta l_2 = \frac{F_{N1}l}{EA} = \frac{Pl}{2EA\cos\alpha}$$

是伸长变形。

如何确定点 A 变形之后的位置呢？显然，两杆变形后仍应铰接在一起。可分别以点 B 和点 C 为圆心，以两杆伸长后的长度 BA_1 和 CA_2 为半径作圆弧相交于点 A''，即结构变形后点 A 的位置，如图 2.19(c) 所示。

但是由于是小变形，两段圆弧是极微小的短弧，可分别用 BA_1 和 CA_2 在点 A_1 和点 A_2 的垂线来代替。设两垂线的交点为 A'，AA' 即点 A 的位移，如图 2.19(d) 所示。这种作图法称为"切线代圆弧"。

现计算位移 AA'。由图 2.19(d) 很容易得到

$$\Delta_A = \overline{AA'} = \frac{\Delta l_1}{\cos\alpha} = \frac{Pl}{2EA\cos^2\alpha}$$

$$= \frac{4 \times 100 \times 10^3 \times 2}{2 \times 210 \times 10^9 \times \pi \times 0.025^2 \times \cos^2 30°} = 1.293(\text{mm})(\downarrow)$$

2.4.4 应变能的概念

固体在外力作用下会产生变形。在变形过程中，外力所做的功将转变为储存在固体内的能量。当外力逐渐减小时，变形逐渐恢复，固体又将释放出储存的能量而做功。例如，内燃机的气阀开启时，气阀弹簧因受压力作用发生压缩变形而储存能量。当压力逐渐减小，弹簧变形逐渐恢复时，它又释放出能量为关闭气阀而做功。固体在外力作用下，因变形而储存的能量称为应变能。

在变形过程中，如不考虑能量的损失，积蓄在弹性体内的应变能 V_ε 可认为在数值上等

于外力所做的功 W，即

$$V_\varepsilon = W$$

根据这个关系，只需计算出外力所做的功，便可知道积蓄在弹性体内的应变能的多少。

设受拉杆件上端固定，如图 2.20(a)所示。作用于下端的拉力由零开始缓缓增加，拉力 F 与伸长 Δl 的关系如图 2.20(b)所示。在逐渐加力的过程中，设当拉力为 F 时，杆件的伸长为 Δl，如再增加一个 $\mathrm{d}F$，杆件相应的变形增量为 $\mathrm{d}(\Delta l)$。于是原来作用于杆件上的力 F 因位移 $\mathrm{d}(\Delta l)$ 而做功，且所做的功为

$$\mathrm{d}W = F\mathrm{d}(\Delta l)$$

上式即等于图 2.20(b)中阴影部分的面积。

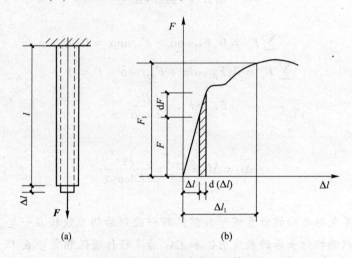

图 2.20　受拉杆件应变能计算示意

将拉力看作是一系列 $\mathrm{d}F$ 的累积，则拉力所做的总功 W 应为上述微面积的总和，它实际上等于 F—Δl 曲线与 Δl 坐标轴围成图形的面积，即

$$W = \int_0^{\Delta l_1} F\mathrm{d}(\Delta l)$$

在应力小于比例极限时，F 与 Δl 的关系是一条斜直线，上式积分出来的结果为

$$W = \frac{1}{2}F\Delta l$$

忽略动能、热能等能量的损失，可认为拉力 F 所做的功全部转换成了杆件内储存的应变能 V_ε。

$$V_\varepsilon = W = \frac{1}{2}F\Delta l = \frac{F^2 l}{2EA} \tag{2.12}$$

这就是轴向拉伸或压缩时杆内应变能的计算公式。对于等直杆，由于在轴向拉伸或压缩时，杆内各部分的受力和变形情况都相同，故可将杆的应变能除以杆的总体积 Al，即可得杆在单位体积内的应变能，称为比能，以 ν_ε 表示。其计算公式为

$$\nu_\varepsilon = \frac{\frac{1}{2}F\Delta l}{Al} = \frac{1}{2}\sigma\varepsilon \tag{2.13}$$

或

$$v_\varepsilon = \frac{F^2 l}{2EA} \cdot \frac{1}{Al} = \frac{F^2}{2EA^2} = \frac{\sigma^2}{2E} \tag{2.14}$$

以上结果同样适用轴向压缩的情况。

从拉伸(压缩)试验中可以知道,当试样中的应力到达某一极限时,材料将发生屈服或断裂,因而,在强度计算中可以通过应力来判断构件是否安全。同样,由能量的观点来看,也可以通过比能来判断。

在实际工程中,常利用应变能计算构件或结构物的变形或位移。下面通过一个例子来具体说明。

【例 2.10】　用应变能的方法求解例 2.9。

解:在例 2.9 中采用"切线代圆弧"的方法求出了点 A 的位移 Δ_A,现采用能量法来求解。由图 2.19(b)已求出杆的轴力为

$$F_{N1} = F_{N2} = \frac{P}{2\cos\alpha}$$

由对称关系知,点 A 只有垂直位移,设为 δ,则重物重量 P 所做的功为

$$W = \frac{P\delta}{2}$$

又由两杆内所积蓄的应变能为

$$V_\varepsilon = 2 \times \frac{F^2 Nl}{EA} = \frac{P^2 l}{4EA\cos^2\alpha}$$

由外力所做的功等于杆件内所积蓄的应变能,即

$$W = V_\varepsilon$$

可得

$$\frac{P\delta}{2} = \frac{P^2 l}{4EA\cos^2\alpha}$$

由此解得节点的垂直位移为

$$\delta = \frac{Pl}{2EA\cos^2\alpha}$$

2.5　材料的力学性能

分析构件的强度时,除应力计算外,还要研究材料在外力作用下所表现出来的变形和破坏的特征,称为材料的力学性能。研究材料的力学性能的目的是确定在变形和破坏情况下的一些重要性能指标,作为选用材料,计算材料强度、刚度的依据。因此,材料力学试验是材料力学课程重要的组成部分。本节主要介绍在常温静载试验条件下材料的力学性能。

金属材料的拉伸试验方法和要求,在国家标准《金属材料　拉伸试验　第 1 部分:室温试验方法》(GB/T 228.1—2010)中有详细规定。为了便于比较不同材料的试验结果,将试样依据国家标准加工成标准试样。在正式试验前,先采用 ABAQUS 有限元结构分析软件进行

模拟试验，初步了解试验过程及试验现象。在试样上取长为 l 的一段(图2.21)作为试验段，称为标距。对圆截面试样，标距与直径有两种比例，即 $l=10d$ 和 $l=5d$。矩形截面标准试样标距与截面面积 A 的关系 $l=11.3\sqrt{A}$ 和 $l=5.65\sqrt{A}$。金属材料的压缩试件一般为短圆柱(图2.22)，以免被压弯。圆柱的高度与直径之比 $\dfrac{h}{d}=(1.5\sim3)$。混凝土、石料等经常做成立方体。

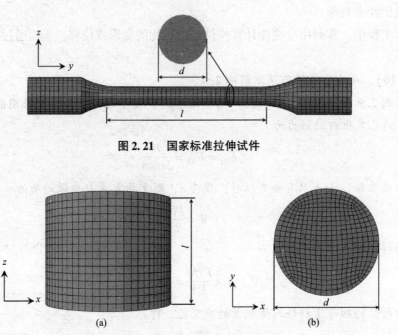

图2.21 国家标准拉伸试件

图2.22 国家标准压缩试件

拉伸或压缩试验主要的试验设备有两种，一种是使试样发生变形的万能材料试验机(图2.23)；另一种是用来测量变形的引伸计(图2.24)。

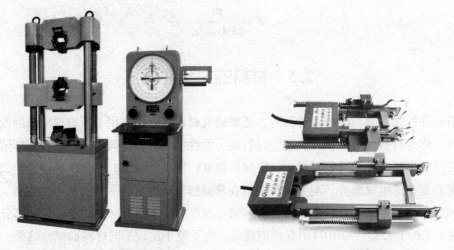

图2.23 万能材料试验机　　　　**图2.24 引伸计**

2.5.1　材料拉伸时的力学性能

1. 低碳钢拉伸时的力学性能

低碳钢是指含碳量低于 0.3% 的碳素钢，是在工程中应用较广泛的金属材料。低碳钢试样在拉伸试验中所表现的力学性质比较全面和典型。

在杆件的建模过程中，给低碳钢杆件施加拉力 F 的作用，且 F 随着时间推移而缓慢增加，与每个拉力相对应，试样在标距 l 内有一个伸长量 Δl，表示 F 和 Δl 关系的曲线，称为拉伸图或 F—Δl 曲线，如图 2.25 所示。

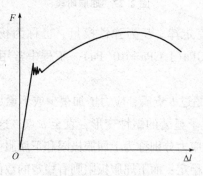

图 2.25　F—Δl 曲线

F—Δl 曲线与试样的尺寸相关，把拉力 F 除以试样横截面的原始面积 A，把伸长量 Δl 除以标距 l，这样得到的曲线与试样尺寸无关，代表了材料的力学性能，称为应力—应变图或 σ—ε 曲线，如图 2.26 所示。

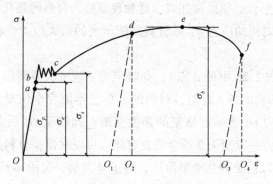

图 2.26　σ—ε 曲线

对图 2.27 拉伸试件进行数值模拟，依据数值模拟试验结果，低碳钢的拉伸大致可分为以下四个阶段：

（1）弹性阶段。在 Ob 阶段内，材料的变形是弹性的，全部卸除载荷后，试件将恢复其原长，这一阶段称为弹性变形阶段，与 b 点对应的应力称为弹性极限 σ_e。在拉伸初始阶段，应力与应变呈线性正比关系，沿直线 Oa 变化，a 点对应的应力称为比例极限 σ_p，它是应力与应变成正比例的最大极限。当 $\sigma \leqslant \sigma_p$ 时，应力应变间的关系有

$$\sigma = E\varepsilon$$

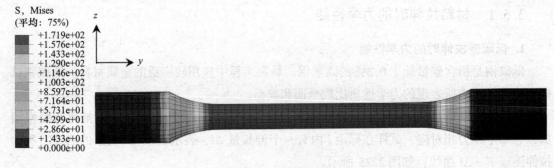

图 2.27　屈服阶段

此即拉伸或压缩时的胡克定律。E 为弹性模量，也称为杨氏模量（Young's modulus），单位与 σ 相同，常用单位为 GPa（$1\ \mathrm{GPa} = 10^9\ \mathrm{Pa}$）。工程中常用材料的比例极限与弹性极限非常接近，试验中难以区别。

（2）屈服阶段。当应力值超过 b 点后，应力增加很少或不增加，应变明显增加，材料暂时失去了抵抗变形的能力，产生了显著的塑性变形，直至 c 点，这种现象叫作屈服，如图 2.26 所示。在屈服阶段最高和最低应力分别称为上屈服极限和下屈服极限。通常，上屈服极限与试样形状、加载速度等有关，不稳定；而下屈服极限则有稳定的数值，能够反映材料的性能，通常把下屈服极限称为屈服极限 σ_s，σ_s 是衡量材料强度的重要指标。在试验现场，表面抛光的矩形试样在拉伸屈服时，仔细观察表面会看到许多与轴线大约成 45° 倾角的条纹，称为滑移线，这是由于材料内部晶格相对滑移形成的。

（3）强化阶段。越过屈服阶段后，从 c 点开始曲线继续上升，材料恢复了对变形的抵抗能力，若让试件继续变形，必须继续加载，这种现象称为材料的强化。ce 段即强化阶段。强化阶段的最高点 e 点所对应的应力 σ_b 是材料所能承受的最大应力，称为强度极限，是衡量材料强度的另一重要指标。

在强化阶段卸载（图 2.26 中的 d 点），此时应力—应变关系将沿着与 Oa 大致平行的线 dO_1 回到 O_1 点，此即卸载定律。此时，材料的变形已不能完全恢复，在横轴上，OO_1 表示不能恢复的塑性变形，O_1O_2 表示已恢复的弹性变形。卸载至 O_1 后若再加载，加载线仍沿 O_1d 线上升，加载的应力—应变关系符合胡克定律。可以看出，材料进入强化阶段以后的卸载再加载，材料在 d 点以前是弹性变形阶段，过了 d 点后，又沿 def 变化，此时材料的比例极限得到了提高，而塑性变形和伸长率降低，这一现象称为冷作硬化。在工程上，常用冷作硬化来提高钢筋和钢缆绳等构件的比例极限。

（4）局部变形阶段。过 e 点后，即应力达到强度极限后，试件某一段内横截面尺寸发生剧烈收缩，称为颈缩现象（图 2.28）。由于颈缩部分截面尺寸迅速变小，使试样继续变形所需的拉力减小，应力—应变曲线下降，最后在颈缩处被拉断。

对于低碳钢，屈服极限 σ_s 和强度极限 σ_b 是衡量材料强度的两个重要指标。为了衡量材料的塑性性能，通常用试样断裂后标距内的残余伸长量与标距的比值来表示，即

$$\delta = \frac{l_1 - l}{l} \times 100\%$$

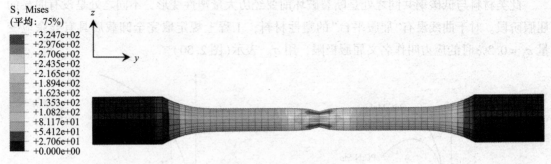

图 2.28　局部变形阶段

δ 称为伸长率。式中，l 为试件标线间的标距，l_1 为试件断裂后量得的标线间的长度。低碳钢的伸长率很高，可达 20% ~ 30%，具有良好的塑性性能。

工程上，常按伸长率将材料分成两大类，$\delta > 5\%$ 的材料称为塑性材料，如碳钢、铜、铝合金等，而将 $\delta < 5\%$ 的材料称为脆性材料，如灰铸铁、玻璃、混凝土、砖石等。

另一个衡量材料塑性性能的指标是断面收缩率 φ，即

$$\varphi = \frac{A - A_1}{A} \times 100\%$$

此处 A 为试件原面积，A_1 为断裂后试件颈缩处面积。低碳钢的断面收缩率为 60% ~ 70%。

在上述试验过程中，如果不是持续将试件拉断，而是加载至超过屈服极限后如到达图 2.26 中的 d 点，然后逐渐卸除拉力，应力—应变关系将沿着斜直线 dO_1 回到 O_1 点，斜直线 dO_1 近似地平行于 Oa。这说明：在卸载过程中，应力和应变按直线规律变化，这就是卸载定律。拉力完全卸除后，应力—应变图中，O_1g 表示消失了的弹性变形，而 OO_1 表示保留下来的塑性变形。

卸载后，如在短期内再次加载，则应力和应变又重新沿着卸载直线 dO_1 上升，直到 d 点后，又沿直线 def 变化。可见在再次加载时，直到 d 点以前材料的变形都是弹性的，过 d 点后才开始出现塑性变形。比较图 2.26 中的 $Oabcdef$ 和 O_1def 两条曲线，可见在第二次加载时，其比例极限（也即弹性阶段）得到了提高，但塑性变形和延伸率却有所降低，这种现象称为冷作硬化。

工程上经常采用冷作硬化来提高材料的弹性阶段。如起重机用的钢索和建筑用的钢筋，常用冷拔工艺以提高强度。又如对某些零件进行喷丸处理，使其表面发生塑性变形，形成冷硬层，以提高零件表面的强度。但冷作硬化也像世间一切事物一样无不具有双重性，其有利之处将在工程中得到广泛应用，不利之处是使材料变硬变脆，给塑性加工带来困难，且容易产生裂纹，往往需要在工序之间安排退火，以消除冷作硬化带来的影响。

2. 其他塑性材料拉伸时的力学性能

工程上常用的金属材料除低碳钢外，还有高碳钢、锰合金钢、青铜、铝合金等，图 2.29 是几种常见材料拉伸的 σ—ε 曲线，有些材料如 16Mn 钢，在拉伸过程中有明显的四个阶段，有些材料如黄铜没有屈服阶段，但其他三个阶段却很明显，有些材料如 35CrMnSi，只有弹性和强化阶段。

此类材料与低碳钢共同之处是断裂破坏前要经历大量塑性变形,不同之处是没有明显的屈服阶段。对于曲线没有"屈服平台"的塑性材料,工程上规定取完全卸载后具有残余应变量 $\varepsilon_p = 0.2\%$ 时的应力叫作名义屈服极限,用 $\sigma_{0.2}$ 表示(图2.30)。

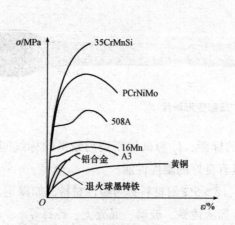

图2.29 常见材料拉伸的 σ—ε 曲线

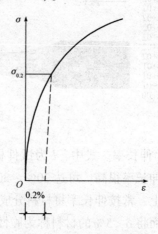

图2.30 名义屈服极限

3. 铸铁拉伸时的力学性能

铸铁也是工程中广泛应用的材料之一,拉伸时的应力—应变关系是一条微弯曲线。如图2.31所示,没有直线区段,没有屈服和颈缩现象,试件断口平齐、粗糙,拉断前的应变很小,延伸率也很小,几乎没有塑性变形,所以只能测得拉伸时的强度极限 σ_b(拉断时的最大应力)。铸铁是典型的脆性材料,由于没有屈服现象,强度极限 σ_b 是衡量强度的唯一指标。

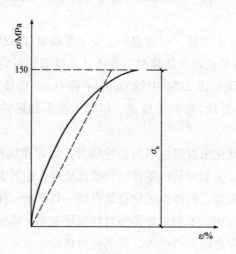

图2.31 铸铁拉伸曲线

由于铸铁 σ—ε 图是一条微弯的曲线,弹性模量 E 的数值随应力的大小而变。但在工程中铸铁的拉应力不能很高,而在较低的拉应力下,则可近似认为服从胡克定律。通常取 σ—ε 曲线的割线代替曲线的开始部分,并以割线的斜率作为弹性模量,称为割线弹性模量。

铸铁等脆性材料的抗拉强度很低，所以不宜作为受拉构件。但铸铁经球化处理成为球墨铸铁后，力学性能有显著变化，不但有较高的强度，还有较好的塑性性能。国内不少工厂成功地用球墨铸铁代替钢材制造曲轴、齿轮等零件。

2.5.2　材料压缩时的力学性能

1. 铸铁压缩时的力学性能

用 ABAQUS 有限元软件模拟铸铁压缩的过程，能够获得铸铁压缩后的变形状况、应力特征等。与塑性材料不同，铸铁压缩时的力学性能(图 2.32 中的实线)与拉伸时(图 2.32 中的虚线)有明显不同。铸铁压缩的 $\sigma-\varepsilon$ 曲线如图 2.33 所示。其抗压强度远高于抗拉强度，铸铁压缩过程中产生的变形如图 2.34 所示。铸铁在很小的变形下发生破坏，破坏截面与轴线呈 45°~55°的倾角。

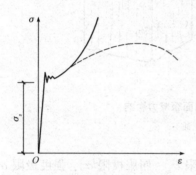

图 2.32　铸铁压缩时的力学性能

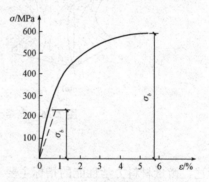

图 2.33　铸铁拉伸时的力学性能

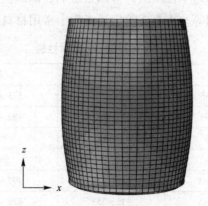

图 2.34　铸铁压缩过程中产生的变形

2. 混凝土压缩时的力学性能

混凝土是由水泥、石子及砂子和水经水化作用而成的人造材料，一般可近似认为是均质材料。通常混凝土压缩试样做成立方体。其压缩的 $\sigma-\varepsilon$ 曲线如图 2.35 所示，抗压强度远大于抗拉强度。破坏时(图 2.36)，当试样两端面的横向变形受到摩擦力的作用时，试样由中部周围逐步剥落而破坏；若在压头与试样间涂上润滑材料，则试样将沿纵向面裂开。

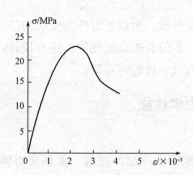

图 2.35　混凝土压缩的 σ—ε 曲线

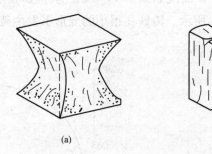

(a)　　　　　　　　　　　(b)

图 2.36　混凝土压缩时端面摩擦力影响

(a)涂油；(b)无油

综上所述，衡量材料力学性能的指标主要有比例极限 σ_p、屈服极限 σ_s、强度极限 σ_b、弹性模量 E、伸长率 δ 及断面收缩率 φ 等。应该指出，上述性质是在常温、静载(加载速度缓慢)下的结果。试验表明，材料的力学性质受许多因素影响，即试验温度、制造方法、热处理工艺、加载速率及载荷作用时间等。表 2.2 给出了工程中常用材料在常温静载下的力学性能。

表 2.2　常用材料的力学性能

材料名称	牌号	σ_s/MPa	σ_b/MPa	δ_s/%
普通碳素钢	Q235	216 ~ 235	373 ~ 461	25 ~ 27
	Q255	255 ~ 275	490 ~ 608	19 ~ 21
优质碳素结构钢	40	333	569	19
	45	353	598	16
低合金结构钢	12MnV	345 ~ 335	490 ~ 640	21 ~ 22
	14MnV	335 ~ 355	470 ~ 640	20 ~ 21
合金结构钢	20Cr	539	834	10
	40Cr	785	981	9
球墨铸铁	QT400 – 18	250($\sigma_{0.2}$)	400	18
	QT500 – 7	320($\sigma_{0.2}$)	500	7
灰铸铁	HT100	—	100	—
	HT300	—	300	—

注：表中 δ_s 是指 $l = 5d$ 的标准试样的伸长率。

2.6 温度应力、装配应力及应力集中的概念

2.6.1 温度应力

实际工程中的构件常处于温度变化的环境下工作。如果杆内温度变化是均匀的，即同一截面上各点的温度变化相同，则直杆只发生伸长或缩短变形(热胀冷缩)。在静定结构中，杆件能自由伸缩，由温度变化引起的变形不会在杆中产生应力。但在超静定结构中，由于温度变化引起的伸缩变形要受到外界约束或各杆之间的相互约束的限制，杆件内将产生应力，这种应力称为温度应力。根据变形协调条件建立变形几何方程，依然是计算温度应力的关键。

在北方的建筑工程中，建筑的供暖系统是至关重要的，如图 2.37 所示的供暖管道系统。在供暖过程中，管道中的热水温度的变化会引起管道的伸缩变形。设一直管道两端简化为固定端，分别用 A、B 表示，如图 2.38(a)所示。当温度由 t_1 升至 t_2 时，管道就要膨胀，由于固定端的约束，在管道 AB 的两端将引起约束力 F_{RA} 和 F_{RB}，使管道受到压缩。由平衡方程 $\sum F_x = 0$，得 $F_{RA} = F_{RB} = F_N$，两端的反力不能单独由平衡方程求得，所以这也是一个超静定问题，必须再补充一个方程式。

图 2.37 供热管道系统

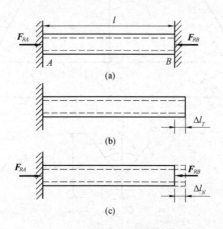

(a)

(b)

(c)

图 2.38 供热管道简化图

先假设移去 B 端约束，使管道可以自由伸长，因温度的增加，管道将伸长 Δl_T，如图 2.38(b)所示，由物理学得知

$$\Delta l_T = \alpha(t_2 - t_1)l$$

式中，α 为材料的线膨胀系数，表示温度改变 1 ℃时单位长度的伸缩。而管道的膨胀 Δl_T，正好是受压力 F_N 作用后被压缩的长度 Δl_N，如图 2.38(c)所示，所以 $\Delta l_T = \Delta l_N$，即

$$\alpha(t_2 - t_1)l = \frac{F_N l}{EA}$$

解得

$$F_N = \alpha(t_2 - t_1)EA$$

温度应力为

$$\sigma_t = \frac{F_N}{A} = \alpha E(t_2 - t_1) \tag{2.15}$$

2.6.2　装配应力

杆件在制造过程中，其尺寸有微小的误差是在所难免的。对于静定结构，这种微小的误差只会引起结构几何形状的极小改变，而不会在各杆中产生内力。

如图 2.39(a)所示，两根长度相同的杆件组成一个简单结构，若由于两根杆制成后的长度(图中虚线表示)均比设计长度(图中实线表示)超出了 δ，则在装配好以后，两杆原应有的交点 C 下移一个微小的距离 Δ 至 C' 点，且两杆的夹角略有改变，但杆内不会产生内力。

可是对于超静定结构情况就不同了。如图 2.39(b)所示的超静定桁架，由于两斜杆的长度制造得不精确，因而均比设计长度长，这样就会使三杆交不到一起，而实际装配往往强行完成，装配后的结构形状如图 2.39(b)中的虚线所示。

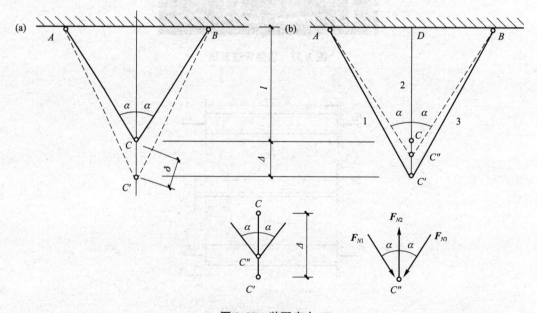

图 2.39　装配应力

　　设三杆交于 C''（介于 C 及 C' 之间），由于各杆长度都有所变化，因而在结构尚未承受外载作用时，各杆就已经有了应力，这种应力称为装配应力。根据变形协调条件建立变形几何方程，同样是计算装配应力的关键。下面以实例加以说明。

　　【例 2.11】　如图 2.40(a) 所示的桁架，杆 3 的设计长度为 l，加工误差为 δ，$\delta \ll l$。已知杆 1 和杆 2 的抗拉刚度均为 $E_1 A_1$，杆 3 的抗拉刚度为 $E_2 A_2$。求三杆中的轴力 F_{N1}、F_{N2}、F_{N3}。

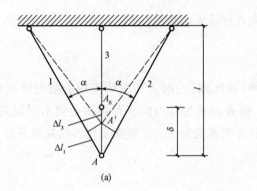
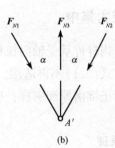

（a）　　　　　　　　　　　　　　（b）

图 2.40　桁架

　　解： 三杆装配后，杆 1 和杆 2 受压，轴力为压力，分别设为 F_{N1}、F_{N2}。杆 3 受拉，轴力为拉力，设为 F_{N3}。取节点 A' 为研究对象，受力图如图 2.40(b) 所示。由于该节点仅有两个独立的静力平衡方程，而未知力数目为 3，故是一次超静定问题。

　　根据节点 A 的平衡方程有

$$\sum X = 0,\ F_{N1}\sin\alpha - F_{N2}\sin\alpha = 0 \tag{a}$$

$$\sum Y = 0,\ F_{N3} - F_{N1}\cos\alpha - F_{N2}\cos\alpha = 0 \tag{b}$$

　　由此可得

$$F_{N1} = F_{N2}$$

$$F_{N3} - 2F_{N1}\cos\alpha = 0 \tag{c}$$

　　由图 2.40(a) 可知，其变形的几何关系为

$$\Delta l_3 + \frac{\Delta l_1}{\cos\alpha} = \delta \tag{d}$$

　　根据物理关系可得

$$\Delta l_3 = \frac{F_{N3}\,l}{E_2 A_2} \tag{e}$$

$$\Delta l_1 = \frac{F_{N1}\,l}{E_1 A_1 \cos\alpha} \tag{f}$$

　　将式(e)、式(f) 代入式(d) 可得补充方程为

$$\frac{F_{N3}\,l}{E_2 A_2} + \frac{F_{N1}\,l}{E_1 A_1 \cos^2\alpha} = \delta \tag{g}$$

求解式(c)、式(g)两式可得

$$F_{N1} = F_{N2} = \frac{\delta}{l} \cdot \frac{E_1 A_1 \cos^2 \alpha}{1 + \dfrac{2E_1 A_1}{E_2 A_2} \cos^3 \alpha}$$

$$F_{N3} = \frac{\delta}{l} \cdot \frac{2E_1 A_1 \cos^3 \alpha}{1 + \dfrac{2E_1 A_1}{E_2 A_2} \cos^3 \alpha}$$

计算结果为正,所以轴力的方向与所设方向相同。

2.6.3　应力集中

试验验证,当杆件承受轴向拉伸(或压缩)力时,在载荷作用的附近区域和截面发生剧烈变化的区域,式(2.1)不再适用。前者表现为应力的分布规律受到不同加载方式的影响,其影响范围可由圣维南原理解释;后者则表现为应力在截面变化部位局部升高,被称为应力集中。

1. 圣维南原理

在实际工程中,由于构件所处工况的不同,在外力作用区域内,外力分布方式有各种可能,例如图2.41(a)、(b)中的拉力作用方式就不同。试验证明,杆端载荷的作用方式,将显著地影响作用区附近的应力分布规律,但距离杆端较远处上述影响逐渐消失,应力趋于均匀,其影响范围和1~2倍的横向尺寸相当,此即圣维南原理。由此原理可知,虽然图2.41(a)、(b)所示杆件上端外力的作用方式不同,但可用与外力系静力等效的合力来代替原力系,这就简化成相同的计算简图[图2.41(c)]。在距离杆端截面略远处都可用式(2.1)来计算应力。

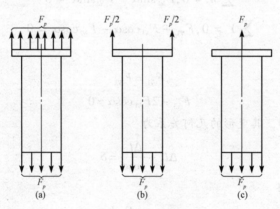

图2.41　拉力作用

2. 应力集中的概念

由于实际工程的需要,有许多零件必须开有切口、切槽、油孔、螺纹、轴肩等,以致在这些部位上截面尺寸发生剧烈变化。试验结果和理论分析都表明,在零件尺寸剧烈变化处的横截面上,应力并不是均匀分布的。例如图2.42所示,开有圆孔和切口的板条受拉时,在圆孔或切口附近的局部区域内，应力将剧烈增加，但在离开圆孔或切口稍远处，应力就迅速降低而趋于均匀。这种因构件外形突然变化引起的局部应力急剧增大的现象称为应力集中。

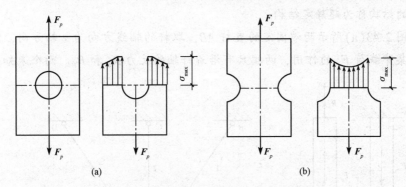

图 2.42 零件尺寸剧烈变化引起应力分布不均匀

设发生应力集中的截面上的最大应力为 σ_{max}，同一截面上的平均应力为 σ_m，则比值为

$$K = \frac{\sigma_{max}}{\sigma_m} \tag{2.16}$$

称为理论应力集中系数。它反映了应力集中的程度，是一个大于 1 的系数。试验结果表明，截面尺寸改变得越急剧，角越尖，孔越小，应力集中的程度就越严重。因此，零件设计加工时应尽可能使截面的变化缓慢一点，如阶梯轴的轴肩要用圆弧过渡，而且尽量使圆弧半径大一些。材料不同，对应力集中的敏感程度也不同。塑性材料因为有屈服阶段，当应力达到屈服极限 σ_s 后该处变形可以继续增加，而应力却暂时不再加大。如外力继续增加，增加的力由截面上尚未屈服的材料来承担，使该截面上的应力相继增大到屈服极限，如图 2.42所示。应力分布逐渐趋于均匀，相应地限制了最大应力 σ_{max} 的数值，因此，塑性材料对应力集中并不敏感。而脆性材料由于没有屈服阶段，应力集中处的最大应力 σ_{max} 较快地达到材料的强度极限 σ_b，该处将首先产生裂纹，导致破坏。所以，脆性材料对应力集中表现很敏感。用脆性材料制成的零件，即使在静载下，也应考虑应力集中对零件承载能力的削弱。至于灰铸铁，其内部的不均匀性和缺陷往往是产生应力集中的主要因素，而零件外形改变所引起的应力集中就可能成为次要因素，对零件的承载能力不一定造成明显的影响。

工程中许多构件由于工况的要求，经常存在有切槽、螺纹、钻孔等，致使截面发生突然变化，因而，应力集中是工作中常见的现象，应给予充分的注意。

知识拓展

简单拉压超静定问题

1. 超静定结构的基本概念
前面所讨论的绝大多数结构，因为未知力个数与独立的平衡方程个数相等，仅用平衡条件可以安全确定其约束反力和内力。这种仅依靠静力学平衡方程就可以确定结构的全部约束反力和内力的问题称为静定问题，这样的结构称为静定结构。

但是，在工程上有更多结构中所含有的未知力(内力或约束反力)个数超过独立静力学平衡方程个数，仅靠静力学的平衡条件不可能确定结构的全部未知力。这种问题称为超静定问题；这样的结构称为超静定结构。

例如，图2.43(a)所示两端固定的直杆AB，取杆的轴线方向为x轴方向，沿着杆的轴线受到一个集中载荷F_P的作用，两端只有沿着杆轴的反力R_A和R_B。两个未知反力与载荷

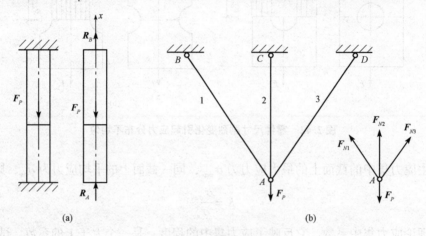

图2.43   两个超静定问题

F_p构成一个共线力系，独立的平衡方程只有一个，即$\sum F_x = 0$。该杆是一个超静定问题。图2.43(b)中所示的杆系，在节点A处作用向下载荷F_p。在F_p的作用下，三杆的未知内力F_{N1}、F_{N2}、F_{N3}与F_p构成一个平面汇交力系，而独立的平衡方程只有两个。可见这也是一个超静定问题。

一般来说，假设一个结构存在n个相互独立的平衡方程，同时含有m个未知力，记$r = m - n$，在$m = n$时，$r = 0$，称该结构为静定结构；在$m > n$时，$r > 0$，称该结构为r次超静定结构，并称该结构中存在r个多余约束。在工程中超静定现象甚为普遍。例如，在桥梁工程施工中，常用起重机运送桥梁主体结构，常为了增加结构的稳定性增加吊链数目，致使该类问题变为超静定问题。如图2.44(a)所示为静定结构；如图2.44(b)所示为超静定结构。

2. 求解超静定问题的基本方法

求解超静定问题的基本思路是以未知力作为未知数，从静力平衡方程、变形协调几何关系及内力与变形之间的物理关系三个方面去综合考虑。但对于不同结构，求解的具体方法有些区别。

对于拉(压)构件组成的超静定结构，由于方程总数不够，还要设法找出补充方程。通常可先研究构件各部分或各个构件变形之间的几何关系式，此关系式称为变形协调方程。然后应用变形与力之间的物理关系，把几何关系式中各个变形分别用相应的力表示出来(注意：二者的正负号必须一致)，从而得到含有未知力的补充方程。在实际问题中，一般都能找出足够的补充方程，联立独立的静力平衡方程，使得方程的个数与未知力的个数相等。最

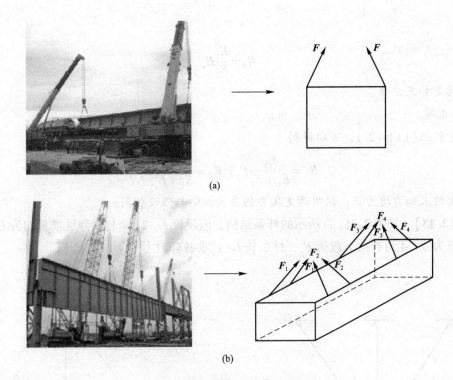

图 2.44　起重机调运桥梁主体结构

(a) 静定结构；(b) 超静定结构

后，求解这一联立方程组，就能求出全部未知力。具体步骤可总结为以下几点：

(1) 平衡：列出有效的独立平衡方程。

(2) 协调：列出变形协调方程。

(3) 物理：利用物理关系，将变形协调方程中的各变形或位移用未知力表达。

(4) 求解：各独立平衡方程与用未知力表达的变形协调方程即补充方程构成方程组，求解此方程组，得到全部未知力。

【例 2.12】　如图 2.43(a) 所示的双固定端杆受轴向载荷结构。假设杆段 AC 材料弹性模量为 E_1，BC 材料弹性模量为 E_2，C 点轴向载荷为 F_p，两段长度皆为 l，横截面面积皆为 A。试求支反力 R_A 和 R_B。

解：(1) 静力平衡。拆除两端支座，假设两个支反力均向上，平衡方程为

$$\sum F_x = 0, R_A + R_B = F_p \tag{1}$$

(2) 变形协调。由于杆段都是固定的，杆的总伸缩量为零，现分段表示为

$$\Delta l_{AB} = \Delta l_{AC} + \Delta l_{CB} = 0 \tag{2}$$

(3) 物理关系。计算两段变形，注意内力 $F_{NAC} = -R_A$，$F_{NBC} = R_B$

$$\Delta l_{AC} = \frac{F_{NAC} l}{E_1 A} = -\frac{R_A l}{E_1 A}; \quad \Delta l_{CB} = \frac{F_{NBC} l}{E_2 A} = \frac{R_B l}{E_2 A}$$

代入式 (2) 得

$$-\frac{R_A l}{E_1 A} + \frac{R_B l}{E_2 A} = 0$$

即

$$R_A = \frac{E_1}{E_2}R_B \tag{2'}$$

这就是补充方程。

(4)求解。

解方程组(1)和(2'),可以得到

$$R_A = \frac{E_1}{E_1 + E_2}F_p; \quad R_B = \frac{E_2}{E_1 + E_2}F_p$$

解出的未知力均为正,说明两支反力的真实方向与假设相同。

【例2.13】 如图2.45(a)所示的杆系结构。假设杆1、2、3材料弹性模量均为 E;横截面面积皆为 A。A 点有向下载荷 F_p,杆2长 l。试求各杆内力 F_{N1}、F_{N2} 和 F_{N3}。

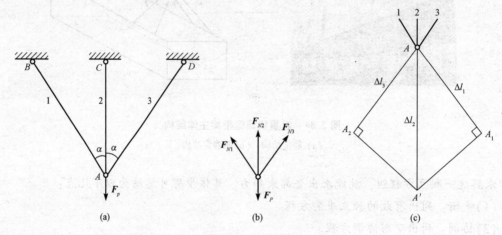

图2.45 例2.13图

解:方法一(理论计算法)

(1)静力平衡。分析节点 A,假设三根杆的轴力 F_{N1}、F_{N2} 和 F_{N3} 均为拉伸,如图2.45(b)所示,列平衡方程

$$\sum F_x = 0, \ -F_{N1}\sin\alpha + F_{N3}\sin\alpha = 0$$

$$\sum F_y = 0, \ F_{N1}\cos\alpha + F_{N2} + F_{N3}\cos\alpha = F_p$$

化简为

$$F_{N1} = F_{N3}$$

$$2F_{N1}\cos\alpha + F_{N2} = F_p \tag{1}$$

(2)变形协调。由于各杆的轴力都已假设为正,各杆变形也必须假设为伸长,在小变形的假设下,使用切线代替圆弧的位移图进行分析,如图2.45所示。杆1和杆2的变形关系为

$$\Delta l_1 = \Delta l_2 \cos\alpha \tag{2}$$

(3)物理关系。计算两杆变形:

$$\Delta l_1 = \frac{F_{N1}l}{EA\cos\alpha}; \quad \Delta l_2 = \frac{F_{N2}l}{EA}\cos\alpha$$

代入式(2)得

$$\frac{F_{N1}l}{EA\cos\alpha} = \frac{F_{N2}l}{EA}\cos\alpha$$

即

$$F_{N1} = F_{N2}\cos^2\alpha \tag{2'}$$

(4)求解。解方程组(1)和(2′),可以得到

$$F_{N1} = F_{N3} = \frac{\cos^2\alpha}{2\cos^3\alpha + 1}F_p; \quad F_{N2} = \frac{1}{2\cos^3\alpha + 1}F_p$$

解出的未知力均为正,说明三根构件的轴力均与假设(拉伸)一致。

方法二(有限元计算法)

经有限元建模,可得三杆均为受拉状态,$F_{N1} = F_{N3}$,中间杆 2 所受 F_{N2} 最大。所得轴力云图如图 2.46 所示。

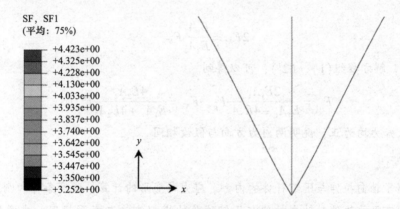

SF, SF1
(平均: 75%)

+4.423e+00
+4.325e+00
+4.228e+00
+4.130e+00
+4.033e+00
+3.935e+00
+3.837e+00
+3.740e+00
+3.642e+00
+3.545e+00
+3.447e+00
+3.350e+00
+3.252e+00

图 2.46 杆系结构轴力的有限元数值模拟

【**例 2.14**】 如图 2.47(a)所示的刚性杆 ACB 受 B 点向下载荷 F_p 作用,长度 $AC = BC = a$,$CD = BE = l$。假设杆 1 材料弹性模量为 E_1、横截面面积为 A_1,杆 2 材料弹性模量为 E_2、横截面面积为 A_2。试求两杆的内力。

解:(1)静力平衡。分析刚性杆 ACB,拆除杆 1、杆 2,假设各杆内力 F_{N1} 和 F_{N2} 均为拉

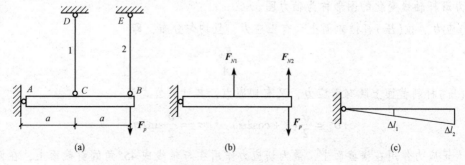

(a)　　　　　　　　(b)　　　　　　　　(c)

图 2.47 例 2.14 图

伸,保留支座 A,如图 2.47(b)所示。

$$\sum M_A = 0, aF_{N1} + 2aF_{N2} = 2aF_P$$

化简为

$$F_{N1} + 2F_{N2} = 2F_P \tag{1}$$

(2)变形协调。由于刚性杆 A 端固定铰支,杆1、2的伸长量存在图 2.47(c)所示的比例为

$$2\Delta l_1 = \Delta l_2 \tag{2}$$

(3)物理关系。计算两拉杆变形:

$$\Delta l_1 = \frac{F_{N1}l}{E_1 A_1}; \quad \Delta l_2 = \frac{F_{N2}l}{E_2 A_2}$$

代入式(2)得

$$\frac{2F_{N1}l}{E_1 A_1} = \frac{F_{N2}l}{E_2 A_2}$$

即

$$2F_{N1} = \frac{E_1 A_1}{E_2 A_2} F_{N2} \tag{2'}$$

(4)求解。解方程组(1)、(2'),可以得到

$$F_{N1} = \frac{2E_1 A_1}{E_1 A_1 + 4E_2 A_2} F_P; \quad F_{N2} = \frac{4E_2 A_2}{E_1 A_1 + 4E_2 A_2} F_P$$

解出的未知力均为正,说明两内力方向与假设相同。

本章小结

本章介绍了轴向拉伸与压缩杆件的内力、应力与变形的计算,强度条件和刚度条件的应用,ABAQUS 有限元软件对轴向拉伸与压缩试验的模拟方法与变形情况。本章的主要内容如下:

(1)轴向拉(压)杆的受力特点。外力沿轴线作用。变形特点:杆沿轴线伸长或缩短。ABAQUS 软件模拟方法:积分方式单元阶次为 C3D8R,仅设置一个静力分析步,且需打开非线性。

(2)内力:轴力。拉(压)杆横截面上的内力为轴力,其值等于截面一侧所有外力的代数和。轴力沿杆轴线变化的图形称为轴力图。

(3)应力。拉(压)杆横截面上只有正应力,且均匀分布,即

$$\sigma = \frac{F_N}{A}$$

拉(压)杆斜截面上既有正应力,又有切应力,其计算公式为

$$\sigma_\alpha = \frac{\sigma}{2}(1 + \cos 2\alpha) \qquad \tau_\alpha = \frac{\sigma}{2}\sin 2\alpha$$

最大正应力作用在横截面上,最大切应力作用在与轴线成45°角的斜截面上,在两个互相垂直的截面上,切应力大小相等、符号相反,此规律称为切应力互等定律。

(4) 变形。胡克定律是计算拉(压)杆变形的重要公式，其两种表达形式为

$$\Delta l = \frac{F_N l}{EA} \qquad \sigma = E\varepsilon$$

(5) 强度条件 $\sigma_{\max} \leqslant [\sigma]$，运用该条件可解决三类问题：强度校核；设计截面；确定许用载荷。

习　题

2.1　填空题

1. _____ 是分析构件强度问题的重要依据。

2. _____ 是分析构件变形程度的基本量。

3. 轴向尺寸远大于横向尺寸，称此构件为 _____。

4. 构件每单位长度的伸长或缩短，称为 _____。

5. 轴向拉伸与压缩时直杆横截面上的内力，称为 _____。

2.2　判断题

1. 若沿杆件轴线方向作用的外力多于两个，则杆件各段横截面上的轴力不尽相同。

　　　　　　　　　　　　　　　　　　　　　　　　　　　　　　　　　(　)

2. 轴力图可显示出杆件各段内横截面上轴力的大小但并不能反映杆件各段变形是伸长还是缩短。　　　　　　　　　　　　　　　　　　　　　　　(　)

3. 一端固定的杆，受轴向外力的作用，不必求出约束反力即可画内力图。　(　)

4. 轴向拉伸或压缩杆件横截面上的内力集度——应力一定垂直于横截面。　(　)

5. 轴向拉伸或压缩杆件横截面上正应力的正负号规定：正应力方向与横截面外法线方向一致为正，相反时为负，这样的规定和按杆件变形的规定是一致的。　(　)

2.3　简答题

1. 什么是平面假设？计算正应力应考虑哪些因素？

2. 对构件的强度计算包括哪些方面？如可确定构件的许用荷载？

3. 什么是应力集中？如何进行拉压超静定杆件的计算？

2.4　实践应用题

1. 如图 2.48 所示的阶梯形圆截面杆，承受轴向载荷 $F_1 = 10$ kN 与 F_2 作用，AB 与 BC 段的直径分别为 $d_1 = 10$ mm 与 $d_2 = 20$ mm，如欲使 AB 与 BC 段横截面上的正应力相同，试求载荷 F_2 的值。

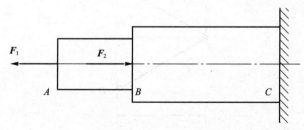

图 2.48　题 2.4(1) 图

2. 如图 2.49 所示的框架结构, 该框架结构由三根同材料的杆件构成。抗拉刚度为 EA, BD 杆长为 l, 若 $\alpha = 30°$, $\beta = 60°$, $P = 10$ kN。试求各杆的内力。(本题试用有限元软件求解)

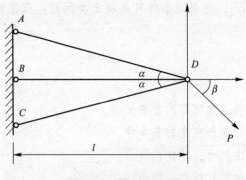

图 2.49　题 2.4(2)图

3. 如图 2.50 所示, 刚性梁 AB 放在三根材料相同, 截面面积都为 $A = 200$ mm^2 的支柱上。因制造不准确, 中间柱短了 $x = 2$ mm, 材料 $E = 2 \times 10^4$ MPa, 求梁上受集中力 $P = 500$ kN时三个柱各自横截面的应力。

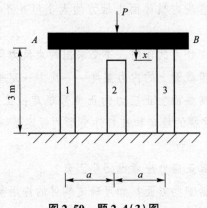

图 2.50　题 2.4(3)图

4. 如图 2.51 所示的吊架, 两杆横截面面积都为 $A = 300$ mm^2, $E = 200$ GPa, $l = 1$ m, 测得 AB 杆的轴向线应变 $\varepsilon = 500 \times 10^6$, 试求外力 F 的值及 AC 杆长度的改变量。

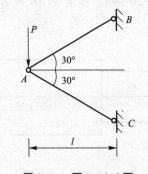

图 2.51　题 2.4(4)图

5. 简易起重构架的结构简图如图 2.52 所示。设水平梁 AB 的刚度很大，其弹性变形可忽略不计，AD 是钢杆，截面面积 $A_1 = 10^3$ mm²，$E_1 = 2 \times 10^5$ MPa；BE 是木杆，截面面积 $A_2 = 10^4$ mm²，$E_2 = 1 \times 10^4$ MPa；CF 是铜杆，截面面积 $A_3 = 10^3$ mm²，$E_3 = 1 \times 10^5$ MPa。

(1)求 C 点及 F 点的位移。

(2)如果 AD 杆的截面面积增大一倍，求此时 C 点和 F 点的位移。

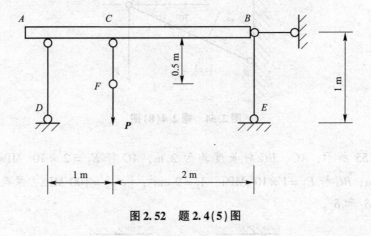

图 2.52　题 2.4(5)图

6. 如图 2.53 所示的构架，AB 为刚杆，CD 为弹性杆，刚度为 EA，求 CD 杆的伸长和 C、B 两点的位移。

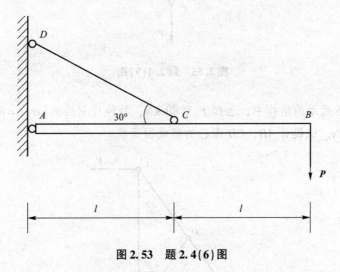

图 2.53　题 2.4(6)图

7. 在上题 6 中，若 $P = 5$ kN，$l = 1$ m，$A_{CD} = 2$ cm²，$[\sigma] = 160$ MPa。

(1)校核构架的强度。

(2)确定 CD 杆的承载能力 [N] 及构架的承载能力 [P]。

8. 如图 2.54 所示，杆 AC、BC 的直径分别为 25 mm、20 mm，AC 杆的许用应力 $[\sigma_1] = 80$ MPa，BC 杆的许用应力 $[\sigma_2] = 160$ MPa，试按强度条件确定许可载荷 [P]。

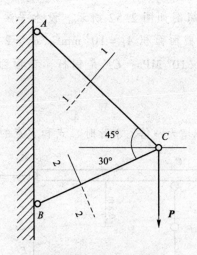

图 2.54　题 2.4(8) 图

9. 如图 2.55 所示，AC、BC 杆长度均为 2 m，AC 杆 $E_1 = 2 \times 10^5$ MPa，$A_1 = 6$ cm^2，$[\sigma_1] = 160$ MPa；BC 杆 $E_2 = 1 \times 10^5$ MPa，$A_2 = 9$ cm^2，$[\sigma_2] = 100$ MPa，求荷载 P 的许可值及 C 点的位移 δ_x 和 δ_y。

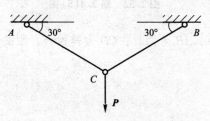

图 2.55　题 2.4(9) 图

10. 如图 2.56 所示的结构中，已知 F 为 80 kN，拉伸许用应力 $[\sigma_t] = 8$ MPa，压缩许用应力 $[\sigma_c] = 10$ MPa。试设计 AB、CD 两杆的横截面面积。

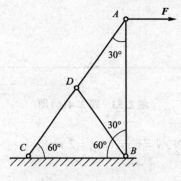

图 2.56　题 2.4(10) 图

11. 如图 2.57 所示的钢杆，横截面面积 $A = 2500$ mm^2，$E = 210$ GPa，轴向荷载 $F = 200$ kN。间隙 $\delta = 0.3$ mm，试确定杆两端的约束力。

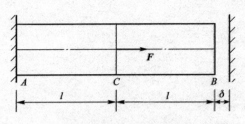

图 2.57　题 2.4(11) 图

第 2 章　习题答案

2.1—2.3　略

2.4　实践应用题

1. $F_2 = 30$ kN。

2. $N_{AD} = 10.93$ kN，$N_{BD} = 2.17$ kN，$N_{CD} = 7.9$ kN。

3. $\sigma_1 = \sigma_3 = 6.7$ MPa，$\sigma_2 = 11.7$ MPa。

4. $F_{NAC} = F_{NAB} = F = 30$ kN；$\Delta l_{AC} = 0.577$ mm。

5. (1) $\delta_F = 0.6$ mm($\downarrow$)，$\delta_C = 0.4$ mm($\downarrow$)。

　　(2) $\delta_C = 0.267$ mm($\downarrow$)，$\delta_F = 0.467$ mm($\downarrow$)。

6. $\Delta l = 4.62Pl/EA$，$\delta_C = 2\Delta l$，$\delta_B = 4\Delta l$。

7. (1) $\sigma = 100$ MPa。

　　(2) $[N] = 32$ kN，$[P] = 8$ kN。

8. $[P] = 43.78$ kN。

9. $[P] = 90$ kN，$\delta_x = 1.2889$ mm，$\delta_y = 3.5$ mm。

10. $A_{AB} \geqslant 139 \times 10^4$ m²，$A_{CD} \geqslant 200 \times 10^4$ m²。

11. $F_{RA} = 152.5$ kN，$F_{RB} = 47.5$ kN。

剪切与挤压

本章重点 ///

为了将力从一个构件传递到另一个构件上，工程上常采用连接结构，连接件常常承受剪切的作用。剪切是材料力学中的基本变形之一，挤压常伴随剪切而发生。本章主要介绍剪切与挤压的强度计算。在学习中应注意切应力与正应力在强度和变形方面的区别。

案例：螺栓的剪切与挤压

如图 3.1 所示为采用 ABAQUS 软件模拟的螺栓连接两块钢板，固定成一块钢板。两块钢板通过螺栓相互传递作用力，作用力沿搭接方向垂直于螺栓。这种螺栓可能有两种破坏形式：一是螺栓沿横截面剪断，称为剪切破坏，如图 3.1(a)所示；二是螺栓与板中孔壁相互挤压而在螺栓杆表面或孔壁柱面的局部范围内发生显著的塑性变形，称为挤压破坏，如图 3.1(b)所示。

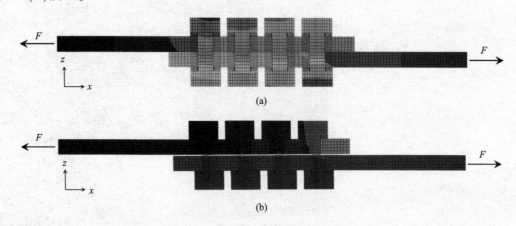

图 3.1　螺栓连接件的剪切与挤压

(a)剪切云图；(b)挤压云图

螺栓连接、铆接、销钉连接等都是工程中常用的连接形式。这一类连接通常是在被连接构件上用冲、钻等方法加工成孔，孔中穿以铆钉、螺栓或销钉而将各被连接构件连成整体。对这类连接构件，不仅要计算连接构件的各种强度，通常还要对被连接构件的接头部位进行强度计算。

连接构件的实际受力和变形情况很复杂，因而，要精确地分析计算其内力和应力很困难。工程上对连接构件通常是根据其实际破坏的主要形式，对其内力和相应的应力分布做一些合理的简化，计算出各种相应的名义应力，作为强度计算中的工作应力。而材料的容许应力，则是通过对连接构件进行破坏试验，并用相同的计算方法由破坏荷载计算出各种极限应力，再除以相应的安全因数而获得。实践证明，只要简化得当，并有充分的试验依据，按这种实用计算法得到的工作应力和容许应力建立起来的强度条件，可以满足工程要求。下面分别介绍剪切和挤压的实用计算。

3.1　概述

在建筑工程中，由于剪切变形而破坏的结构很多，例如，在 2008 年 5 月 12 日 14 时 28 分在四川汶川爆发的里氏 8.0 级特大地震中，某学校的教室窗间墙发生严重剪切破坏，如图 3.2 所示。

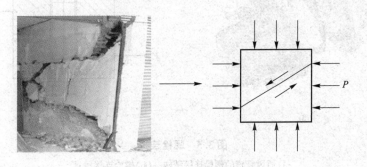

图 3.2　剪切——墙体剪切破坏

在机械加工中，钢筋或钢板在剪切机上被剪断，如图 3.3 所示。

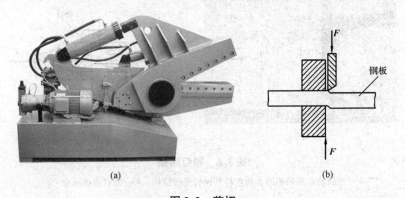

图 3.3　剪切

(a)剪切机；(b)剪切机剪切钢板示意

在桥梁建筑结构中，常用铆钉、销钉、螺栓等连接构件在构件之间起连接作用，如图3.4~图3.6所示，也主要承受剪切变形。

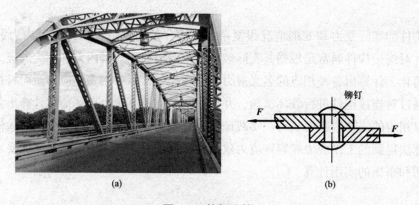

图 3.4　铆钉连接

(a)钢结构桥梁的铆钉连接结构；(b)铆钉连接示意

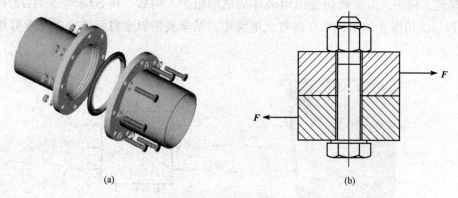

图 3.5　螺栓连接

(a)通风管道的螺栓连接结构；(b)螺栓连接示意

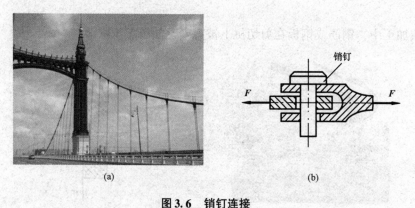

图 3.6　销钉连接

(a)哈尔滨阳明滩大桥拉杆的销钉连接结构；(b)销钉连接示意

下面就以铆接接头的强度计算来具体说明连接接头的实用计算。

3.2 剪切的实用计算

如图 3.7(a)所示的钢结构桥梁的铆钉连接结构，简化为用铆钉连接的两块钢板结构。可设铆钉数为 n 个，从接头中取出铆钉，其受力情况如图 3.7(b)所示。现假设每个铆钉所受力相等，即所有铆钉平均分担接头所承受的总拉力 F。每个铆钉所受的剪力可表示为 $F_s = \dfrac{F}{n}$[图 3.7(c)]。

内力 F_s 在横截面上的实际分布规律是很复杂的，在实用计算中，假设剪力 F_s 均匀地分布在横截面(剪切面)上[图 3.7(c)]。

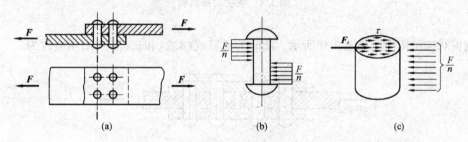

图 3.7 剪切示意

设 A_s 为剪切面面积，则切应力 τ 可按下式计算：

$$\tau = \frac{F_s}{A_s} \tag{3.1}$$

式(3.1)为剪切的实用计算式。

剪切强度可表示为

$$\tau = \frac{F_s}{A_s} = \frac{\dfrac{F}{n}}{\dfrac{\pi}{4}d^2} \leqslant [\tau] \tag{3.2}$$

式中　$[\tau]$——铆钉材料的许用切应力；

$A_s = \dfrac{\pi}{4}d^2$——剪切面积。

根据这个强度条件还可以计算该接头所需铆钉的个数，即

$$n \geqslant \frac{F}{\dfrac{\pi}{4}d^2[\tau]} \tag{3.3}$$

必须指出，以上所述只是对单剪铆钉而言。所谓单剪，就是铆钉只有一个受剪面。如果钢板采用对接连接(如图 3.8 所示，哈尔滨松花江铁路桥桥底钢梁采用钢板的对接结构)，铆钉有两个剪切面，就称为双剪。

图 3.8　钢板对接结构

钢板对接结构简图如图 3.9 所示，此时的计算式(3.2)和式(3.3)则相应改为

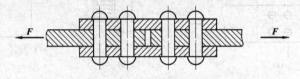

图 3.9　钢板对接示意

$$\tau = \frac{F}{2n \times \frac{\pi d^2}{4}} \leqslant [\tau] \tag{3.4}$$

和

$$n \geqslant \frac{F}{2 \times \frac{\pi d^2}{4}[\tau]} \tag{3.5}$$

需要注意的是，式中的 n 在图 3.9 所示的对接连接中，是指对接口一侧的铆钉数。

3.3　挤压的实用计算

连接构件除承受剪切外，还在连接和被连接构件的相互接触面上产生局部承压，称为挤压[图 3.10(a)]。相互接触面称为挤压面，用 A_{bs} 表示，作用在接触面上的压力称为挤压力，用 F_{bs} 表示，挤压力垂直于挤压面。

挤压应力在挤压面上的分布情况是比较复杂的。对于铆接接头来说，铆钉与钢板之间的接触面为圆柱形曲面，挤压应力沿此挤压面的分布是不均匀的[图 3.10(b)]，在挤压最紧的 A 点，挤压应力最大，向两旁挤压应力逐步减小，在 B、C 部位挤压应力为零。要精确计算这样分布的挤压应力是比较困难的。

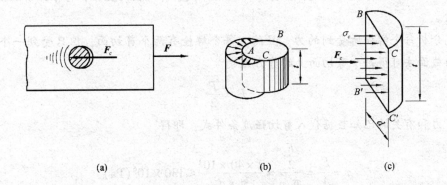

图 3.10　挤压示意

(a)平视图；(b)侧视图；(c)受压面

在工程中采用挤压面的正投影面积作为挤压面面积[图 3.10(c)]，即 $A_{bs} = dt$。将挤压力 F_{bs} 除以挤压面面积 A_{bs}，所得到的平均值作为计算挤压应力，即

$$\sigma_{bs} = \frac{F_{bs}}{A_{bs}} \tag{3.6}$$

如两块钢板由 n 个铆钉连接，则建立挤压应力的强度条件为

$$\sigma_{bs} = \frac{F_{bs}}{A_{bs}} = \frac{F}{ndt} \leqslant [\sigma_{bs}] \tag{3.7}$$

式中　d——铆钉直径；

t——钢板厚度，当两块钢板厚度不同时，应取其中较小者；

$[\sigma_{bs}]$——材料的许用挤压应力。

材料的许用挤压应力 $[\sigma_{bs}]$ 由材料直接进行挤压试验得到，对于钢材，可取 $[\sigma_{bs}] = (1.7 \sim 2.0)[\sigma]$（$[\sigma]$ 为材料的许用拉伸应力）。

显然，为了使一个铆接接头在传递外力时既不发生剪切破坏，又不发生挤压破坏，对于"单剪"的情况，就必须按式(3.2)和式(3.7)来进行强度计算；而对于"双剪"的情况，则按式(3.4)和式(3.7)来进行强度计算。

【例 3.1】　一螺栓接头如图 3.11 所示，已知 $F = 40$ kN，螺栓、钢板的材料均为 Q235 钢，许用切应力 $[\tau] = 130$ MPa，许用挤压应力 $[\sigma_{bs}] = 300$ MPa。试计算螺栓所需的直径。

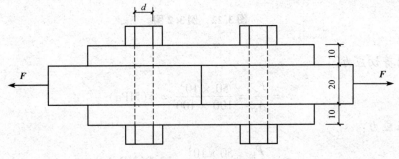

图 3.11　例 3.1 图

解：这是截面选择问题，先根据剪切强度条件式求得螺栓的直径，再根据挤压强度条件式来校核。

首先分析每个螺栓所受到的力。显然，每个螺栓有两个剪切面，但只受到一个力 F 的作用，由截面法可得每个剪切面上的剪力为

$$F_s = \frac{F}{2}$$

将剪力和有关的已知数据代入剪切强度条件式，即得

$$\tau = \frac{F_s}{A_s} = \frac{\frac{F}{2}}{\frac{\pi}{4}d^2} = \frac{2 \times 40 \times 10^3}{\pi \times d^2} \leqslant 130 \times 10^6 (\text{Pa})$$

于是求得螺栓直径为

$$d \geqslant \sqrt{\frac{2 \times 40 \times 10^3}{\pi \times 130 \times 10^6}} = 0.014(\text{m}) = 14(\text{mm})$$

校核挤压强度。显然，由静力平衡条件可知每个螺栓所受挤压力为

$$F_{bs} = F$$

计算挤压面面积 A_{bs} 为螺栓的直径截面面积，即

$$A_{bs} = \delta d$$

将相关数据代入挤压强度条件式，得

$$\sigma_{bs} = \frac{F_{bs}}{A_{bs}} = \frac{F}{\delta d} = \frac{40 \times 10^3}{20 \times 10^{-3} \times 0.014} = 143(\text{MPa}) < [\sigma_{bs}]$$

可见，螺栓直径取 14 mm 满足挤压强度条件。

【例3.2】 如图3.12所示木制接头，$F = 50$ kN，试求接头的剪切应力与挤压应力。

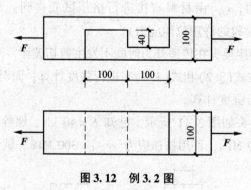

图 3.12　例 3.2 图

解：(1)剪切应力：

$$\tau = \frac{F_s}{A_s} = \frac{50 \times 10^3}{100 \times 100} = 5(\text{MPa})$$

(2)挤压应力：

$$\sigma_{bs} = \frac{F_{bs}}{A_{bs}} = \frac{50 \times 10^3}{40 \times 100} = 12.5(\text{MPa})$$

连接件的强度计算

板和板之间通过铆钉连接，板在通过铆钉孔圆心处的横截面面积最小，故这个截面为危险截面。应该校核板在该截面处的拉伸强度。由于铆钉孔的存在，板在此横截面上各点处的正应力并不相等。但因板的材料(如低碳钢)具有良好的塑性，所以，当外力较大，危险截面上各部分都达到屈服阶段时，此截面上各点处的正应力就趋于相等，故可假设该截面上各点处的正应力是相等的。因此，拉应力 σ 的计算公式为

$$\sigma = \frac{N}{A}$$

式中　A——板的危险截面面积；

　　　N——危险截面上的轴力，在此问题中 N 等于外力 P。

拉伸许用应力仍用于一般的许用拉应力 $[\sigma]$。板在拉伸时的强度条件为

$$\frac{N}{A} \leqslant [\sigma]$$

当计算的铆接头中只有一个铆钉[图3.10(a)]，因此，铆钉所承受的外力即等于作用在铆接头上的外力 P。对于铆接头上的铆钉组进行强度计算时，首先要确定每个铆钉所受到的外力。当各铆钉直径相等，且外力作用线通过铆钉组的截面的形心时，可以假定每个铆钉受到相等的外力。所以，在具有 n 个铆钉的铆接头受到外力 P 时，每个铆钉所受到的外力即等于 $\frac{P}{n}$。

工程上所称的搭接头如图3.13(a)所示，其中的铆钉仅有一个受剪面，因此，受剪面上的剪力 Q 即等于铆钉所受到的外力 P。在工程中还常采用图3.13(b)所示的对接头，其中每个铆钉均有两个受剪面，通常假定两个面上的剪力相等。因此，在每边有 n 个铆钉的对接头

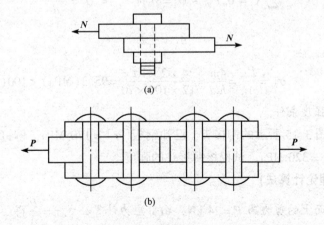

(a)

(b)

图3.13　铆钉连接受力

上作用的外力为 P 时，铆钉每个受剪面上的剪力 Q 就等于每个铆钉所受到的外力 $\frac{P}{n}$ 的一半，即

$$Q = \frac{P}{2n}$$

【例3.3】 图3.14所示的齿轮用平键与轴连接(齿轮未画出)。已知轴的直径 $d = 70$ mm，键的尺寸 $b \times h \times l = 20$ mm $\times 12$ mm $\times 100$ mm，传递的扭矩 $m = 2$ kN·m。键的许用应力 $[\tau] = 60$ MPa，$[\sigma_{bs}] = 100$ MPa。试校核键的强度。

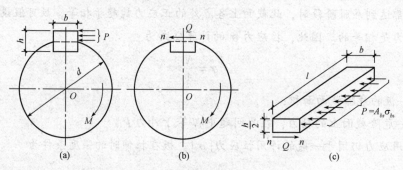

图3.14 例3.3图

解：如图3.14(b)所示，n—n 剪切面上的剪力 Q 为

$$\sum m_0 = 0 \quad Q\frac{d}{2} - m = 0$$

受剪面面积

$$A = bl$$

解得

$$\tau = \frac{Q}{A} = \frac{2m}{bld} = \frac{2 \times 200}{20 \times 100 \times 70 \times 10^{-9}} = 28.6(\text{MPa}) < 60(\text{MPa}) = [\tau]$$

则此键满足剪切强度条件。

如图3.14(c)所示，右侧面上的挤压力为 P_{bs}。

$$\sum X = 0, P_{bs} - Q = 0 \text{ 得 } P_{bs} = Q = \frac{2m}{d}$$

受挤压面积

$$A_{bs} = \frac{h}{2}l$$

得挤压应力

$$\sigma_{bs} = \frac{P_{bs}}{A_{bs}} = \frac{4m}{hld} = \frac{4 \times 2 \times 10^3}{12 \times 100 \times 70} = 95.3(\text{MPa}) < 100(\text{MPa}) = [\sigma_{bs}]$$

此键满足挤压强度条件。

【例3.4】 如图3.15所示的铆接头，已知钢板 $[\sigma] = 170$ MPa，铆钉的 $[\tau] = 140$ MPa，许用挤压应力 $[\sigma_{bs}] = 320$ MPa。试校核铆接头的强度。

解：方法一(理论计算法)

每个铆钉受剪面上的剪力为 $P = 24$ kN，由剪应力计算公式 $\tau = \frac{P}{A}$ 得

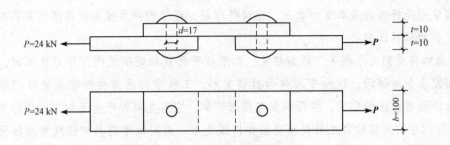

图 3.15 例 3.4 图

$$\tau = \frac{P}{\frac{1}{4}\pi d^2} = \frac{24 \times 10^3}{\frac{\pi}{4} \times 17^2} = 105.8(\text{MPa}) < [\tau]$$

板上每个铆钉孔的孔壁所受到的挤压力 $P_{bs} = P = 24$ kN，由挤压应力计算公式 $\sigma_{bs} = \frac{P_{bs}}{A_{bs}}$ 得

$$\sigma_{bs} = \frac{P}{dt} = \frac{24 \times 10^3}{17 \times 10} = 141.2(\text{MPa}) < [\sigma_{bs}]$$

危险截面即为铆钉孔所处的位置，危险截面面积 $A = t(b - d)$，且此处的轴力为 P；则得拉应力

$$\sigma = \frac{P}{t(b-d)} = \frac{24 \times 10^3}{10 \times (100 - 17)} = 28.9(\text{MPa}) < [\sigma]$$

以上三个方面的强度条件均满足，所以此铆接头是安全的。

方法二(有限元计算法)

经有限元建模，可得钢板及铆接头的应力分布规律及状态，如图 3.16 所示。由图可见，该题中钢板及铆接头的强度均满足要求。

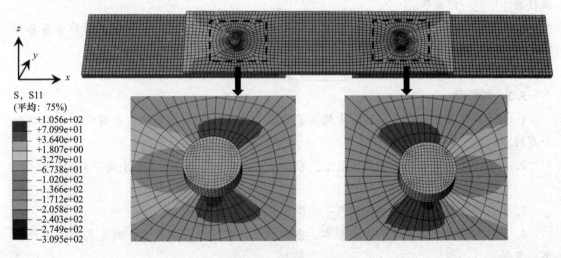

图 3.16 有限元建模

本章小结

剪切变形是杆件的基本变形之一，应清楚理解。连接构件及接头的强度计算具有很强的应用性，必须很好掌握。

(1)当构件受到大小相等、方向相反、作用线平行且相距很近的两外力作用时，两力之间的截面发生相对错动，这种变形称为剪切变形。工程中的连接构件在承受剪切作用的同时，常常伴随着挤压的作用，挤压现象与压缩不同，它只是局部产生不均匀的压缩变形。

(2)机构中的连接构件主要发生剪切和挤压变形，应同时考虑剪切强度和挤压强度。工程实际中采用实用计算的方法来建立剪切强度条件和挤压强度条件，假设应力均匀分布，其强度条件分别为

$$\tau = \frac{F_s}{A_s} \leq [\tau]$$

$$\sigma_{bs} = \frac{F_{bs}}{A_{bs}} \leq [\sigma_{bs}]$$

(3)确定连接件的剪切面和挤压面的位置，并能够计算出它们的实用面积是进行强度计算的关键。剪切面与外力平行且位于这对平行外力之间，面积为实际面积；当挤压面为平面时，其计算面积等于实际接触面面积；当挤压面为圆柱面时，其计算面积等于半圆柱面时正投影面积。

习　题

3.1　填空题

1. 用剪子剪断钢丝时，钢丝发生剪切变形的同时还会发生_____。

2. 挤压面是两构件的接触面，其方位是_____挤压力的。

3. 一螺栓连接了两块钢板，其侧面和钢板的接触面是半圆柱面，因此挤压面面积即半圆柱面_____的面积。

4. 挤压应力与压缩应力不同，前者是分布于两构件_____上的压强；而后者是分布在构件内部截面单位面积上的内力。

5. 当剪应力不超过材料的剪切_____极限时，剪应变与剪应力成正比。

3.2　判断题

1. 对于剪切变形，在工程计算中通常只计算切应力，并假设切应力在剪切面内是均匀分布的。　　　　　　　　　　　　　　　　　　　　　　　　　　　　(　　)

2. 挤压力是构件之间的相互作用力，它和轴力、剪力等内力在性质上是不同的。

(　　)

3. 挤压的实用计算，其挤压面积一定等于实际接触面面积。　　　　　(　　)

4. 若在构件上作用有两个大小相等、方向相反、相互平行的外力，则此构件一定产生剪切变形。　　　　　　　　　　　　　　　　　　　　　　　　　　　　(　　)

5. 用剪刀剪的纸张和用刀切的菜，均受到了剪切破坏。　　　　　　　(　　)

3.3　简答题

1. 什么是剪切？试述剪切变形的特征。

2. 铆钉所受的剪切是纯剪切吗？为什么？

3. 压缩与挤压有什么不同？为什么挤压许用应力大于压缩许用应力？

3.4　实践应用题

1. 螺钉受力如图 3.17 所示，已知螺钉和钢板的材料相同，拉伸许用应力 $[\sigma]$ 是剪切许用应力 $[\tau]$ 的两倍，钢板厚度 t 是螺钉头高度 h 的 1.5 倍，求螺钉直径 d 的合理值。

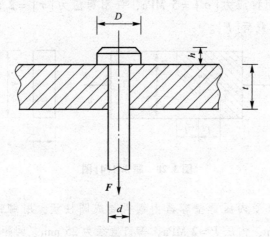

图 3.17　题 3.4(1)图

2. 如图 3.18 所示的载荷作用，钢板用两个铆钉固定在支座上，铆钉直径为 d，求铆钉的最大切应力。(本题试用有限元软件求解)

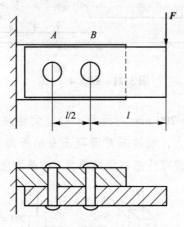

图 3.18　题 3.4(2)图

3. 如图 3.19 所示的对接式螺栓连接，主板厚 $l_1 = 10$ mm，盖板厚 $l_2 = 6$ mm，板宽均为 $b = 250$ mm，已知螺栓直径 $d = 20$ mm，$[\tau] = 130$ MPa，$[\sigma_c] = 300$ MPa，钢板的许用拉应力 $[\sigma] = 170$ MPa，承受轴向拉力 $P = 300$ kN，螺栓排列为每列最多两个，试求该连接每边所需要的螺栓数 n。

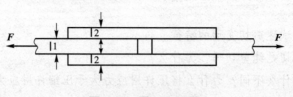

图 3.19   题 3.4(3)图

4. 如图 3.20 所为矩形木拉杆头,已知其尺寸, $a = 60$ mm, $l = 120$ mm, $b = 120$ mm, $h = 180$ mm。木材的许用拉应力 $[\sigma] = 5$ MPa,许用剪应力 $[\tau] = 2.5$ MPa,许用挤压应力 $[\sigma_{jy}] = 10$ MPa。求许用载荷 $[F]$。

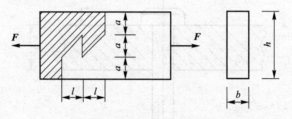

图 3.20   题 3.4(4)图

5. 如图 3.21 所示,受内压薄壁容器由钢板卷成圆柱状,用铆钉闭合,容器直径 $D = 600$ mm,壁厚 $d = 10$ mm,内压 $P = 2$ MPa,铆钉直径为 25 mm、间距为 60 mm,铆钉与钢板材料相同,许用应力 $[\sigma] = 140$ MPa,许用挤压应力 $[\sigma_c] = 240$ MPa,许用剪应力 $[\tau] = 80$ MPa,校核容器强度。

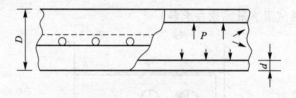

图 3.21   题 3.4(5)图

6. 如图 3.22 所示,边长为 200 mm 的混凝土柱,受轴向压力 $F = 100$ kN,竖立在边长 $a = 1$ m 的正方形混凝土基础板上,设地基对混凝土基础板的支承力均匀分布,混凝土的许用剪应力 $[\tau] = 1.5$ MPa,试求混凝土基础板的厚度 t 的最小值。

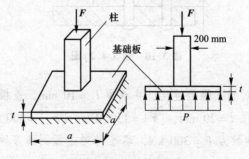

图 3.22   题 3.4(6)图

第 3 章 习题答案

3.1—3.3 略

3.4 实践应用题

1. $d = 2h$。

2. $\tau_{max} = \dfrac{12F}{\pi d^2}$。

3. $n = 5$。

4. $[F] = 5.14$ kN。

5. $\sigma_{环向} = 60$ MPa, $\sigma_c = 144$ MPa, $\tau = 73$ MPa, 容器安全。

6. $t_{min} = 80$ mm。

第 4 章

扭 转

扭转是杆件的基本变形之一。本章主要介绍轴的内力、应力及变形计算，并采用 ABAQUS 有限元结构分析软件模拟扭转变形，将抽象的扭转变形结合有限元思想进行学习，并在此基础上研究轴的强度、刚度问题。本章的学习应重点掌握扭矩、应力、强度及刚度计算。

案例：轴的扭转

如图 4.1 所示是生活中常见的汽车的转向机构，在方向盘的带动下，转向轴发生扭转，这是典型的受扭构件。通常，司机转动方向盘时，一只手"往外送"，另一只手"往怀里拉"，此时就相当于在转向轴的两端作用两个大小相等、方向相反且作用面垂直于转向轴轴线的力偶，转向轴的任意两个横截面都发生绕轴线的相对转动。也就是说，轴发生扭转时，其横截面上会产生应力和变形，甚至是破坏，这就需要计算或分析。

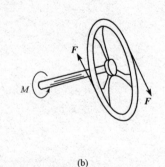

(a)   (b)

图 4.1　轴的扭转

(a)汽车方向盘；(b)方向盘受扭示意

在进行轴的强度和刚度计算之前，必须先计算轴所受外力偶矩，并由外力偶矩得到内力偶矩(即扭矩)，作出扭矩图(扭矩图作法详见例 4.1)。

4.1 扭转的概念

在实际工程中，受扭的构件很多。通常把受扭的构件所发生的变形称为扭转变形，把回转运动的受扭杆件称为轴，如图4.2中主轴8、蜗杆轴3及搅拌叶轴14等。这些杆件的受力特点：在垂直于杆轴平面内作用着一对大小相等、转向相反的外力偶。受扭杆件的变形特点是杆件的各横截面绕轴线发生相对转动。

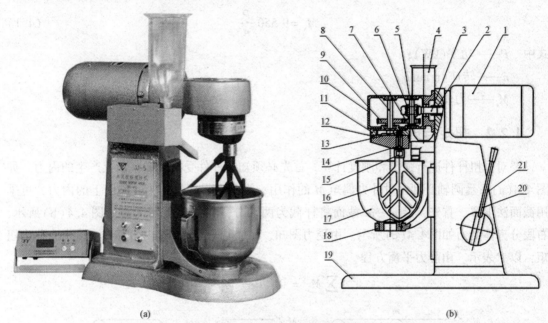

(a)   (b)

图4.2 JJ-5型水泥胶砂搅拌机

(a)砂浆搅拌机；(b)搅拌机结构简图

1—电机；2—联轴器；3—蜗杆轴；4—砂罐；5—传动箱盖；6—蜗轮；7—齿轮Ⅰ；8—主轴；

9—齿轮Ⅱ；10—传动箱；11—内齿轮；12—偏心座；13—行星齿轮；14—搅拌叶轴；

15—调节螺母；16—搅拌叶；17—搅拌锅；18—支座；19—底座；20—手柄；21—立柱

图4.3所示的等截面圆杆，在垂直于杆轴的杆端平面内作用着一对大小相等、转向相反的外力偶矩 M_e，使杆发生扭转变形。由图可知，圆轴表面的纵向直线 AB，由于外力偶矩 M_e 的作用而变成斜线 AB'，其倾斜的角度为 γ，γ 称为剪切角，也称切应变。B 截面相对 A 截面转过的角度称为相对扭转角，以 φ_{AB} 表示。

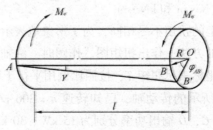

图4.3 扭转变形

4.2 杆受扭时的内力计算

4.2.1 外力偶矩的计算

在实际计算传动轴扭转问题时,通常并不知道作用在传动轴上的外力偶矩 M_e,而只知道轴的转速和所传递的功率。这时,可以根据已知的转速和功率来计算外力偶矩,表达式为

$$M_e = 9\ 550\ \frac{P}{n} \qquad\qquad (4.1)$$

式中　P——功率(kW);

　　　n——转速(r/min);

　　　M_e——力偶矩(N·m)。

4.2.2 扭矩与扭矩图

要对受扭杆件进行强度和刚度计算,首先必须知道杆件受扭后横截面上产生的内力。如图4.4(a)所示圆轴受到一对外力偶矩 M 的作用,为了求得任意 m—m 截面上的内力,可采用截面法求解。首先,沿 m—m 截面将杆截为两部分,左段分离体受力如图4.4(b)所示,右段分离体受力如图4.4(c)所示。由受力图知,m—m 截面上必有内力存在,该内力称为扭矩,以 T 表示。由静力平衡方程

$$\sum M_x = 0 \quad T = M_e$$

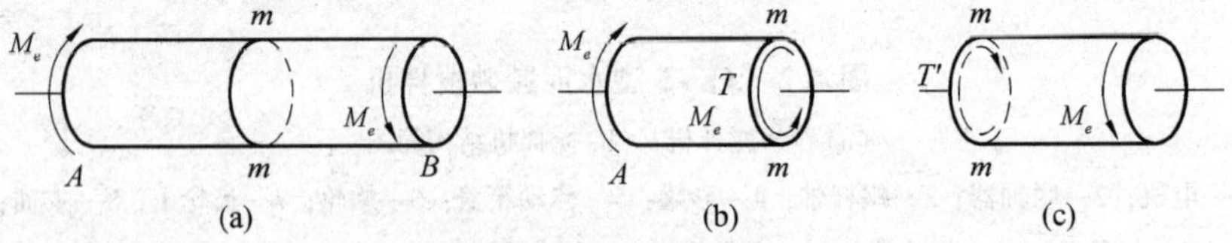

图4.4　截面法求扭矩

若取右段研究求得截面的扭矩值也为 M_e,但转向与左段截面上扭矩相反,很显然两段轴在 m—m 截面上的扭矩是作用力和反作用力关系。

为表达方便,对扭矩符号做如下规定:按右手螺旋法则将扭矩用矢量表示,若矢量方向与横截面外法线方向一致,则该扭矩为正;反之为负,如图4.5所示。扭矩 T 的量纲为 [力]×[长度],常用单位是 N·m 和 kN·m。

一般情况下,各横截面上的扭矩不尽相同,为了形象地表示各横截面上的扭矩沿轴线的变化情况,可仿照作轴力图的方法,作出扭矩图。作图时,沿轴线方向取横坐标表示各横截面位置,以垂直于轴线的纵坐标表示扭矩 T,按照比例用平行于横坐标的线表示扭矩大小。

【例4.1】 如图4.6(a)所示的传动轴,已知转速 $n = 300$ r/min,主动轮 A 的输入功率 $P_A = 60$ kW,三个从动轮 B、C、D 输出功率分别为 15 kW、30 kW 和 15 kW,试绘制传动轴的扭矩图。

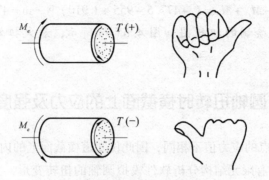

图 4.5 扭矩符号判断图 (右手螺旋法则)

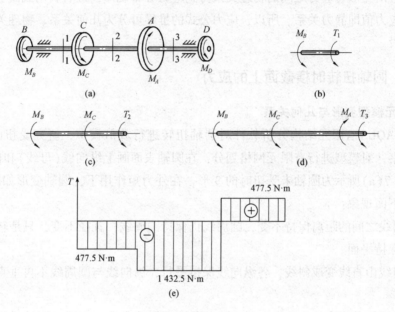

图 4.6 例 4.1 图

解： (1) 计算外力偶矩。

$$M_A = 9\,549\,\frac{P_A}{n} = 1\,910\ \text{N} \cdot \text{m}$$

同理可得 $\qquad M_B = M_D = 477.5\ \text{N} \cdot \text{m}, \quad M_C = 955\ \text{N} \cdot \text{m}$

(2) 计算扭矩。

将轴分为三段：BC、CA、AD 段，利用截面法逐段计算扭矩。

对 BC 段，如图 4.6(b) 所示，有 $\sum M = 0, M_B + T_1 = 0$

可得 $\qquad\qquad T_1 = -M_B = -477.5\ \text{N} \cdot \text{m}$

对 CA 段，如图 4.6(c) 所示，$\sum M = 0, M_B + M_c + T_2 = 0$

可得 $\qquad T_2 = -M_B - M_C = (-477.5 - 955)\ \text{N} \cdot \text{m} = -1\,433\ \text{N} \cdot \text{m}$

同理，对 AD 段，如图 4.6(d) 所示，可得

$$T_3 = -M_B - M_C + M_A = (-477.5 - 955 + 1\ 910)\ \text{N} \cdot \text{m} = 477.5\ \text{N} \cdot \text{m}$$

(3)绘制扭矩图。绘制的扭矩图如图 4.6(e)所示,最大扭矩发生在 CA 段,其值 $|T|_{\max} = 1\ 433\ \text{N} \cdot \text{m}$。

4.3 圆轴扭转时横截面上的应力及强度计算

在构件的内部,各点的应力值不相同,因此仅知道横截面上的内力仍不足以确定各点的应力值。通过 ABAQUS 有限元结构分析软件模拟圆轴的扭转变形,并对变形的观察和研究可以得到应变规律。而研究应力分布的基本思想方法是通过观察、分析,给出变形的规律即几何关系,再由变形与应力之间的物理关系得到应力分布规律,最后利用截面上应力简化的结果来确定应力值即静力关系。所以,应力公式的推导可分为几何关系、物理关系、静力学关系三个阶段。

4.3.1 圆轴扭转时横截面上的应力

1. 有限元模型变形与几何关系

采用 ABAQUS 有限元结构分析软件对圆轴扭转进行数值模拟,研究受扭圆轴的变化。为了便于观察,对模型进行有限元网格划分,在圆轴表面画上纵向线(母线)和横向线(即圆周线),图 4.7(a)所示为圆轴未受扭时的变形,在外力矩作用下,圆轴变形如图 4.7(b)所示。可看到下面现象:

(1)圆周线之间的距离保持不变,圆周线仍保持圆周线,直径不变,只是转动了一个角度,轴端面保持平面。

(2)纵向线由直线变成斜线,各纵向线保持平行,纵向线与圆周线不再垂直,角度变化均为 γ。

(3)圆轴受扭前应力均为 0 MPa,可见在圆轴受扭前未发生变形;圆轴受扭后,应力逐渐上升至 8.076 MPa,与受扭前相比,应力变化较大。

上述现象是在圆轴表面看到的。根据看到的变形,假定内部变形也如此,从而提出平面假设:圆轴横截面始终保持平面,各截面只是不同程度地、刚性地绕轴转动了一个角度[图 4.7(c)]。从观察到的现象到提出假设,这是一个由表及里、由现象到本质的升华过程,根据假设就可以推导出应变规律。由平面假设可知,各轴向线段长度不变,因而横截面上正应力 $\sigma = 0$。

取圆轴上长为 dx 的一微段,左截面作为相对静止的面,右截面相对左截面转过 $d\varphi$ 角[图 4.7(d)]。轴表面的纵向线段 ab 变为 ab'。右截面上 b 点的位移 $\overline{bb'}$,从表面看 $= \overline{bb'}\gamma dx$,从横截面看 $= d\varphi D/2$,因此有

$$\gamma dx = d\varphi \frac{D}{2}$$

内部变形如同表面所见[图 4.7(e)],因此,在半径为 ρ 处的点的周向位移 $\overline{b_1 b_1'}$ 也有关

系式 $\gamma_\rho \mathrm{d}x = \rho \mathrm{d}\varphi$

γ_ρ 是半径 ρ 处的切应变，上式可改写为

$$\gamma_\rho = \rho \frac{\mathrm{d}\varphi}{\mathrm{d}x} = \rho\theta$$

式中　θ——单位扭转角。

该式表达了横截面上切应变的分布规律，切应变与半径 ρ 成正比。

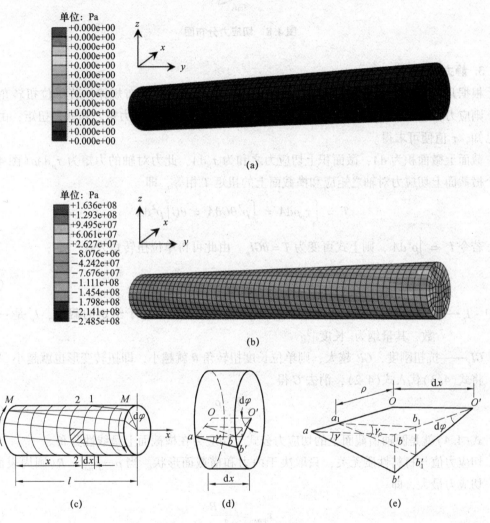

图 4.7　扭转变形分布规律

（a）受扭前；（b）受扭后；（c）整体计算简图；（d）微段计算简图；（e）内部变形计算简图

2. 物理关系

当材料处于弹性阶段的比例极限以内时，剪切胡克定律成立，切应力的分布规律为

$$\tau_\rho = G\gamma_\rho = G\rho\theta \tag{4.2}$$

式（4.2）表示切应力与半径 ρ 成正比，在圆周上切应力达最大值，在轴中心处 $\tau = 0$。切应力沿半径呈线性分布，方向皆垂直于半径（图 4.8）。

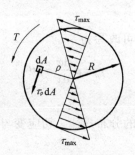

图 4.8 切应力分布图

3. 静力学关系

根据几何关系、物理关系已确定了切应力在横截面上的分布规律，若单位扭转角 θ 确定，则应力就确定了。由内力的定义可知，各点切应力对轴线的力矩之和就是扭矩，由于扭矩已知，τ 值便可求得。

截面上微面积为 dA，微面积上切应力之和为 $\tau_\rho dA$，此力对轴的力矩为 $\tau_\rho dA\rho$（图 4.8）。整个横截面上切应力对轴之矩应和横截面上的扭矩 T 相等，即

$$T = \int_A \tau_\rho \rho dA = \int_A \rho^2 \theta G dA = \theta G \int_A \rho^2 dA$$

若令 $I_p = \int \rho^2 dA$，则上式可变为 $T = \theta G I_p$。由此可得单位扭转角公式

$$\theta = \frac{T}{GI_p} \tag{4.3}$$

式中　I_p——极惯性矩，它是一个与横截面形状有关的量，对于给定的截面，I_p 是一个常数，其量纲为[长度]^4；

GI_p——抗扭刚度，GI_p 越大，则单位长度扭转角 θ 就越小，即扭转变形也就越小。

将式(4.3)代入式(4.2)，消去 G 得

$$\tau_\rho = \frac{T \cdot \rho}{I_p} \tag{4.4}$$

式(4.4)就是圆轴横截面上的切应力公式，切应力在横截面上呈线性分布。

切应力值与材料性质无关，只取决于内力和横截面形状。当 $\rho = \rho_{max} = R$（圆周表面处）时，切应力最大，即

$$\tau_{max} = \frac{T \cdot R}{I_p} \tag{4.5}$$

令 $W_p = \dfrac{I_p}{R}$，于是式(4.5)为

$$\tau_{max} = \frac{T}{W_p} \tag{4.6}$$

式中　W_p——抗扭截面系数，它也是和横截面形状有关的量，其量纲为[长度]^3。

4.3.2　圆轴扭转时的强度条件

圆轴受扭时，轴内最大的工作应力 τ_{max} 不能超过材料的许用切应力，故圆轴扭转时的强

度条件为

$$\tau_{\max} = \frac{T_{\max}}{W_p} \leq [\tau] \qquad (4.7)$$

式中　$T_{\max}$——横截面上的最大扭矩；

　　　W_p——抗扭截面系数；

　　　$[\tau]$——材料的许用切应力。

根据上述强度条件可以解决工程中的强度校核、设计截面、确定许用载荷的三类工程问题。

【例4.2】 材料相同的实心轴与空心轴，通过牙嵌离合器相连，如图4.9所示，传递外力偶矩 $M_e = 700 \ \text{N} \cdot \text{m}$。设空心轴的内/外径比 $\alpha = 0.5$，$[\tau] = 20 \ \text{MN/m}^2$。试计算实心轴直径 d_1 与空心轴外径 D_2，并比较两轴的截面面积。

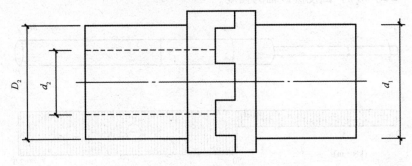

图4.9　例4.2图

解：由强度条件得

$$W_n = \frac{M_{n\max}}{[\tau]} = \frac{700}{20 \times 10^6} = 35 \times 10^{-6} (\text{m}^3) = 35 (\text{cm}^3)$$

对实心轴　　　　　　　　　　$W_n = \frac{\pi d_1^3}{16}$

故

$$d_1 = \sqrt[3]{\frac{16 W_n}{\pi}} = \sqrt[3]{\frac{16 \times 35}{\pi}} = 5.6 (\text{cm})$$

对空心轴　　　　　　　　　　$W_n = \frac{\pi D_2^3}{16}(1 - \alpha^4)$

于是

$$D_2 = \sqrt[3]{\frac{16 W_n}{\pi} \cdot \frac{1}{1 - \alpha^4}} = \sqrt[3]{\frac{16 \times 35}{\pi} \cdot \frac{1}{1 - 0.5^4}} = 5.75 (\text{cm})$$

内径 $d_2 = 0.5 \ \text{cm}$，$D_2 = 2.88 \ \text{cm}$。

实心轴与空心轴的截面面积之比为

$$\frac{A_1}{A_2} = \frac{\dfrac{\pi d_1^2}{4}}{\dfrac{\pi}{4} D_2^2 (1 - \alpha^2)} = \frac{5.6^2}{5.75^2 \times (1 - 0.5^2)} = 1.265$$

这一结果表明，空心轴比实心轴轻，即采用空心轴比采用实心轴合理。这是因为圆轴扭转时横截面上的切应力沿半径方向呈线性分布，边缘上各点的最大切应力达到许用切应力值时，圆心附近各点处的切应力仍很小。因此，将材料放置在远离圆心的部位，能使材料得到充分利用。当然，在工艺上制造空心轴要比制造实心轴困难些，且若空心轴的壁厚过于薄，受扭时将产生皱损现象而降低其抗扭能力，设计时应全面考虑。

【例4.3】 有一阶梯形圆轴，如图 4.10 所示，轴的直径分别为 $d_1 = 50$ mm, $d_2 = 80$ mm。扭转力偶矩分别为 $M_{e1} = 0.8$ kN·m, $M_{e2} = 1.2$ kN·m, $M_{e3} = 2$ kN·m。若材料的许用切应力 $[\tau] = 40$ MPa，试校核该轴的强度。

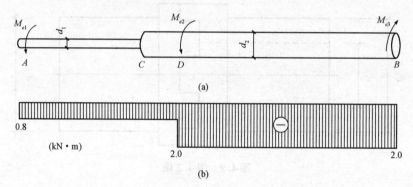

图 4.10　例 4.3 图

解：方法一(理论计算法)

用截面法求出圆轴各段的扭矩，如图 4.10 所示。由扭矩图可见，CD 段和 DB 段的直径相同，但 DB 段的扭矩大于 CD 段，故这两段只要校核 DB 段的强度即可。AC 段的扭矩虽然也小于 DB 段，但其直径也比 DB 段小，故 AC 段的强度也需要校核。

AC 段：

$$\tau_{max} = \frac{T_{AC}}{W_{p1}} = \frac{T_{AC}}{\dfrac{\pi d_1^3}{16}} = \frac{0.8 \times 10^3 \times 16}{\pi \times (50 \times 10^{-3})^3} = 32.6 (\text{MPa}) < [\tau]$$

DB 段：

$$\tau_{max} = \frac{T_{DB}}{W_{p2}} = \frac{T_{DB}}{\dfrac{\pi d_2^3}{16}} = \frac{2 \times 10^3 \times 16}{\pi \times (80 \times 10^{-3})^3} = 19.9 (\text{MPa}) < [\tau]$$

计算结果表明，该轴满足强度要求。

方法二(有限元计算法)

经有限元建模，可得该阶梯形圆轴各段的最大剪切应力 τ_{max} 小于许用切应力 $[\tau]$。同时，采用有限元模拟方法，能够显示该阶梯形圆轴应力分布规律，如图 4.11 所示。

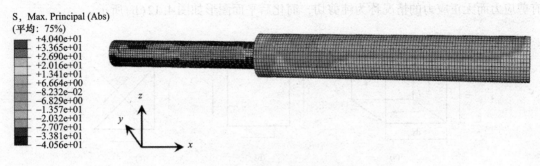

图 4.11　圆轴应力分布规律

4.4　圆轴扭转时的变形及刚度计算

4.4.1　变形计算

衡量扭转变形的大小可用扭转角 φ 来表示，φ 与单位扭转角间的关系为 $\theta = \dfrac{\mathrm{d}\varphi}{\mathrm{d}x}$。由式(4.3)可得

$$\mathrm{d}\varphi = \theta \mathrm{d}x = \frac{T}{GI_p}\mathrm{d}x$$

上式表示相距 $\mathrm{d}x$ 的两截面之间相对转过的角度。

对于长为 l 的等直圆杆，若两横截面之间的扭矩 T 为常数，则

$$\varphi = \frac{Tl}{GI_p} \tag{4.8a}$$

式[4.8(a)]计算出来的扭转角 φ，其单位是 rad，若以(°)计算，则

$$\varphi = \frac{Tl}{GI_p} \times \frac{180°}{\pi} \tag{4.8b}$$

4.4.2　刚度计算

圆轴受扭时，除满足强度条件外，还须满足一定的刚度要求。通常是限制单位长度上的最大扭转角 θ_{max}，不超过规范给定的许用值 $[\theta]$，刚度条件可写作

$$\theta_{max} = \frac{T_{max}}{GI_p} \leqslant [\theta] \tag{4.9a}$$

式[4.9(a)]中的 θ_{max}，单位为 rad/m，工程中给出的 $[\theta]$ 单位通常是°/m，上式可写成

$$\theta_{max} = \frac{T_{max}}{GI_p} \times \frac{180°}{\pi} \leqslant [\theta] \tag{4.9b}$$

4.5　圆轴受扭破坏分析

在理想薄壁圆筒中取出一个单元体，其应力情况如图 4.12(a)所示，这种在各截面上只

有剪应力而无正应力的情况称为纯剪切，简化后平面图形如图 4.12(b)所示。

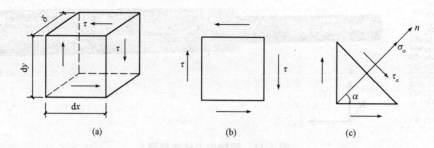

图 4.12　单元体应力分布

(a)单元体应力情况；(b)纯剪切平面图；(c)斜截面上应力分布

现在研究斜截面上的应力，设斜截面上的外法线方向是从 x 轴逆时针转动 α 角，其上的剪应力以顺时针转动为正，如图 4.12(c)所示的正应力和剪应力分别为 σ_α 和 τ_α。由平衡条件很容易得到如下公式：

$$\sigma_\alpha = -2\tau\sin\alpha\cos\alpha = -\tau\sin2\alpha \tag{4.10}$$

$$\tau_\alpha = \tau\cos^2\alpha - \tau\sin^2\alpha = \tau\cos2\alpha \tag{4.11}$$

由式(4.10)和式(4.11)容易知道，当 $\alpha = 45°$ 时，$\tau_\alpha = 0$，而 σ_α 分别取得最大值和最小值，即

$$\begin{cases} (\sigma_\alpha)_{max} = (\sigma)_\alpha = -45° = \tau \\ (\sigma_\alpha)_{min} = (\sigma)_\alpha = 45° = -\tau \end{cases} \tag{4.12}$$

这说明，对于纯剪切单元体，当其转动 45°时，其截面有正应力而无剪应力，两个截面的应力值都等于 τ，其中一个是拉应力一个是压应力。

试验结果表明，不断增加扭矩，塑性材料的圆轴将沿横截面被剪断，脆性材料的破坏断面是 45°方向的螺旋曲面。这表明对于脆性材料，45°方向的最大拉应力可使轴发生拉断破坏，这个结论很容易由前述的应力分析理论加以解释。

4.6　等直圆杆扭转时的应变能

当圆杆扭转时，杆内将积蓄应变能。由于杆件各截面上的扭矩可能变化，同时，横截面上各点处的切应力也随该点到圆心的距离而改变，因此对于杆内应变能的计算，应先求出纯剪切应力状态下的应变能密度，然后，再计算全杆内所积蓄的应变能。

图 4.13 所示的单元体，处于纯剪切应力状态，设其左侧面固定，则单元体在变形后右侧面将向下移动 $\gamma\mathrm{d}x$。

由于切应变 γ 值很小，因此，在变形过程中，上、下两面的外力将不做功，只有右侧面上的外力 $\tau\mathrm{d}y\mathrm{d}z$ 对相应的位移 $\gamma\mathrm{d}x$ 做功。当材料在线弹性范围内工作时，单元体上外力所做的功为

$$\mathrm{d}W = \frac{1}{2}(\tau\mathrm{d}y\mathrm{d}z)(\gamma\mathrm{d}x) = \frac{1}{2}\tau\gamma(\mathrm{d}x\mathrm{d}y\mathrm{d}z) \tag{a}$$

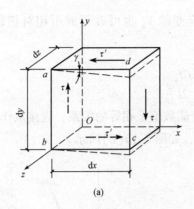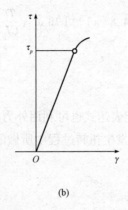

图 4.13 单元体计算模型

(a)单元体；(b)剪切—应变关系曲线

由于单元体内所积蓄的应变能 $\mathrm{d}V_\varepsilon$，数值上等于 $\mathrm{d}W$，于是，可得单位体积内的应变能即应变能密度 v_ε 为

$$v_\varepsilon = \frac{\mathrm{d}V_\varepsilon}{\mathrm{d}V} = \frac{\mathrm{d}W}{\mathrm{d}x\mathrm{d}y\mathrm{d}z} = \frac{1}{2}\tau\gamma \qquad\qquad (\text{b})$$

由剪切胡克定律 $\tau = G\gamma$，上式可改写为

$$v_\varepsilon = \frac{\tau^2}{2G} \qquad\qquad (4.13\mathrm{a})$$

或

$$v_\varepsilon = \frac{G}{2}\gamma^2 \qquad\qquad (4.13\mathrm{b})$$

求得纯剪切应力状态下的应变能密度 v_ε 后，等直圆杆在扭转时积蓄在杆中的应变能 V_ε 即可由积分计算：

$$V_\varepsilon = \int_V v_\varepsilon \mathrm{d}V = \iint_A v_\varepsilon \mathrm{d}A\mathrm{d}x \qquad\qquad (4.14)$$

式中 V——杆的体积；

A——杆的横截面面积；

l——杆长。

若等直圆杆的两端受外力偶矩 M_e 作用而发生扭转[图 4.14(a)]，则可将式[4.13(a)]代入式(4.14)，其中的切应力 $\tau = \dfrac{T\rho}{I_p}$。由于杆任一横截面上的扭矩 T 均相同，因此，杆内的应变能为

$$V_\varepsilon = \iint_A \frac{\tau^2}{2G}\mathrm{d}A\mathrm{d}x = \frac{1}{2G}\left(\frac{T}{I_p}\right)^2 \int_A \rho^2 \mathrm{d}A = \frac{T^2 l}{2GI_p} \qquad\qquad (4.15\mathrm{a})$$

由于 $T = M_e$，上式又可写作

$$V_\varepsilon = \frac{M_e^2 l}{2GI_p} \qquad\qquad (4.15\mathrm{b})$$

又由于式[4.8(a)]可知 $\varphi = \dfrac{Tl}{GI_p}$，杆的应变能 V_ε 也可改写成用相对扭转角 φ 表达的形式：

$$V_\varepsilon = \frac{GI_p}{2l}\varphi^2 \tag{4.15c}$$

以上应变能表达式也可利用外力功与应变能数值上相等的关系，直接从作用在杆端的外力偶矩 M_e 在杆发生扭转过程中所做的功算得，如图 4.14(b) 所示。

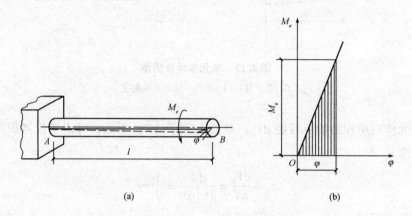

(a)   (b)

图 4.14 等直圆杆受扭

(a) 受扭示意；(b) 扭转角与外力偶关系

【例 4.4】 图 4.15(a) 表示过程中常用来起缓冲、减振或控制作用的圆柱形密圈螺旋弹簧承受轴向压(拉)力作用。设弹簧圈的平均半径为 R，弹簧的直径为 d，弹簧的有效圈数(即除去两端与平面接触部分不计的圈数)为 n，弹簧材料的切变模量为 G。试在簧杆的斜度 α 小于 5°，且簧圈的平均直径 D 比簧杆直径 d 大得多的情况下，推导弹簧的应力和变形计算公式。

解： 首先用截面法求出簧杆横截面上的内力。为此，沿簧杆的任一横截面假想地截取其上半部分[图 4.15(b)]并研究其平衡。由于簧杆斜度 α 小于 5°，为分析方便，可视为 0°，于是簧杆的横截面就在包含弹簧轴线(即外力 F 作用线)的纵向平面内。由平衡方程求得截面上的内力分量为通过截面形心的剪力 $F_s = F$ 和扭矩 $T = FR$。

作为近似解，通常可略去与剪力 F_s 相应的切应力，且当簧圈的平均直径 D 与簧杆直径 d 的比值 $\dfrac{D}{d}$ 很大时，还可略去簧圈的曲率影响，而用扭转应力公式(4.6)计算簧杆横截面上的最大扭转切应力 $\tau_{\max}$，即

$$\tau_{\max} = \frac{T}{W_p} = \frac{FR}{\dfrac{\pi}{16}d^2} = \frac{16FR}{\pi d^2} \tag{1}$$

由式(1)计算出的最大切应力是偏低的近似值。在弹簧的设计计算中，常将该式乘以考虑簧杆曲率和剪力影响的修正因数。

下面利用能量原理来研究弹簧受轴向压(拉)力作用时的缩短(伸长)变形 Δ。根据试验

结果可知，当弹簧所受外力不超过一定限度时，其变形 Δ 与外力 F 成正比，如图 4.15(c) 所示。由此，可得外力所做功为

$$W = \frac{1}{2}F\Delta$$

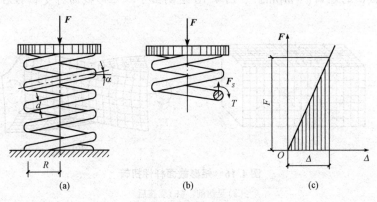

图 4.15 例 4.4 图

若只考虑簧杆扭转的影响，则由等直圆杆扭转时的应变能公式 [4.15(a)]，可得簧杆内的应变能 V_ε 为

$$V_\varepsilon = \frac{1}{2}\frac{T^2 l}{GI_p} = \frac{(FR)^2 2\pi Rn}{2GI_p}$$

式中，$l = 2\pi Rn$ 代表簧杆中心线的全长；I_p 为簧杆横截面的极惯性矩。令外力所作功 W 与簧杆内的应变能 V_ε 相等，并引用 $I_p = \frac{\pi d^4}{32}$，即得

$$\Delta = \frac{2\pi RnFR^2}{G\frac{\pi d^4}{32}} = \frac{64FR^3 n}{Gd^4} \tag{2}$$

由于在计算应变能 V_ε 时，略去了剪力的影响，并应用直杆扭转公式，故所得的 V_ε 值是近似的，且比实际值小，因而，算出的变形 Δ 也较实际值略小，但其相对误差小于簧杆横截面的应力计算式 (1)。

若令

$$k = \frac{Gd^4}{64R^3 n} \tag{3}$$

代表弹簧的刚度系数，其单位为 N/m，则可将式 (2) 改写为

$$\Delta = \frac{F}{k} \tag{4}$$

知识拓展

矩形截面杆的自由扭转

在农业机械中，有时采用方轴作为传动轴。在实际工程中除圆截面杆的扭转问题外，还可能遇到矩形截面杆的扭转问题。例如，内燃机曲轴的曲柄常常为矩形截面，其扭转问题就

是矩形截面杆扭转的实例。

矩形截面杆件扭转问题与圆截面杆扭转问题的最大不同点，在于矩形截面杆扭转时，平面假定不再成立，也就是说矩形截面杆扭转时原有的横截面不再保持平面，而变成空间曲面，这称为横截面的翘曲(Warping)。图 4.16 绘制出了一矩形截面杆受扭转后横截面边框线的翘曲情况。

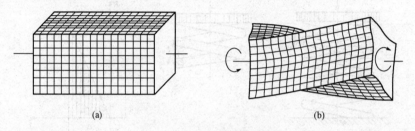

图 4.16　矩形截面杆件扭转

(a)受扭前；(b)受扭后

既然非圆截面杆扭转时，平面假定不再成立，那么在平面假定基础上导出的关于圆截面杆扭转时横截面上的应力与变形的计算结论都不再适用。非圆截面杆的弹性扭转问题属于弹性力学范畴内研究的问题。本节只简要介绍矩形截面杆自由扭转时最大切应力和变形的计算公式。

自由扭转是指扭转时杆件横截面的翘曲不受限制的情况，如图 4.16(b)所示。这时杆中各横截面的翘曲程度相同，纵向纤维无变形，因此杆中没有正应力，只有切应力。

如果非圆截面杆扭转时，某些横截面的翘曲由于受到约束作用而不能自由发生，就会使得各横截面的翘曲程度产生差异，从而引起纵向纤维伸长或缩短，进而在横截面上同时产生正应力和切应力。这种情况称为约束扭转。一般实体杆中，约束扭转所引起的正应力很小，可以忽略不计，但在薄壁杆件中则不能忽略。

按照弹性力学的有关结果，对于某些非圆截面杆的自由扭转，可以得出与圆截面杆类似的公式，如

$$\tau_{max} = \frac{M_x}{W'_p} \tag{4.16}$$

$$\theta = \frac{M_x}{GI_n} \tag{4.17}$$

式中，W'_p 也称为抗扭截面模量，I_n 也称为截面的极惯性矩。它们与圆截面的 W_p 和 I_p 有相同的量纲但无相同的几何意义。

对于矩形截面杆，有

$$I_n = \beta h b^3 \tag{4.18}$$

$$W'_p = \alpha h b^2 \tag{4.19}$$

式中　h，b——矩形的长边和短边；

　　　α，β——可从表 4.1 中查出。

矩形截面杆扭转时横截面上切应力的分布规律，如图 4.17(a)所示。

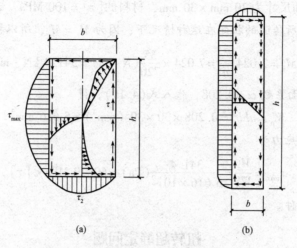

图 4.17 矩形截面杆扭转中切应力的分布

（a）横截面；（b）纵截面

从图中可见，矩形截面边界上各点的切应力与边界相切并形成顺流，四个角点处的切应力必为零，这是由于在杆的外表面上没有切应力，因此按照切应力互等定理，截面边界上不可能有垂直于周边的切应力分量。横截面上的最大切应力发生在长边中点处，即在截面周边上距形心最近的点处，由式(4.16)计算其数值；矩形短边中点的切应力为该边各点切应力中的最大值，其数值为

$$\tau_1 = \gamma \tau_{max}$$

式中，γ 可由表4.1查出。

表 4.1 矩形截面杆扭转时的系数 α、β、γ

h/b	1.0	1.5	2.0	3.0	4.0	6.0	8.0	10.0	∞
α	0.208	0.231	0.246	0.267	0.282	0.299	0.307	0.313	0.333
β	0.141	0.196	0.229	0.263	0.281	0.299	0.307	0.313	0.333
γ	1.000	0.859	0.795	0.753	0.745	0.743	0.742	0.742	0.742

若矩形的长边与短边之比 $\dfrac{h}{b} > 10$ 时，称为狭长矩形。此时由表4.1可知，$\alpha = \beta \approx \dfrac{1}{3}$，于是有

$$I_h = \frac{1}{3}hb^3$$

$$W_p' = \frac{1}{3}hb^2$$

狭长矩形截面上扭转切应力的变化规律如图 4.17(b)所示。最大切应力仍在长边中点，除角点附近外，沿长边各点切应力数值基本相同。

【例4.5】 拖拉机通过方轴牵引后面的旋耕机。方轴转速 $n = 720$ r/min，传递的最大功

率 $P_h = 35$ 马力，截面尺寸为 30 mm × 30 mm，材料的 $[\tau] = 100$ MPa，试校核方轴的强度。

解： 先求出轴上所传递的扭矩在这种情况下，因为 $M_x = M_e$，所以扭矩

$$M_x = 7\ 024\ \frac{P_h}{n} = 7\ 024 \times \frac{35}{720}(\text{N} \cdot \text{m}) = 341.4\ \text{kN} \cdot \text{m}$$

由表4-1查得截面系数 $\alpha = 0.208$，代入式(4.19)，得

$$W_p' = ahb^2 = 0.208 \times 30 \times 30^2(\text{mm}^3) = 5\ 616\ \text{mm}^3$$

该轴上的最大切应力为

$$\tau_{\max} = \frac{M_x}{W_p'} = \frac{341.4}{5\ 616 \times 10^{-9}}(\text{Pa}) = 60.79\ \text{MPa} < [\tau]$$

该轴满足强度条件。

扭转超静定问题

扭转超静定问题的解法，可综合静力、几何、物理三个方面。下面通过一些例题来说明其解法。

【例4.6】 两端固定的圆截面杆 AB，在截面 C 处受一扭转力偶矩 M_e 作用，如图4.18(a)所示。已知杆的扭转刚度为 GI_p，试求杆两端的支反力偶矩。

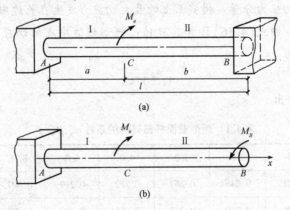

图 4.18 例 4.6 图

解： 有两个未知的支反力偶矩，而平衡方程只有1个 $\sum M_x = 0$，故为一次超静定。

设想固定端 B 为多余约束，解除后加上相应的多余未知力偶矩 M_B，得基本静定系如图4.18(b)所示。根据原超静定杆的约束情况，基本静定系在 B 端的扭转角应等于零。因此，分别由外力偶矩 M_e 引起 B 端的扭转角 φ_{BM} 与多余未知力偶矩 M_B 引起的 B 端扭转角 φ_{BB} 的绝对值相等。由此可得变形几何方程

$$\varphi_{BM} = \varphi_{BB} \tag{1}$$

当杆处于线弹性范围时，扭转角与力偶矩间的物理关系为

$$\varphi_{BM} = \frac{M_e a}{GI_p} \tag{2}$$

和

$$\varphi_{BB} = \frac{M_B l}{GI_p} \tag{3}$$

将式(2)、式(3)代入式(1)，即得补充方程，并由此解得多余反力偶矩为

$$M_B = \frac{M_e a}{l} \tag{4}$$

求得多余反力偶矩 M_B 后，固定端 A 的支反力偶矩就不难由平衡方程求得。

【例 4.7】 图 4.19(a)所示一长为 l 的组合杆，由不同材料的实心圆截面杆和空心圆截面杆套在一起而组成，内、外两杆均在线弹性范围内工作，其扭转刚度分别为 $G_a I_{pa}$ 和 $G_b I_{pb}$。当组合杆的两端面各自固结于刚性板上，并在刚性板处受一对扭转力偶矩 M_e 作用[图 4.19(a)]时，试求分别作用在内、外杆上的扭转力偶矩。

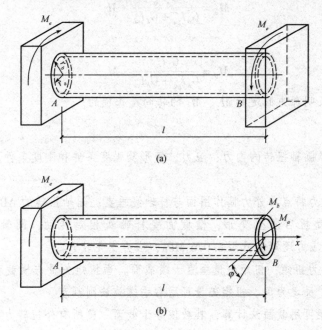

图 4.19 例 4.7 图

解： 对于杆只能写出 1 个平衡方程 $\sum M_x = 0$，而未知量却有两个——M_a、M_b [图 4.19(b)]，故是一次超静定，须建立 1 个补充方程。

由于原杆两端各自与刚性板固结在一起，故内、外杆的扭转变形相同。由此建立的变形几何方程为

$$\varphi_{Ba} = \varphi_{Bb} \tag{1}$$

式中，φ_{Ba} 和 φ_{Bb} 分别是内、外两杆的 B 端相对于 A 端的相对扭转角，在图 4.19(b)中都用 φ 表示。

相对扭转角与扭转力偶间的物理关系为

$$\varphi_{Ba} = \frac{M_a l}{G_a I_{pa}} \tag{2}$$

和

$$\varphi_{Bb} = \frac{M_b l}{G_b I_{pb}} \tag{3}$$

式中，I_{pa}、I_{pb} 分别为内、外两杆横截面的极惯性矩。

将物理关系式(2)、式(3)代入变形几何方程式(1)，经简化后即得补充方程为

$$M_a = \frac{G_a I_{pa}}{G_b I_{pb}} M_b \tag{4}$$

组合杆[图4.19(b)]的平衡方程为

$$\sum M_x = 0, M_a + M_b = M_e \tag{5}$$

联解补充方程式(4)和平衡方程式(5)，经整理后即得

$$M_a = \frac{G_a I_{pa}}{G_a I_{pa} + G_b I_{pb}} \cdot M_e \tag{6}$$

和

$$M_b = \frac{G_b I_{pa}}{G_a I_{pa} + G_b I_{pb}} \cdot M_e \tag{7}$$

结果均为正，表明原先假定的 M_a、M_b 的转向是正确的。

本章小结

本章主要介绍了圆轴扭转的内力、应力、变形及强度条件和刚度条件。本章的主要内容如下：

(1)圆轴扭转受力特点：外力偶作用面与杆轴线垂直；圆轴扭转的 ABAQUS 有限元模型变形特点：圆轴在受扭后发生变形，横截面绕杆轴线相对转动，圆轴受扭前应力均为 0 MPa，圆轴受扭后应力逐渐上升至 8.076 MPa，应力变化较大。

(2)圆轴的内力为扭矩，扭矩矢量垂直于横截面。当扭矩矢量与横截面外法线方向一致时，扭矩定义为正；反之为负。扭矩矢量可用右手螺旋法则判定。

任一截面的扭矩可用截面法计算，其数值等于截面一侧所有外扭转力偶矩的代数和。用扭矩图表示扭矩沿杆轴线变化规律。

(3)切应力互等定理。在平衡物体任意互相垂直的两个平面上，垂直于截面交线的切应力数值相等，方向同时指向两截面交线或同时背离这一交线。

(4)剪切胡克定律。当切应力不超过材料的剪切比例极限时，剪应力与剪应变成正比。

$$\tau = G\gamma$$

(5)圆轴扭转时的应力与强度条件。

1)圆轴扭转时横截面上只有切应力，其计算公式为

$$\tau_\rho = \frac{T \cdot \rho}{I_p}$$

沿半径方向线性分布，在圆心处为零，横截面的外边缘处最大，各点切应力方向垂直于所在半径。

2)强度条件：

$$\tau_{max} \leq [\tau]$$

(6)圆轴扭转时的变形与刚度条件。

1)相对扭转角：

$$\varphi = \frac{Tl}{GI_p}$$

2)刚度条件：

$$\theta_{\max} \leqslant [\theta]$$

(7)扭转超静定问题。扭转超静定问题，与拉压超静定问题相同，仍需综合考虑变形协调条件、物理关系及静力平衡条件三个方面的关系进行求解。

习 题

4.1 填空题

1. 凡以扭转变形为主要变形的构件称为_____。

2. 功率一定时，轴所承受的外力偶矩_____与其转速_____成反比。

3. _____称为材料的截面抗扭刚度。

4. 圆轴扭转时横截面上任意一点处的切应力与该点到圆心间的距离成_____。

5. 当切应力不超过材料的比例极限时，切应力与切应变成正比例关系，这就是_____。

4.2 判断题

1. 圆轴扭转时，各横截面绕其轴线发生相对转动。   （   ）

2. 只要在杆件的两端作用两个大小相等、方向相反的外力偶，杆件就会发生扭转变形。

（   ）

3. 传递一定功率的传动轴的转速越高，其横截面上所受的扭矩也就越大。   （   ）

4. 受扭杆件横截面上扭矩的大小，不仅与杆件所受外力偶的力偶矩大小有关，而且与杆件横截面的形状、尺寸有关。   （   ）

5. 扭矩就是受扭杆件某一横截面左、右两部分在该横截面上相互作用的分布内力系合力偶矩。   （   ）

4.3 简答题

1. 采用有限元思想与传统的理论思想所体现的圆轴扭转变形，有什么区别？有限元思想与传统的理论思想分别有什么优势？

2. 两根长度与直径均相同的由不同材料制成的等直圆杆，在其两端作用相同的扭转力偶矩，相对扭转角是否相同？为什么？

3. 如果将等直圆杆的直径增大一倍，其余条件不变，则最大切应力和扭转角将怎样变化？

4. 若两轴上的外力偶矩及各段轴长相等，而截面尺寸不同，其扭矩图相同吗？

5. 横截面面积相同的空心圆轴与实心圆轴相比，为什么空心圆轴的强度和刚度都比较大？

4.4 实践应用题

1. 画出图4.20中的扭矩图。

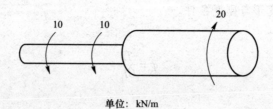

单位: kN/m

图 4.20 题 4.4(1)图

2. 某钢轴，转速 $n = 250$ r/min，所传递功率 $P = 60$ kW，轴的许用剪应力 $[\tau] = 40$ MPa。设计轴的直径 D。

3. 实心圆钢轴的直径为 50 mm，转速 $n = 250$ r/min。轴的许用剪应力 $[\tau] = 60$ MPa，求此轴所能传递的最大功率 P。

4. 杆的尺寸如图 4.21 所示，已知：外力偶矩 M_e，杆长 l，材料的剪切弹性模量 G，A 端直径为 a，B 端直径为 b，且 $b = 1.2a$。

(1) 求最大单位长度扭转角 $\theta_{\max}$；

(2) 试求该杆 A、B 截面间的相对扭转角 φ_{AB}。

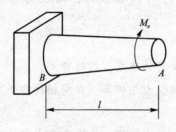

图 4.21 题 4.4(4)图

5. 如图 4.22 所示的阶梯状圆轴，AB 段直径为 120 mm，BC 段直径为 100 mm。扭转力偶矩 $M_A = 22$ kN·m，$M_B = 36$ kN·m，$M_C = 14$ kN·m。已知材料的许用切应力 $[\tau] = 80$ MPa。校核该轴强度。(本题试用有限元软件求解)

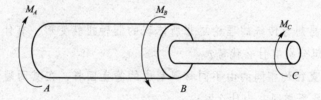

图 4.22 题 4.4(5)图

6. 一传动轴如图 4.23 所示，其转速为 208 r/min，主动轮 A 的输入功率 $P_A = 6$ kW，从动轮 B、C 的输出功率分别为 $P_B = 4$ kW、$P_C = 2$ kW。已知轴的许用应力 $[\tau] = 30$ MPa，单位长度许用扭转角 $\theta = 1(°)/$m，切变模量 $G = 80$ GPa，试按强度条件和刚度条件设计轴的直径 D。

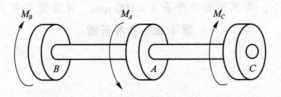

图 4.23　题 4.4(6)图

7. 如图 4.24 所示，两端固定的圆截面杆受扭转力偶作用，已知 $M_x = 12$ kN·m，杆材料的 $[\tau] = 50$ MPa，求该杆的直径大小 D。

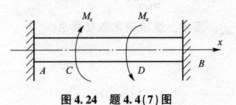

图 4.24　题 4.4(7)图

8. 如图 4.25 所示有一两端固定的直杆，在截面 B 承受外力偶矩 T，杆 AB 段为圆截面，直径为 d_1；杆 BC 段为圆环截面，外径为 d_1，内径为 d_2。试求使 A 和 C 端处的反力偶矩在数值上相等的比值 $\dfrac{a}{l}$ 的表达式。

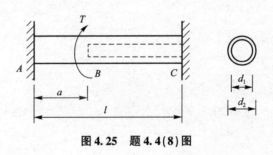

图 4.25　题 4.4(8)图

9. 如图 4.26 所示，C 点处扭矩为 20 kN·m，AC 为实心圆轴，直径为 0.2 m，长为 2 m。BC 为实心圆轴，外径为 0.18 m，长为 1 m。已知 $G = 8.0 \times 10^4$ MPa。求最大剪应力 τ。

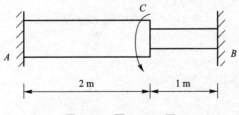

图 4.26　题 4.4(9)图

10. 钢制圆柱形密圈螺旋弹簧平均半径 $R = 80$ mm，簧丝直径 $d = 16$ mm，许用剪应力 $[\tau] = 200$ MPa。剪切弹性模量 $G = 80$ GPa。

(1) 求许用轴向力 $[F]$；

(2)若在[F]作用下,要求弹簧变形量 $\lambda = 100$ mm,弹簧需有多少圈?

第4章 参考答案

4.1—4.3 略

4.4 实践应用题

1. 扭矩图略。

2. $D = 66.3$ mm。

3. $P = 38.6$ kW。

4. (1) $\theta_{max} = \dfrac{64M_e}{G\pi a^4}$;(2) $\varphi_{AB} = 9.88\dfrac{M_e l^2}{\pi G a^4}$。

5. AB 段 τ_{max},BC 段 τ_{max};因此,该轴满足强度要求。

6. $D = 34$ mm。

7. $D = 88$ mm。

8. $\dfrac{a}{l} = \dfrac{\dfrac{\pi d_1^4}{32}}{\dfrac{\pi d_1^4}{32}\left[1 + (1-\alpha)^4\right]}$。

9. $\tau_{max} = 9.913$ MPa。

10. (1) $[F] = 1\,764$ N;(2) $n = 8$。

弯曲内力

　　弯曲变形是杆件变形的基本形式之一，本章采用 ABAQUS 有限元结构分析软件模拟梁弯曲的全过程，将弯曲变形融合于三维有限元模型，使抽象的弯曲内力和弯曲变形等内容变得简洁明了。本章主要学习弯曲变形杆件梁的内力——剪力和弯矩及其计算，梁的剪力方程和弯矩方程，载荷、剪力和弯矩间的微分关系，剪力图和弯矩图的绘制。

案例：简易桥梁弯曲

　　桥梁不但要承受其自重，还要承受行人、车辆等外加荷载，而这些外加荷载均垂直于桥梁，桥梁将由直线变为曲线，如图 5.1 所示，即弯曲变形。在外力作用下，以弯曲为主要变形的杆件称为梁。

(a)

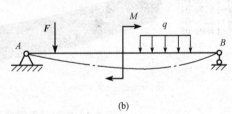

(b)

图 5.1　桥梁弯曲

(a)桥梁完全破坏实况；(b)受力与计算简图

　　当对某座桥梁进行受力分析和强度计算时，为了方便起见，常对桥梁进行必要的简化，主要包括支座的简化、载荷的简化及梁形式的简化。简化之后，便可以确定梁上的载荷和支反力，进而研究梁各横截面上的内力——剪力和弯矩，最后画出相应的剪力图和弯矩图。

5.1　弯曲的概念和梁的计算简图

5.1.1　弯曲的概念

如图 5.2 所示为矩形截面梁纯弯曲变形的 ABAQUS 有限元模型，图 5.2(a)所示为未受力时的矩形截面梁，为使数值模拟更加符合实际，建模时在钢筋和混凝土之间设置黏结单元，并采用位移控制的分步加载方式，每步的加载位移为 0.02 mm，矩形截面梁受力后的弯曲变形如图 5.2(b)所示。从图中可知，随着荷载的不断加载，应变逐渐增加，矩形截面梁逐渐弯曲，中间部位最先出现弯曲，且逐渐向两端扩展。

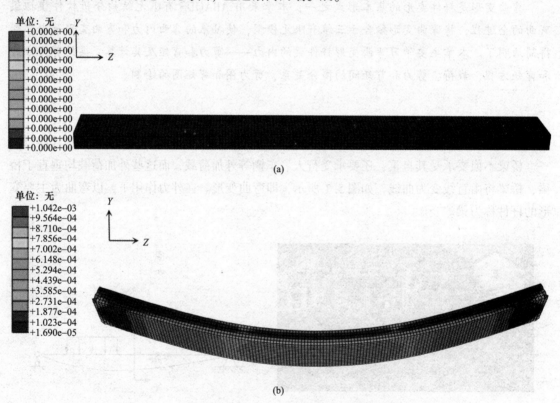

图 5.2　矩形截面梁弯曲变形三维有限元模型应变云图

弯曲变形不仅能通过有限元思想体现，其更是在实际工程和日常生活中最常见的一种变形。如厂房吊运物料的起重机梁(图 5.3)、桥梁(图 5.4)等。一般来说，当杆件受到垂直于杆轴线的外力或在杆轴平面内受到外力偶作用时，杆轴线将由直线变为曲线，这样的变形称为弯曲变形。工程中把以发生弯曲变形为主的杆件通常称为梁。

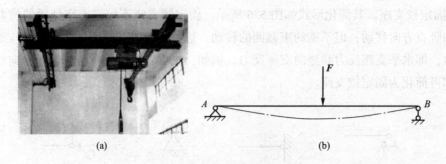

图 5.3　起重机梁

(a)某起重机梁；(b)受力与计算简图

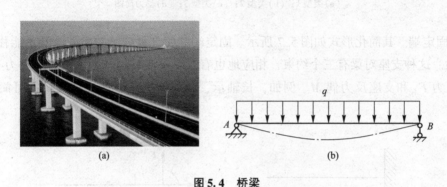

图 5.4　桥梁

(a)某桥梁；(b)受力与计算简图

5.1.2　梁的计算简图

　　梁的支座和载荷有各种不同的情况，对梁进行分析计算，首先应对梁进行必要的简化。对于梁本身的简化，通常是以梁的轴线来代替实际的梁，因为梁截面的形状和尺寸对内力计算无影响。在计算简图中把梁用一根实线来表示。另外，还要对梁的支座及载荷进行简化。

1. 支座的简化

　　按支座对梁的不同的约束特性，静定梁的约束支座可按静力学中对约束简化的力学模型，可分为下列三种形式：

　　(1)活动铰支座。其简化形式如图 5.5 所示。活动铰支座不允许支座处梁的横截面沿竖直方向移动，而支座处梁横截面的转动及沿梁轴线方向的移动是可能发生的。这种支座对梁只有一个约束，相应地只有一个约束反力 F_A。例如，滑动轴承、径向滚动轴承、滚轴支座等都可简化为活动铰支座。

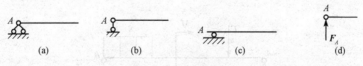

图 5.5　活动铰支座及反力

(a)类型1；(b)类型2；(c)类型3；(d)受力简图

（2）固定铰支座。其简化形式如图5.6所示。固定铰支座不允许支座处梁的横截面沿水平方向和竖直方向移动，但不能约束截面的转动。这种支座对梁有两个约束，相应地有两个支座反力，即水平支座反力和竖向支座反力。例如，止推轴承、圆锥滚子轴承、向心推力球轴承等都可简化为固定铰支座。

图5.6　固定铰支座及反力

(a)类型1；(b)类型2；(c)类型3；(d)受力简图

（3）固定端。其简化形式如图5.7所示。固定端能使支承处梁的横截面既不能移动，也不能转动。这种支座对梁有三个约束，相应地也有三个支座反力，即水平支座反力 F_{Ax}、竖向支座反力 F_{Ay} 和支座反力偶 M。例如，长轴承、金属切削车刀的夹持端等都可简化为固定端。

图5.7　固定端及反力

(a)简图；(b)受力图

2. 载荷的简化

作用于梁上的载荷可以简化为下列三种类型：

（1）集中力。当力的作用范围远远小于梁的长度时，可将力简化为作用于一点的集中力，如图5.8中的 F 所示。

（2）集中力偶。通过微小梁段作用在梁的纵向对称平面内的外力偶，如图5.8中的 M 所示。

（3）分布载荷。分布在梁某一段长度上的载荷称为分布载荷；如果载荷是均匀分布的，则称为均布载荷。梁单位长度上的分布载荷的大小称为载荷集度，通常用 q 表示，其单位为 N/m 或 kN/m，如图5.8中的 q 所示。图5.3中的起重机梁，梁的自重可简化为沿其长度作用的均布载荷。

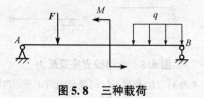

图5.8　三种载荷

3. 梁的形式

根据约束的特点，最常见的静定梁有以下三种：

（1）简支梁。图 5.9（a）所示为板梁柱结构，其中支持梁板的大梁 AB 受到由楼板传递下来的均布载荷 q 作用，该梁 A、B 支座不能产生铅垂方向的位移，在小变形的情况下，可以有微小转动，同时，A 支座不产生水平位移，因此 A 支座可视为固定铰支座，B 支座可按活动铰支座考虑，这种支座形式的梁，称为简支梁。如图 5.9（b）所示为计算简图。

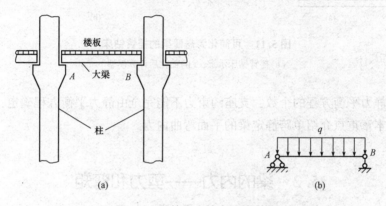

(a)　　　　　　　　(b)

图 5.9　可简化为简支梁的大梁

（a）大梁示意；（b）简化后计算模型

（2）外伸梁。图 5.10（a）表示一种简易的挡水结构。其支持面板的斜梁 AC 受到由面板传递来的不均匀分布水压力作用，根据受力情况画出的计算简图为一端（或两端）伸出支座的梁，称为外伸梁。如图 5.10（b）所示为计算简图。

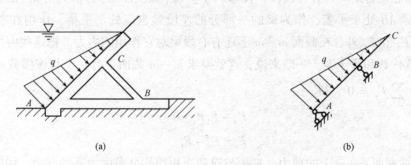

(a)　　　　　　　　(b)

图 5.10　可简化为外伸梁的挡水结构

（a）挡水结构示意；（b）简化后计算模型

（3）悬臂梁。图 5.11（a）所示为一摇臂钻床的悬臂杆，一端套在立柱上，一端自由，空车时悬臂除受自重外，还有主轴箱的重力作用，立柱刚性较大，使悬臂既不能转动，也不能有任何方向的移动，故可简化成一端为固定端，一端为自由端的梁，称为悬臂梁。图 5.11（b）所示为计算简图。

将梁的支座简化成计算简图后，即可按平衡条件来计算梁的支反力。

以上梁的支座约束力均可通过静力学平衡方程求得，因此称为静定梁。若梁的支座约束

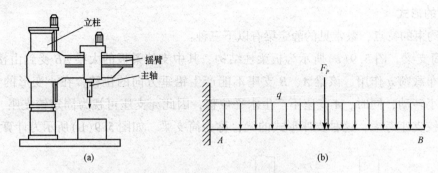

图 5.11 可简化为悬臂梁的摇臂钻床

(a)摇臂钻床示意；(b)简化后计算模型

力的个数多于静力平衡方程的个数，支座约束力不能完全由静力平衡方程确定，这样的梁称为静不定梁。本章重点介绍单跨静定梁的平面弯曲内力。

5.2 梁的内力——剪力和弯矩

为了计算梁的应力和变形，首先必须确定梁在外力作用下横截面上的内力。根据平衡方程可求得静定梁在载荷作用下的支反力，进而可计算梁横截面上的内力。

设有一简支梁 AB，受集中力 F_1、F_2 和 F_3 作用，如图 5.12(a)所示。现求距离 A 端为 x 处横截面 m—m 上的内力。为此，先由静力平衡条件求出支反力 F_A 和 F_B，然后用截面法沿 m—m 截面假想地将梁切开分为两段，任取其中一段(如左段梁)为研究对象[图 5.12(b)]，由于原来的梁 AB 处于平衡，作为梁的一部分的左段梁也应处于平衡。作用在左段梁上的力，除外力 F_A 和 F_1 外，在截面 m—m 上还有右段梁对它作用的内力。把这些内力和外力向 y 轴投影，其代数和等于零。一般来说，这就要求 m—m 截面上有一个与该横截面相切的内力 F_s，且由 $\sum F_y = 0$，得

$$F_A - F_1 F_s = 0$$
$$F_s = F_A - F_1$$

（5.1）

F_s 称为横截面 m—m 上的剪力。它是与横截面相切的分布内力系的合力。同时，如果左段梁上所有外力和内力对截面 m—m 的形心 O 取矩，其力矩的代数和应等于零。一般来说，这就要求在截面 m—m 上有一个作用于纵向对称面的内力偶矩 M，由 $\sum M_O(F) = 0$，得

$$-F_A x + F_1(x - a) + M = 0$$
$$M = F_A x - F_1(x - a)$$

（5.2）

M 称为横截面 m—m 上的弯矩。它是与横截面垂直的分布内力系的合力偶矩。由此可知，梁弯曲时横截面上一般存在两种内力。

若取梁的右段为研究对象，然后用同样的方法可求得截面 m—m 上的剪力 F_s 和弯矩 M，其大小分别与 F_s 与 M 相同，而方向、转向则相反，符合作用力与反作用力的关系。

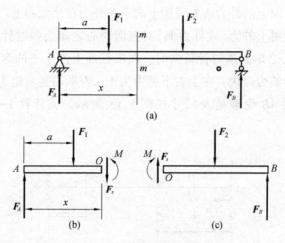

图 5.12　简支梁内力求解

(a)简支梁；(b)左梁段；(c)右梁段

　　无论用左侧还是右侧的外力与外力偶来计算同一截面上的剪力和弯矩，为了使所求的同一截面上的剪力和弯矩不仅数值相同，而且符号也一致。为此根据梁的变形特征来规定剪力和弯矩的符号。

　　设在 m—m 截面处取一微段，规定：微段梁左侧截面向上、右侧截面向下相对错动时，横截面上的剪力为正；反之为负，如图 5.13 所示。微段梁弯曲变形凹面向上时，横截面上的弯矩为正；反之为负，如图 5.14 所示。在列平衡方程计算横截面上的内力时，将剪力和弯矩全部假设为正。

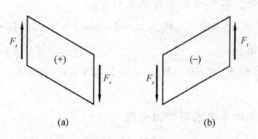

图 5.13　剪力的符号规定

(a) 正剪力；(b) 负剪力

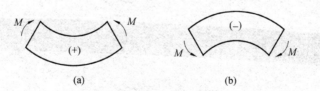

图 5.14　弯矩的符号规定

(a) 正弯矩；(b) 负弯矩

　　根据剪力和弯矩的正负规定，可以直接写出如式(5.1)、式(5.2)所示剪力和弯矩的表达式，且截面左段梁上向上的外力或右段梁上向下的外力在该截面上产生正的剪力；反之产生负的剪力。截面左段梁上外力(或外力偶)对截面形心之矩为顺时针转向或右段梁上外力(或外力偶)对截面形心之矩为逆时针转向时，在横截面上产生正的弯矩；反之产生负的弯矩。以上符号规定可归纳为口诀：左上右下剪力为正，左顺右逆弯矩为正。

【例 5.1】 悬臂梁 AB 受载荷及尺寸如图 5.15 所示，试计算 1—1 和 2—2 截面上的内力。

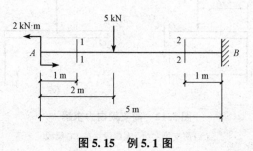

图 5.15　例 5.1 图

解：方法一(理论计算法)：

应用截面法：

1—1 截面：

沿 1—1 截面将梁切开，取左侧为研究对象：

$$F_{s1-1} = 0 \qquad M_{1-1} = -2 \text{ kN} \cdot \text{m}$$

2—2 截面：

沿 2—2 截面将梁切开，取截面左侧为研究对象：

$$F_{s2-2} = -5 \text{ kN} \qquad M_{2-2} = -2 - 5 \times 2 = -12 (\text{kN} \cdot \text{m})$$

方法二(有限元计算法)：

本题的有限元解求出的 $F_{s1-1} = 0$，$M_{1-1} = -2.023 \text{ kN} \cdot \text{m}$；$F_{s2-2} = -5.035 \text{ kN}$，$M_{2-2} = -12.113 \text{ kN} \cdot \text{m}$。

图 5.16 所示为有限元计算法求解内力云图。

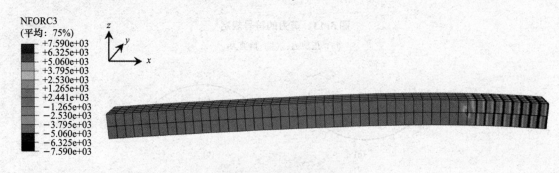

图 5.16　悬臂梁内力云图

【例 5.2】 图 5.17(a)所示为一简支梁，全梁受线性变化的分布荷载作用，最大载荷集度为 q_0，试求梁在离左端 A 点距离为 a 截面 1—1 上的内力。

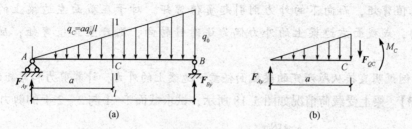

图 5.17 例 5.2 图

解：(1) 求支反力，即

$$\sum M_A = 0, F_{By}l - \frac{q_0 l}{2}\left(\frac{2l}{3}\right) = 0$$

$$\sum M_B = 0, F_{Ay}l - \frac{q_0 l}{2}\left(\frac{l}{3}\right) = 0$$

得

$$F_{Ay} = \frac{q_0 l}{6}, \quad F_{By} = \frac{q_0 l}{3}$$

检查

$$\sum F_y = 0, F_A + F_B - \frac{q_0 l}{2} = 0, \frac{q_0 l}{6} + \frac{q_0 l}{3} - \frac{q_0 l}{2} = 0 \text{ 无误}$$

(2) 求截面 1—1 上的剪力和弯矩。取 C 点左部分为研究对象，如图 5.17(b) 所示，即

$$\sum F_y = 0, F_{Ay}l - \frac{1}{2}\left(\frac{q_0 a}{l}\right)a - F_{QC} = 0$$

$$F_{QC} = \frac{q_0 l}{6} - \frac{q_0 a^2}{2l} = \frac{q_0(l^2 - 3a^2)}{6l}$$

$$\sum M_C = 0, F_{Ay}a - \frac{q_0 a^3}{2l}\left(\frac{a}{3}\right) - M_C = 0$$

$$M_C = \frac{q_0 l}{6}a - \frac{q_0 a^3}{6l} = \frac{q_0 a(l^2 - a^2)}{6l}$$

从上面两式可知，当 $l^2 - 3a^2 > 0$ 时，即 $l^2 > 3a^2$，$a < \frac{l}{\sqrt{3}}$ 时，剪力为正值。当 $l^2 - a^2 > 0$ 时，弯矩为正值。因为 a 总是小于 l 值，故 M 总是正值。

以上计算是截面法的基本方法，但在实际计算时，可不必将梁假想地截开，而直接从横截面任一边外力进行计算即可。

横截面上的剪力在数值上等于此截面的左边或右边梁上的外力沿垂直轴线方向投影的代数和。并根据上述对剪力正负号的规定得知，在左边梁向上的外力或右边梁向下的外力应该产生正值剪力；反之，则为负值剪力。

横截面上的弯矩，在数值上等于此截面的左边或右边梁上外力对该截面形心的力矩的代数和。并根据上述对弯矩正负号的规定得知，向上的外力无论在截面的左边或右边均产生正值弯矩，而向下的外力则引起负值弯矩。对于在截面左边梁上的外力偶为顺时针转向，或截面右边梁上的外力偶为逆时针转向，则产生正值弯矩；反之则产生负值弯矩。

下面举例说明直接从所研究的梁截面任意一边梁上的外力，计算剪力和弯矩的方法。

【例 5.3】 梁上受载荷情况如图 5.18 所示，试求截面 1—1 与 2—2 上的剪力和弯矩。

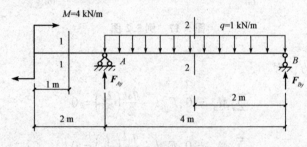

图 5.18 例 5.3 图

解：(1)求支反力，即

$$F_{Ay} = 1 \text{ kN}, \quad F_{By} = 3 \text{ kN}$$

(2)求截面 1—1 与 2—2 上的剪力和弯矩。

均取左边分离体为研究对象，即

截面 1—1：
$$F_{Q1} = 0, \quad M_1 = 4 \text{ kN} \cdot \text{m}$$

截面 2—2：
$$F_{Q2} = F_A - 1 \times 2 = (1-2)(\text{kN}) = -1 \text{ kN}$$
$$M_2 = 4 + F_{Ay} \times 2 - 1 \times 2 \times 1 = (4 + 1 \times 2 - 2)(\text{kN} \cdot \text{m}) = 4 \text{ kN} \cdot \text{m}$$

【例 5.4】 悬臂梁受载荷情况如图 5.19 所示，试求截面 1—1 与 2—2 上的剪力和弯矩。

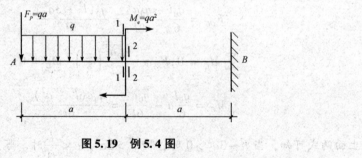

图 5.19 例 5.4 图

解：截面 1—1 为

$$F_{Q1} = -qa - qa = -2qa$$

$$M_1 = -qa^2 - qa\left(\frac{a}{2}\right) = -\frac{3qa^2}{2}$$

截面 2—2 为

$$F_{Q2} = -qa - qa = -2qa$$

$$M_2 = -qa^2 - qa\left(\frac{a}{2}\right) + qa^2 = -\frac{qa^2}{2}$$

5.3 梁的内力图——剪力图和弯矩图

梁横截面上的剪力和弯矩一般是随横截面的位置而变化的。若以平行于梁轴线的横坐标 x 表示横截面位置，以垂直于梁轴线的坐标表示各相应截面上的剪力和弯矩，并设定坐标正方向(一般设 x 轴向右为正，垂直向剪力轴和弯矩轴向上为正)，则各横截面上的剪力和弯矩可表示为横截面位置的函数，即

$$F_s = F_s(x) \tag{5.3}$$
$$M = M(x) \tag{5.4}$$

以上两个函数式分别称为剪力方程和弯矩方程。

取平行于梁轴线横坐标 x 表示梁横截面的位置，垂直于梁轴线纵坐标表示相应截面上的剪力和弯矩，由剪力方程和弯矩方程所画的图线称为剪力图和弯矩图。通过它们可确定剪力和弯矩的最大数值及其所在截面的位置，这对以后的强度计算至关重要。

下面举例说明建立剪力方程、弯矩方程和绘制剪力图、弯矩图的方法。

【例 5.5】 图 5.20 所示的起重机梁受集中力作用。试写出剪力和弯矩方程，并画出剪力图和弯矩图。

解：(1)计算模型如图 5.21 所示。

(2)计算支反力。

$$\sum M_A = 0 \qquad F_B l - Fa = 0$$
$$\sum M_B = 0 \qquad -F_A l + Fb = 0$$

解得 $F_A = \dfrac{Fb}{l}$，$F_B = \dfrac{Fa}{l}$。

图 5.20 起重机梁

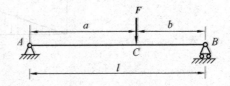

图 5.21 计算模型

(3)列剪力方程和弯矩方程。由于梁上的集中力作用于 C 点，梁左右两段的剪力或弯矩不能用同一个方程表示，故应分段考虑。

AC 段：以 A 为坐标原点，任取一截面，其坐标为 x_1，根据截面左侧梁段上的外力，得

该截面上的剪力和弯矩分别为

$$F_s(x_1) = F_A = \frac{Fb}{l} \qquad (0 < x_1 < a) \tag{a}$$

$$M(x_1) = F_A x = \frac{Fb}{l} x_1 \qquad (0 \leqslant x_1 \leqslant a) \tag{b}$$

BC 段：任取一截面，其坐标为 x_2，根据左侧梁段上的外力，得该截面上的剪力和弯矩分别为

$$F_s(x_2) = F_A - F = \frac{-Fa}{l} \qquad (a < x_2 < l) \tag{c}$$

$$M(x_2) = F_A x_2 - F(x_2 - a) = \frac{Fb}{l} x_2 - F(x_2 - a) \qquad (a \leqslant x_2 \leqslant l) \tag{d}$$

(4)画出剪力图和弯矩图。由式(a)和式(c)可知，AC 和 BC 两段梁的剪力均为常数，因此剪力图为两条平行于 x 轴的直线，如图 5.22(b)所示。在 $a > b$ 的情况下，BC 段上剪力最大，为

$$F_{smax} = \frac{Fa}{l}$$

由式(b)和式(d)可知，$M(x_1)$、$M(x_2)$ 均为 x 的一次函数，因此两段梁上的弯矩图均为斜直线，对每一段梁只要求出两个端点的弯矩值，就可画出弯矩图。

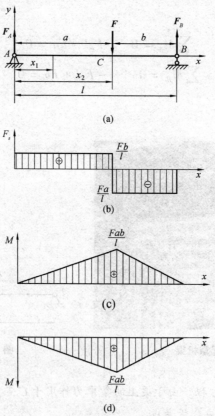

图 5.22 例 5.5 图

AC 段：当 $x_1 = 0$ 时，$M_1 = 0$；$x_1 = a$ 时，$M_1 = \dfrac{Fab}{l}$

BC 段：当 $x_2 = l$ 时，$M_2 = 0$；$x_2 = a$ 时，$M_2 = \dfrac{Fab}{l}$

用直线连接各段值，可分别得两段梁的弯矩图，如图 5.22(c)所示。在集中力作用的 C 处，弯矩值最大为

$$M_{max} = \frac{Fab}{l}$$

可见，在集中力 F 作用处，剪力图有突变，突变值等于集中力 F 的大小，弯矩图有转折。

特别的，为了与后续课程《结构力学》相衔接，梁的弯矩图有所变化，即正值的弯矩画在梁的受拉侧，负值的弯矩画在梁的受压侧。本题中变为，x 轴向右为正，垂直向弯矩轴向下为正，具体弯矩图如图 5.22(d)所示。

【例 5.6】　简支梁 AB 在 C 处受集中力偶 M_e 作用如图 5.23(a)所示，试作梁的剪力图和弯矩图。

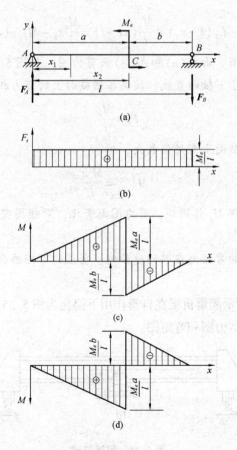

图 5.23　例 5.6 图

解：(1) 计算支座反力。由平衡方程

$$\sum M_B(F) = 0, \quad -F_A l + M_e = 0$$

解得
$$F_A = \frac{M_e}{l} = F_B$$

（2）列剪力方程和弯矩方程。根据梁的受力情况，以集中力偶作用处 C 为界，分段列剪力方程和弯矩方程。

AC 段：以 A 为坐标原点，任取一截面，其坐标为 x_1，由截面左侧梁段上的外力，列剪力方程和弯矩方程为

$$F_s(x_1) = F_A = \frac{M_e}{l} \qquad (0 < x_1 \leqslant a) \tag{a}$$

$$M(x_1) = F_A x_1 = \frac{M_e x_1}{l} \qquad (0 < x_1 \leqslant a) \tag{b}$$

CB 段：任取一截面，其坐标为 x_2，由截面右侧梁段上的外力，列剪力方程和弯矩方程为

$$F_S(x_2) = F_B = \frac{M_e}{l} \qquad (a \leqslant x_2 < l) \tag{c}$$

$$M(x_2) = -F_B(l - x_2) = \frac{M_e}{l}(x_2 - l) = \frac{M_e}{l}x_2 - M_e \quad (a < x_2 \leqslant l) \tag{d}$$

（3）画剪力图和弯矩图。由式（a）和式（c）画剪力图，如图 5.23(b) 所示。AC 和 CB 段梁的剪力图为同一条平行于 x 轴的直线。该梁各横截面上的剪力相同，其值为

$$F_s = \frac{M_e}{l}$$

左侧且离其无限近的截面上弯矩值最大，为

$$|M|_{max} = \frac{M_e a}{l}$$

由图可见，在集中力偶 M_e 作用处，剪力图无变化，弯矩图突变，突变的值等于该集中力偶的力偶矩的大小。

按照前文，如果正值的弯矩画在梁的受拉侧，负值的弯矩画在梁的受压侧，本题弯矩图如图 5.23(d) 所示。

【例 5.7】 图 5.24 所示起重机梁在自重作用下简化为图 5.25(a) 所示的简支梁 AB 受均布载荷 q 作用，试作梁的剪力图和弯矩图。

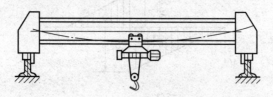

图 5.24 起重机梁

解：（1）计算支座反力。由梁及载荷的对称关系，容易求出两支座反力 $F_A = F_B = \dfrac{ql}{2}$。

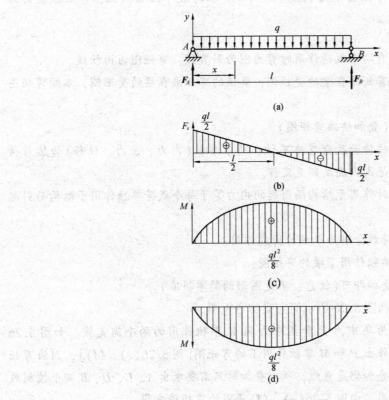

图 5.25 例 5.7 图

(2) 列剪力方程和弯矩方程。以 A 为坐标原点，任取一截面，其坐标为 x，由截面左侧梁段上的外力，列剪力方程和弯矩方程为

$$F_s(x) = F_A - qx = \frac{ql}{2} - qx \qquad (0 < x < l) \tag{a}$$

$$M(x) = F_A x - \frac{q}{2}x^2 = \frac{ql}{2}x - \frac{q}{2}x^2 \qquad (0 \leqslant x \leqslant l) \tag{b}$$

(3) 画剪力图和弯矩图。由式(a)画剪力图如图 5.25(b)所示，剪力图为一斜直线。在支座内侧且离其无限近的截面上剪力值最大，其值 $|F_s|_{\max} = \dfrac{ql}{2}$。

由式(b)知，$M(x)$ 是二次函数，弯矩图为二次抛物线。要确定此曲线，需适当确定曲线上几个点的坐标值。一般求两个端值和一个极值。当 $x = 0$ 时，$M = 0$。当 $x = l$ 时，$M = 0$。极值截面的位置可由式(b)对 x 的一阶导数等于零求得。

由 $\dfrac{\mathrm{d}M(x)}{\mathrm{d}x} = \dfrac{ql}{2} - qx = 0$ 解得：

$x = \dfrac{l}{2}$，代入式(b)得极值为

$$M_{\max} = \frac{ql}{2} \times \frac{l}{2} - \frac{q}{2} \times \left(\frac{l}{2}\right)^2 = \frac{ql^2}{8}。$$

通过此三个对应点，画弯矩图如图5.25(c)所示。在跨度中点截面上，弯矩值最大为 $|M|_{max} = \dfrac{ql^2}{8}$。

由图可见，在某段梁上有均布载荷作用时剪力图为斜直线，弯矩图为抛物线。

按照前文，如果正值的弯矩画在梁的受拉侧，负值的弯矩画在梁的受压侧，本题弯矩图如图5.25(d)所示。

*按叠加原理作弯矩图(叠加法画弯矩图)

前提条件：小变形、梁的跨长改变忽略不计；所求参数(内力、应力、位移)必然与荷载满足线性关系。即在弹性范围内满足胡克定律。

叠加原理：多个载荷同时作用于结构而引起的内力等于每个载荷单独作用于结构而引起的内力的代数和。

步骤：(1)梁上的几个荷载分解为单独的荷载作用；

(2)分别作出各项荷载单独作用下梁的弯矩图；

(3)将其相应的纵坐标叠加即可(注意：不是图形的简单拼凑)。

【例5.8】 试用叠加法画图5.26所示简支梁的弯矩图。

解： 首先把原结构分解为集中力 P 和集中力偶 M 单独作用的两个简支梁，如图5.26(a)、(b)及(c)所示。分别作出 P 和 M 单独作用下的弯矩图[图5.26(e)、(f)]，因为弯矩图是折线组成，直线与直线叠加仍是直线，所以叠加时只需要求出 A、C、D、B 四个控制截面的弯矩图，即可作出弯矩图。由图5.26(e)、(f)两图的弯矩值求得：

$$M_A = M_B = 0, \quad M_C = \frac{2}{3}Pa + \left(-\frac{1}{3}Pa\right) = \frac{1}{3}Pa$$

因此，AB 梁在 P、M 作用下的弯矩如图5.26(d)所示。

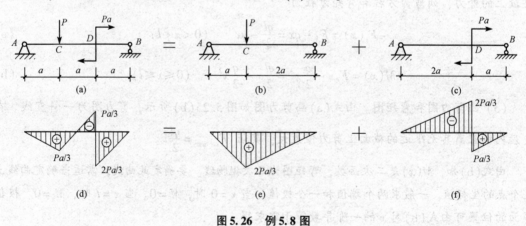

图5.26　例5.8图

5.4　弯矩、剪力及载荷集度间的微分关系

设梁上作用有任意分布载荷[图5.27(a)]，其集度 $q = q(x)$ 是 x 的连续函数，并规定向

上为正。将 x 轴坐标原点取在梁的左端，用坐标为 x 和 $x+dx$ 处的两个横截面 $m—m$ 和 $n—n$ 假想地从梁中取出 dx 微段来分析[图 5.27(b)]。作用在该微段上的分布载荷 $q(x)$ 可认为是均匀的。微段在左侧截面上有剪力 $F_s(x)$ 和弯矩 $M(x)$，在右侧截面上有剪力 $F_s(x)+dF_s(x)$ 和弯矩 $M(x)+dM(x)$。

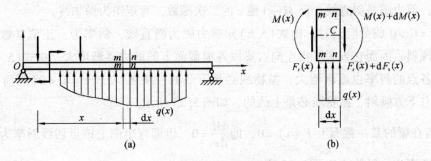

图 5.27　梁上荷载分布

考虑微段平衡，由平衡条件

$$\sum F_{iy}=0 \qquad F_s(x)-[F_s(x)+dF_s(x)]+q(x)dx=0$$

得

$$\frac{dF_s(x)}{dx}=q(x) \tag{5.5}$$

再由平衡条件

$$\sum M_{iC}=0$$

$$-M(x)-F_s(x)dxc\frac{1}{2}q(x)(dx)^2+[M(x)+dM(x)]=0$$

$$dM(x)=F_s(x)dx+\frac{1}{2}q(x)(dx)^2$$

略去二阶微量 $q(x)dx\dfrac{dx}{2}$，得

$$\frac{dM(x)}{dx}=F_s(x) \tag{5.6}$$

如将式(5.6)再对 x 求导数，并利用式(5.5)即得

$$\frac{d^2M(x)}{dx^2}=\frac{dF_s(x)}{dx}=q(x) \tag{5.7}$$

以上三式就是弯矩、剪力和载荷集度之间的微分关系。

式(5.5)和式(5.6)表明：剪力图上任一点切线的斜率等于梁上该点处的载荷集度，弯矩图上任一点切线的斜率等于梁上相应截面处的剪力。

根据 $M(x)$、$F_s(x)$ 和 $q(x)$ 间的微分关系并结合例 5.2、例 5.3、例 5.4 可以得出下列推论：

(1)某段梁上无均布载荷作用，即 $q(x)=0$，由式(5.5)知，在这一段内 $F_s(x)$ 为常数，剪力图是水平线。$M(x)$ 是 x 的一次函数,弯矩图是斜直线。当 $F_s(x) = C > 0$ 时(C 为常数),由式(5.6)知弯矩图曲线的斜率为一正值常数,则斜直线必向右上方倾斜;反之,$F_s(x) = C < 0$,则斜直线必向右下方倾斜,如图 5.25 所示。

(2)若某段梁上有均布载荷作用,即 $q(x) = C$,由式(5.5)知,在这一段内 $F_s(x)$ 是 x 的一次函数,剪力图是斜直线;而 $M(x)$ 是 x 的二次函数,弯矩图为抛物线。

$q(x) = C > 0$ 载荷向上时,由式(5.5)知剪力图为斜直线,斜率为一正值常数,斜直线向右上方倾斜,因而它表明了自左向右梁段各横截面上的剪力逐渐增大。由式(5.6)知弯矩图抛物线各点的斜率也逐渐增大,抛物线必是下凸的;反之,$q(x) = C < 0$(载荷向下)时,斜直线向右下方倾斜,抛物线必是上凸的,如图 5.25 所示。

(3)若在梁的某一截面上 $F_s(x) = 0$,即 $\dfrac{\mathrm{d}M}{\mathrm{d}x} = 0$,也即弯矩图上该点切线斜率为零,则在该截面上弯矩为一极值,如图 5.25 所示。

(4)在集中力作用处,剪力图有突变,突变值等于集中力的大小,突变的方向与集中力的方向一致;弯矩图因剪力的突然变化,其斜率也要发生一突然变化而有一转折,如图 5.22 所示。

(5)在集中力偶作用处,剪力图无变化,弯矩图有突变,突变值等于集中力偶矩的大小。若力偶为顺时针转向,弯矩图向下突变;反之,弯矩图向上突变,如图 5.23 所示。

(6)$|M|_{\max}$ 可能在 $F_s(x) = 0$ 的截面上,也可能在集中力作用处或集中力偶作用处。

利用上述推论不仅可以对由剪力方程、弯矩方程所画的剪力图和弯矩图进行校核,而且可以根据梁的载荷情况和特殊截面上的剪力和弯矩,直接绘制剪力图和弯矩图,其方法是:求出梁的支座反力以后,根据梁上的外力情况将梁分段,并由各段梁上的外力分布情况判断各段梁的剪力图和弯矩图的大致形状,然后求出特殊截面上的 $F_s(x)$、M 值,从而画出全梁的剪力图和弯矩图。下面举例说明。

【例 5.9】 试作出如图 5.28(a)所示简支梁的剪力图和弯矩图。

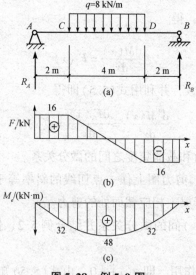

图 5.28 例 5.9 图

解：(1)计算支反力。根据荷载及支座反力的对称性得到

$$R_A = R_B = \frac{8 \times 4}{2} = 16(\text{kN})$$

(2)建立剪力、弯矩方程。根据荷载情况，分 AC、CD、DB 三段分别列出剪力方程和弯矩方程。设坐标轴 x 以支座 A 为原点，三段内的剪力方程、弯矩方程分别为

AC 段：

$$F_Q(x) = R_A = 16$$
$$M(x) = R_A x = 16x$$

CD 段：

$$F_Q(x) = R_A - q(x-2) = 16 - 8(x-2) = 32 - 8x$$

$$M(x) = R_A x - \frac{q}{2}(x-2)^2 = 16x - 4(x-2)^2$$

DB 段：

$$F_Q(x) = -R_B = -16$$
$$M(x) = R_B(8-x) = 16(8-x)$$

(3)绘制剪力、弯矩。根据方程可知，AC、DB 段剪力图为水平直线，弯矩图为斜直线；CD 段剪力图为斜直线，弯矩图为二次抛物线。作出剪力图和弯矩图如图 5.28(b)、(c)所示。由图可见，最大剪力发生在 AC、DB 两端内，最大弯矩发生在跨中横截面上。

【例 5.10】 一外伸梁受均布载荷和集中力偶的作用，如图 5.29(a)所示。试作此梁的剪力图和弯矩图。

解：(1) 计算约束反力。由平衡方程

$$\sum F_y = 0 \qquad -20 \times 1 + F_A - F_B = 0$$

$$\sum M_A(F) = 0 \qquad 20 \times 1 \times 0.5 + 20 - F_B \times 2 = 0$$

解得 $\qquad\qquad\qquad F_A = 35 \text{ kN}, \ F_B = 15 \text{ kN}$

(2) 将梁分段。根据梁上的外力情况将梁分成 CA、AD 和 DB 三段。

(3) 画剪力图。

CA 段：有向下的均布载荷作用，剪力图为一段向右下方倾斜的直线。$F_{sC+} = 0$，$F_{sA-} = -20 \times 1 = -20(\text{kN})$，由此可画出该段梁的剪力图。

AD 段：无分布载荷作用，即 $q(x) = 0$，剪力图为水平线。在 A 处有向上的集中力 F_A 作用，剪力图突变，向上突变的值为 F_A，所以 $F_{sA+} = -20 + 35 = 15(\text{kN})$，由此，画 AD 段梁的剪力图。

DB 段：无均布载荷作用，剪力图为水平线。由于 D 处受集中力偶 M 作用，剪力图无变化，所以剪力图和 AD 段的剪力图为同一水平线。由此画出该段梁的剪力图。全梁的剪力图如图 5.29(b)所示。由图可见，A 截面左侧且离其无限近的截面上剪力值最大 $|F_s|_{\max} = 20 \text{ kN}$。

(4) 画弯矩图。

CA 段：有向下的均布载荷作用，弯矩图为上凸的抛物线。$F_{sC+} = 0$，$F_{sA-} = -20 \times 1 =$

$-20(\mathrm{kN})$，由此画 CA 段梁的弯矩图。

AD 段：无均布载荷作用，弯矩图为斜直线。因 $F_s(x)=15\ \mathrm{kN}>0$，故斜直线向右上方倾斜。A 处受集中力 F_A 作用，剪力图有突变，所以此处截面弯矩图有转折。取 D 截面右侧梁段研究得 $M_D=-15\times1+20=5(\mathrm{kN}\cdot\mathrm{m})$，由此画 AD 段梁的弯矩图。

DB 段：无均布载荷作用，且 $F_s(x)=15\ \mathrm{kN}>0$，所以弯矩图为斜直线且向右上方倾斜。在 D 处有递时针转向的集中力偶作用，其弯矩图向下突变，突变的值为力偶矩的大小，所以，$M_D=5-20=-15(\mathrm{kN}\cdot\mathrm{m})$，$M_B=0$，由此画 BD 段梁的弯矩图。全梁的弯矩图如图5.29(c)所示。由图可见，在 D 截面右侧且离其无限近的截面上弯矩值最大，$|M|_{\max}=15\ \mathrm{kN}\cdot\mathrm{m}$。

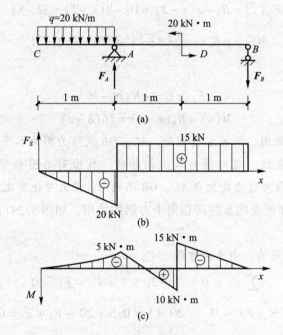

图5.29　例5.10图

5.5　梁内的弯曲应变能

当梁弯曲时，梁内将积蓄应变能。先讨论梁在纯弯曲[图5.30(a)]时的应变能。在弹性体变形过程中，外力所做的功 W 在数值上等于积蓄在弹性体内的应变能 V_ε。梁在纯弯曲时只受外力偶作用。因此，其弯曲应变能 V_ε 在数值上就等于作用在梁上的外力偶所做的功 W。

梁在纯弯曲时各横截面上弯矩 M 都等于外力偶矩 M_e，即常数。梁长为 l，当梁在线弹性范围内工作时，梁轴线在弯曲后将成一曲率为 $\kappa=\dfrac{1}{\rho}=\dfrac{M}{EI}$ 的圆弧（梁轴线的曲率在第6章中作详细介绍），其所对的圆心角为

$$\theta=\frac{l}{\rho}=\frac{Ml}{EI} \tag{a}$$

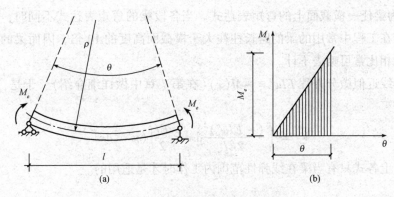

图 5.30　梁在纯弯曲时的应变能

或

$$\theta = \frac{M_e l}{EI} \tag{b}$$

由式(b)得知，θ 与 M_e 间的关系可由图 5.30(b)所示的直线表示。直线下的三角形面积就代表外力偶所做的功 W，即

$$W = \frac{1}{2} M_e \theta$$

从而得纯弯曲时梁的弯曲应变能为

$$V_\varepsilon = \frac{1}{2} M_e \theta \tag{c}$$

由于 $M = M_e$，故式(c)又可改写为

$$V_\varepsilon = \frac{1}{2} M \theta \tag{d}$$

将式(b)和式(a)中的 θ 分别代入式(c)和式(d)，即得

$$V_\varepsilon = \frac{M_e^2 l}{2EI} \tag{5.8a}$$

和

$$V_\varepsilon = \frac{M^2 l}{2EI} \tag{5.8b}$$

在横梁弯曲时，梁内应变能包含与弯曲变形相应的弯曲应变能和与剪切变形相应的剪切应变能两个部分。对于弯曲应变能，取长为 dx 的梁段(图 5.31)，其相邻两横截面上的弯矩应分别为 $M(x)$ 和 $M(x) + dM(x)$，而弯矩的增量为一阶无穷小，可略去不计，于是可按式(5.8b)计算其弯曲应变能为

$$dV_\varepsilon = \frac{M^2(x)}{2EI} dx$$

全梁的弯曲应变能则可通过积分求得为

$$V_\varepsilon = \int_l \frac{M^2(x)}{2EI} dx \tag{5.9}$$

式中，$M(x)$ 为梁任一横截面上的弯矩表达式。当各段梁的弯矩表达式不同时，积分也须分段进行。由于在工程中常用的梁的跨长往往大于横截面高度的 10 倍，因而梁的剪切应变能与弯曲应变能相比常可略去不计。

根据挠曲线近似微分方程 $EIw'' = -M(x)$（在第 7 章中做详细介绍），于是，式(5.9)可写为

$$V_\varepsilon = \int_l \frac{(-EIw'')^2}{2EI}dx = \frac{EI}{2}\int_l (w'')^2 dx \qquad (5.10)$$

显然，以上各式只有当梁在线弹性范围内工作时才是适用的。

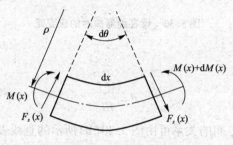

图 5.31　梁弯曲

【例 5.11】　弯曲刚度为 EI 的悬臂梁受一集中荷载 F 作用，如图 5.32 所示。试求梁内积蓄的弯曲应变能 V_ε，并利用功能原理求 A 端的挠度 w_A。

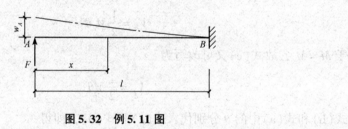

图 5.32　例 5.11 图

解：梁任一横截面上的弯矩为

$$M(x) = Fx$$

代入式(5.9)，经过积分即得梁内的应变能为

$$V_\varepsilon = \int_0^l \frac{F^2 x^2}{2EI}dx = \frac{F^2 l^3}{6EI}$$

荷载 F 所做的功为

$$W = \frac{1}{2}Fw_A$$

应与梁内的应变能 V_ε 相等，即

$$\frac{1}{2}Fw_A = \frac{F^2 l^3}{6EI}$$

由此可得 A 端的挠度为

$$w_A = \frac{Fl^3}{3EI}$$

以上求得的 w_A 为正值, 由功的概念可知, w_A 与力 F 的指向相同(即向上)。

平面刚架和曲杆的内力图

某些机器的机身, 如压力机框架、轧钢机机架等, 是由几根直杆组成的, 而组成机架的各部分在其连接处的夹角不能改变, 即在连接处各部分不能相对转动。这种连接称为刚节点, 如图 5.33 中的节点 B 所示。与铰节点的区别在于刚节点可以抵抗弯矩。由刚节点连接成的框架结构称为刚架。除上述机架外, 各种建筑物中, 钢筋混凝土刚架就更为常见。

平面刚架是由位于同一平面内、不同取向的杆件, 通过杆端刚性连接而组成的结构。平面刚架中各杆的内力, 除剪力、弯矩外, 还有轴力。轴力仍以拉为正, 剪力和弯矩的正负号规定如下: 设想人站在刚架内部环顾刚架各杆, 则剪力、弯矩的正负号与梁的规定相同。作内力图的步骤与前述相同, 但因刚架是由不同取向的杆件组成, 为了能表示内力沿各杆轴线的变化规律, 习惯上服从下列约定:

轴力图和剪力图: 画在刚架轴线的任一侧, 注明正负号。

弯矩图: 画在杆件受压一侧, 不注明正负号(对于土建类专业, 习惯上将正弯矩画在各杆受拉一侧)。

【例 5.12】 如图 5.33(a)所示的刚架下端固定, 在其轴线平面内承受集中载荷作用。试作刚架的内力图。

解: (1)求支座约束力。由于此例有一个自由端, 由此处开始计算即可, 不必求支座约束力。

(2)列内力方程。取包含自由端的左部分为研究对象[图 5.33(a)], 列出各杆的内力方程为

AB 段($0 \leqslant x_1 \leqslant a$): 与悬臂梁的情况相似, 在截面 x_1 处, 设出该截面的内力, 由平衡方程得内力方程为

$$F_N(x_1) = 0$$
$$F_s(x_1) = F$$
$$M(x_1) = Fx_1$$

BC 段($0 \leqslant x_2 \leqslant \frac{3}{2}a$): 在截面 x_2 处, 取截面上方的部分为研究对象, 并设出该截面的内力, 如图 5.33(b)所示, 由平衡方程解得内力方程为

$$F_N(x_2) = F$$
$$F_s(x_2) = -F$$
$$M(x_2) = Fa - Fx_2$$

(3)作内力图。根据各段杆的内力方程, 即可绘制出轴力图、剪力图和弯矩图, 分别如图 5.33(c)、(d)、(e)所示。

平面刚架的每一杆与梁类似, 也可以不写内力方程, 直接用微分、积分关系画内力图。

还有一些构件，如吊钩、链环、拱等，一般都有一个纵向对称面，其轴线为平面曲线，称为平面曲杆或平面曲梁。当载荷作用于纵向对称平面内时，曲杆将发生弯曲变形。这时横截面上的内力一般有弯矩、剪力和轴力。对静定曲杆，仍可用截面法求曲杆内力，即用假想的横截面将曲杆分成两部分，利用其中任一部分的平衡方程就可求出横截面上的内力。

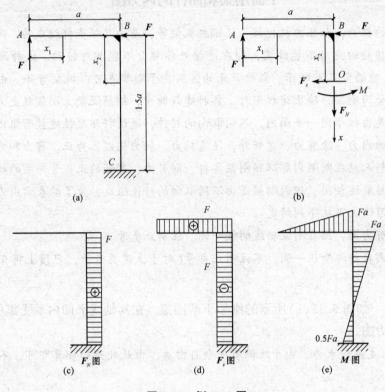

图 5.33　例 5.12 图

【例 5.13】　图 5.34(a)所示的曲杆，其轴线为 1/4 圆弧，半径为 R，A 端为固定端，在自由端 B 受到位于曲杆平面内的竖向载荷 F 作用。试作曲杆的内力图。

解：对环状曲杆，应用极坐标，取环的中心 O 为极点，用圆心角 φ 表示任意截面的位置。假想将曲杆切开，研究其右端平衡[图 5.34(b)]。该截面轴力、剪力的正负号规定同平面刚架，对弯矩的正负号规定为：使轴线曲率增加的弯矩为正；反之为负。由保留部分的平衡，可写出平衡方程

$$\sum F_N = 0, F_N + F\sin\varphi = 0$$

$$\sum F_s = 0, F_s - F\cos\varphi = 0$$

$$\sum M_C = 0, M - FR\sin\varphi = 0$$

可得

$$F_N = -F\sin\varphi, \quad F_s = F\cos\varphi, \quad M = FR\sin\varphi$$

根据以上三式画出相应的轴力图、剪力图和弯矩图如图 5.34(c)、(d)、(e)所示。必须注意，任一截面的内力值，均应沿曲杆轴线的法线方向量取。

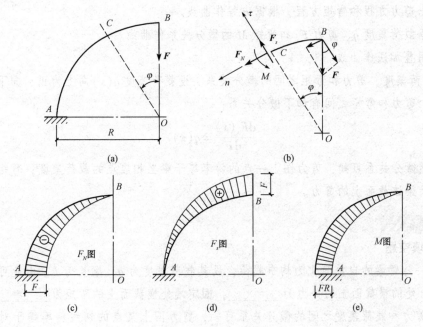

图 5.34 例 5.13 图

本章小结

本章结合有限元思想，将梁弯曲变形的全过程通过 ABAQUS 有限元结构分析软件数值模拟的方式体现出来，从中得出随着荷载的不断增加，矩形截面梁逐渐弯曲，中间部位最先出现弯曲，且逐渐向两端扩展的变形情况。主要讨论了梁在弯曲变形时的内力，包括弯矩和剪力的大小及符号的规定、剪力和弯矩方程的建立、剪力图和弯矩图的绘制方法、讨论了利用载荷集度、剪力、弯矩之间的微分关系快速绘制和检查剪力图与弯矩图的方法及利用叠加法绘制梁的内力图。

（1）梁的简化和基本形式。梁的支承情况和载荷情况各种各样，通常用一个计算简图代替梁。在分析梁的内力和变形时，用梁的轴线来代替梁。梁上的作用载荷可简化为集中力、集中力偶和分布载荷。常见的梁的支座有固定端、固定铰支座及可动铰支座。根据支座的不同，静定梁有三种基本形式，即简支梁、悬臂梁、外伸梁。

（2）剪力和弯矩。

1）梁横截面上的内力可用截面法求得。某截面上的剪力在数值上等于该截面一侧所有外力的代数和，截面上的弯矩在数值上等于该截面一侧所有外力对该截面形心的力矩的代数和。

2）剪力和弯矩的符号规定为：剪力绕该段梁顺时针转动时为正，逆时针转动时为负。使梁上凹下凸变形时弯矩为正，反之为负，即向上的外力产生正的弯矩，向下的外力产生负的弯矩。

（3）剪力图和弯矩图。为了表示梁上各截面剪力和弯矩沿梁轴线的变化情况，通常以截面沿梁轴线的位置为横坐标，以横截面上的剪力或弯矩为纵坐标，绘制出表示剪力和弯矩大小的图线，称为梁的剪力图和弯矩图。画剪力图和弯矩图有以下 3 种常用方法：

1) 列出剪力方程和弯矩方程, 根据方程作曲线。

2) 根据载荷集度 q、剪力 F_s 和弯矩 M 的微分关系作曲线。

3) 利用叠加法作曲线。

(4) 载荷集度、剪力和弯矩之间的微分关系。设载荷集度 $q(x)$ 向上为正、向下为负, 则载荷集度、剪力和弯矩之间有如下微分关系:

$$\frac{\mathrm{d}F_s(x)}{\mathrm{d}x} = q(x)$$

由上述微分关系可知, 剪力图上一点的斜率等于梁上相应点的载荷集度; 弯矩图上一点的斜率等于梁该截面上的剪力。

习 题

5.1 填空题

1. 将一悬臂梁的自重简化为均布载荷, 设其载荷集度为 q, 梁长为 L, 由此可知在距离固定端 $2/L$ 处的横截面上的剪力为_____, 固定端处横截面上的弯矩为_____。

2. 由剪力和载荷集度之间的微分关系可知, 剪力图上某点的切线斜率等于对应于该点的_____。

3. 设载荷集度 $q(x)$ 为截面位置 x 的连续函数, 则 $q(x)$ 是弯矩 $M(x)$ 的_____。

4. 梁的弯矩图为二次抛物线时, 若分布载荷方向向上, 则弯矩图为_____的抛物线。

5. 弯矩图的凹凸方向可由分布载荷的_____确定。

5.2 判断题

1. 按静力学等效原则, 将梁上的集中力平移不会改变梁的内力分布。 (　　)

2. 当计算梁的某截面上的剪力时, 截面保留一侧的横向外力向上时为正, 向下时为负。 (　　)

3. 当计算梁的某截面上的弯矩时, 截面保留一侧向上的横向外力对截面形心取的矩一定为正。 (　　)

4. 梁端铰支座处无集中力偶作用, 该端的铰支座处的弯矩必为零。 (　　)

5. 若连续梁的连接铰处无载荷作用, 则该铰的剪力和弯矩为零。 (　　)

5.3 简答题

1. 在写剪力、弯矩方程时, 在何处需要分段?

2. 如图 5.35 所示的梁上作用分布载荷, 在求梁的内力时, 什么情况下可以用静力等效的集中力代替分布载荷? 什么情况下不可以?

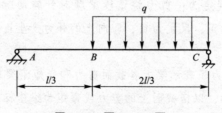

图 5.35　题 5.3(2) 图

3. 为什么在集中力偶作用处，梁的剪力图没有变化，而弯矩图发生突变？

4. 如图5.36所示简支梁上的载荷为三角形分布，则 AC 段的剪力图和弯矩图分别为水平线、斜直线、二次抛物线还是三次抛物线？

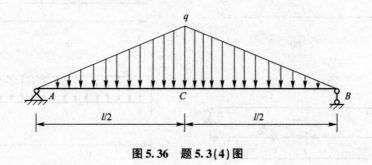

图 5.36　题 5.3(4) 图

5.4　实践应用题

1. 试求图 5.37 所示各梁指定截面上的剪力和弯矩。

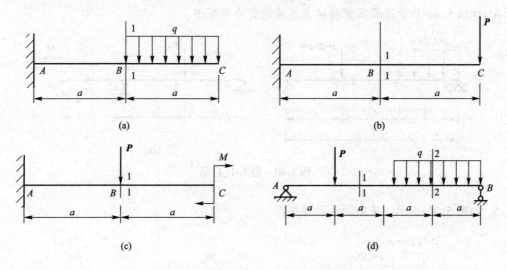

图 5.37　题 5.4(1) 图

2. 试求图 5.38 中 A、B、C 处的约束力。其中 $q = 10 \ \text{kN/m}$，$M = 10 \ \text{kN/m}$。（本题试用有限元软件求解）

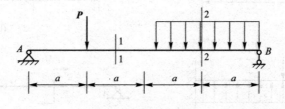

图 5.38　题 5.4(2) 图

3. 列出图 5.39 中的剪力、弯矩方程，并画出剪力弯矩图。

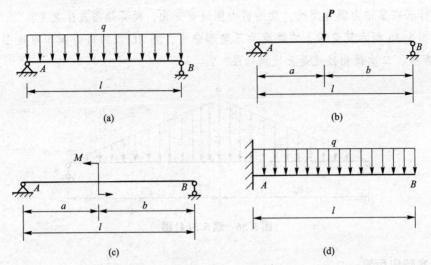

图 5.39　题 5.4(3)图

4. 如图 5.40 所示,画出带铰接点的梁的剪力弯矩图。

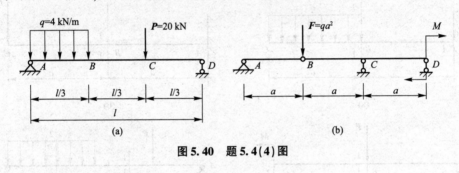

图 5.40　题 5.4(4)图

5. 如图 5.41 所示,用叠加法画弯矩图。

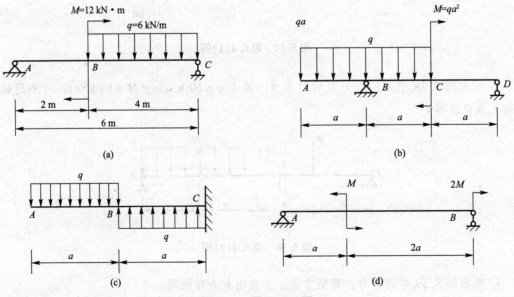

图 5.41　题 5.4(5)图

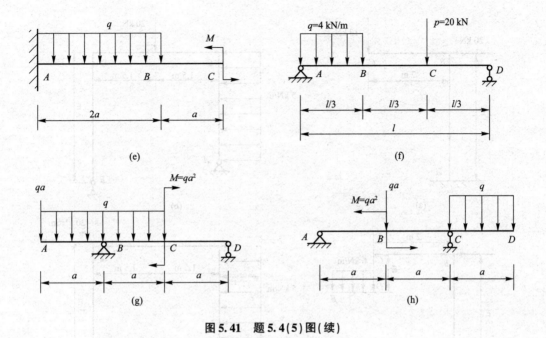

图 5.41　题 5.4(5)图(续)

6. 如图 5.42 所示，根据剪力图或弯矩图求出荷载简图。

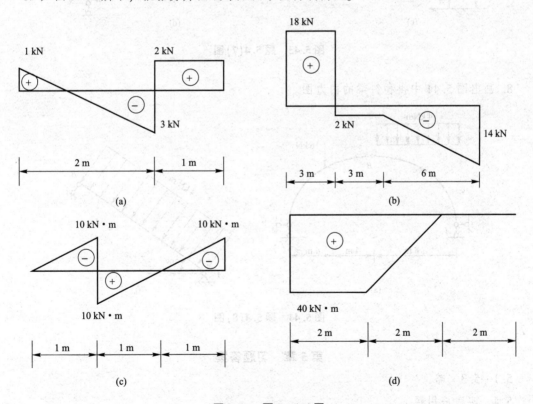

图 5.42　题 5.4(6)图

7. 求出图 5.43 中刚架内力图。

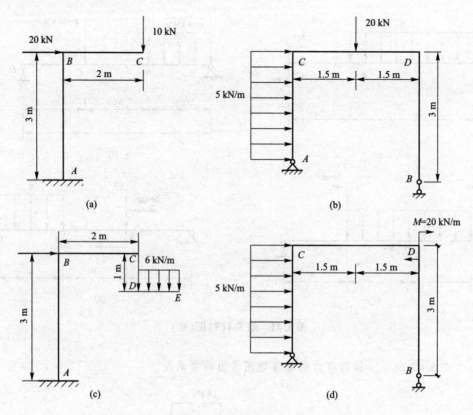

图 5.43　题 5.4(7)图

8. 画出图 5.44 中拱和斜梁的内力图。

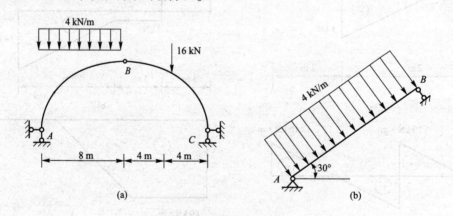

图 5.44　题 5.4(8)图

第 5 章　习题答案

5.1—5.3　略

5.4　实践应用题

1. (a) $F_Q = qa$，$M = -\dfrac{1}{2}qa^2$；(b) $F_Q = P$，$M = -Pa$；

(c) $F_Q = P$, $M = -M$; (d) 截面 1—1: $F_Q = \dfrac{2a^2q + 3P}{4a} - P$, $M = \dfrac{b(2a^2q + 3P)}{4a} - P(b - a)$;

截面 2—2: $F_Q = qa - \dfrac{6qa^2 + Pa}{4a}$, $M = \dfrac{6qa^2 + qa}{4} - \dfrac{1}{2}qa^2$。

2. $F_B = 7.5$ kN, $F_C = 2.5$ kN, $F_{Ay} = 2.5$ kN, $M_A = -5$ kN·m。

3. $F_Q(x) = \dfrac{pb}{l}(0 \leqslant x < a)$, $F_Q(x) = -\dfrac{pa}{l}(a \leqslant x \leqslant l)$。

$M(x) = \dfrac{pb}{l}x(0 \leqslant x \leqslant a)$, $M(x) = \dfrac{pa}{l}(l - x)(a \leqslant x \leqslant l)$。

$F_Q(x) = \dfrac{ql}{2} - qx(0 \leqslant x \leqslant l)$, $M(x) = \dfrac{qlx}{2} - \dfrac{qx^2}{2}$, $(0 \leqslant x \leqslant l)$。

$F_Q(x) = \dfrac{M_e}{l}(0 \leqslant x \leqslant l)$, $M(x) = \dfrac{M}{l}x(0 \leqslant x \leqslant a)$, $M(x) = -\dfrac{M}{l}(l - x)(a \leqslant x \leqslant l)$。

$F_Q(x) = qx(0 \leqslant x \leqslant l)$, $M(x) = -\dfrac{qx^2}{2}(0 \leqslant x \leqslant l)$。

剪力弯矩图略。

4. 剪力弯矩图略。

5. 弯矩图略。

6. 荷载简图略。

7. 内力图略。

8. 内力图略。

第 6 章

弯曲应力

本章重点

本章的主要内容是结合有限元思想，采用 ABAQUS 有限元结构分析软件模拟梁弯曲变形时的应力变化全过程，将抽象变形融合三维有限元模型，研究梁应力在横截面上的分布规律，导出弯曲应力的计算公式，并着重于弯曲应力的分析和计算，在此基础上讨论梁的强度计算及相关问题。学习重点是弯曲应力分析及强度计算。

案例：工字钢梁弯曲时内部应力

如图 6.1 所示为工字钢梁，也称钢梁，工程应用中主要承受横向力和剪力，常见的梁的横截面形式还有矩形、圆形及薄壁圆环形等。前一章详细讨论了梁横截面上的剪力和弯矩，弯矩是垂直于横截面的内力系的合力偶矩；而剪力是切于横截面的内力系的合力。一般情况下，梁的横截面上同时存在着弯矩和剪力两种内力。由于弯矩 M 是由法向内力系 σdA 合成的，剪力 F_s 是由切向内力系 τdA 合成的，因此，梁的横截面上同时存在着正应力 σ 和切应力 τ，梁横截面上各点的应力分布规律是解决梁的强度问题的关键。

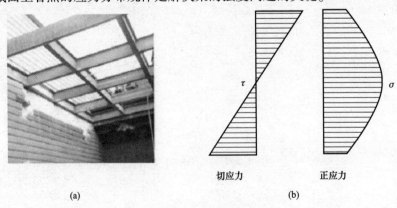

(a)   (b)

图 6.1 工字钢梁

（a）工字钢梁；（b）受力特征

6.1　梁弯曲时的正应力

6.1.1　弯曲的基本概念

　　工程上常见的梁，其横截面都具有对称轴，如图 6.2(a)所示，各截面对称轴形成一个纵向对称面，若梁上的所有外力(包括外力偶)都作用在梁的纵向对称平面内，梁的轴线将在其纵向对称平面内弯成一条平面曲线，如图 6.2(b)所示，梁的这种弯曲称为平面弯曲或对称弯曲。它是弯曲问题中最常见、最基本的一种弯曲变形。若构件不具有纵向对称面，或虽有纵向对称面但外力不作用在纵向对称面时的弯曲变形，称为非对称弯曲。

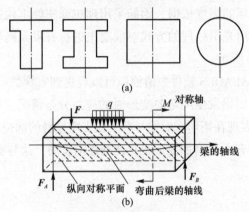

图 6.2　梁截面及其力学模型

(a)横截面特征；(b)力学模型

　　如图 6.3(a)所示的厂房，将厂房顶简化为如图 6.3(b)所示的外伸梁，它的剪力弯矩图如图 6.3(c)、(d)所示。在图中 AC、DB 两段梁弯曲时，各横截面上既有剪力又有弯矩，这种弯曲称为横力弯曲。而 CD 段梁，各横截面上剪力为零，而弯矩为常数，这种弯曲称为纯弯曲。

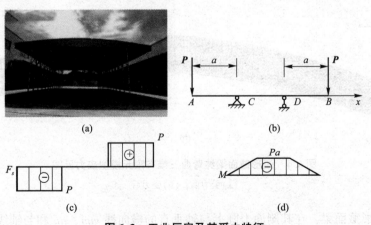

图 6.3　工业厂房及其受力特征

(a)工业厂房；(b)力学模型；(c)轴力图；(d)弯矩图

6.1.2　纯弯曲梁横截面上的正应力

为解决梁的强度问题，必须研究梁横截面上各点的应力分布规律，确定应力计算公式。由于纯弯曲能反映弯曲变形的实质，且横截面上的应力情况较为简单，故本节先采用ABAQUS有限元结构分析软件对梁弯曲进行数值模拟，揭示梁发生纯弯曲变形时的应力变化情况，然后研究梁发生纯弯曲变形时横截面上的正应力计算，最后推广到横力弯曲变形。由于此问题仅仅利用静力学知识无法解决，故同分析圆轴扭转时横截面上的应力一样，需综合考虑变形、物理和静力学三个方面。

采用ABAQUS有限元结构分析软件模拟矩形截面梁纯弯曲，梁尺寸为100 mm × 300 mm × 3 000 mm，加载方式为两端铰支，对上表面施加对称的集中荷载，采用修正后的摩尔库伦准则作为单元破坏的强度依据，钢筋采用理想弹塑性本构进行描述。有限元网格划分时对配筋单独定义，采用光滑处理的方式对混凝土进行有限元网格划分，未发生变形的三维有限元模型如图6.4(a)所示。

采用有限元思想进行ABAQUS软件数值模拟可以观察到实物试验中难以显示的中间结果，如图6.4(b)所示为矩形截面梁发生纯弯曲变形时的应力分布情况，从图中可以看出，在加载的过程中，应力集中主要表现在矩形截面梁与两个铰支座接触的部位，应力逐渐由未变形时的0 MPa增加到2.046 MPa，随后的弯曲变形也从此处逐渐发展，这与实际情况基本相符。

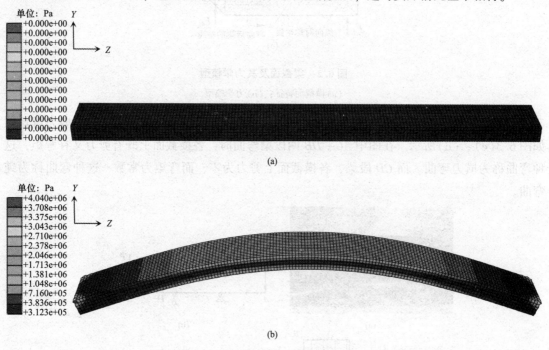

图6.4　矩形截面梁纯弯曲三维有限元模型应力云图

(a)受力前；(b)受力后

取一根矩形截面梁，在其侧面上画上与轴垂直的横向线 mm、nn 和与轴线平行的纵向线 aa、bb，如图6.5(a)所示，然后在梁两端的纵向对称平面内施加一对等值、反向的力偶 M_e，使梁产生纯弯曲，如图6.5(b)所示，这时可观察到如下变形现象：

（1）横向线 mm、nn 仍为直线，并与变形后梁的轴线垂直，只是相对转动了一个微小的角度。

（2）所有纵向线变成曲线，仍保持平行；上、下部分的纵向线分别缩短和伸长［图6.5(b)］，根据以上现象，对梁的变形做以下假设：

梁变形后，横截面仍保持为平面，且垂直于变形后的轴线。这就是梁纯弯曲的平面假设。各纵向线代表纵向纤维，变形后有的伸长，有的缩短，但其间距不变，因此，还可假设各纵向纤维之间无挤压，它们只受简单的拉伸或压缩。

根据上述观察到的现象和假设，可推想到：从凸侧纤维的伸长过渡到凹侧纤维的缩短，由于材料和变形的连续性，其间必有一层既不伸长也不缩短的纵向纤维层，称为中性层。中性层与横截面的交线称为中性轴，如图6.5(c)所示，梁弯曲时横截面绕中性轴旋转。在平面弯曲中，中性轴与载荷作用的纵向对称面垂直。

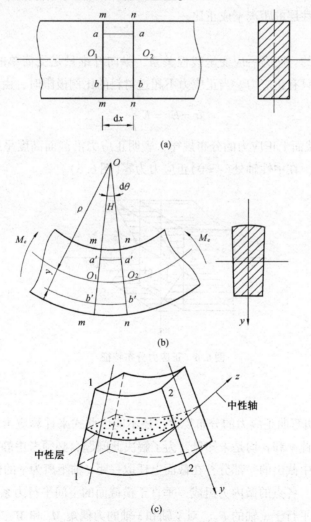

图6.5　矩形梁截面受力模型

（a)研究单元选取；（b)受弯计算模型；（c)中性层示意

除此之外，还可推断：梁变形后，横截面仍垂直于轴线，梁侧面上的矩形，在纵向线伸长区，梁的宽度减小，在纵向线缩短区，梁的宽度增大。

1. 几何关系

用截面 m—m、n—n 从梁中取出长为 dx 的微段来研究，如图6.5(a)所示，取截面对称轴为 y，中性轴为 z，梁的轴线为 x。梁弯曲后，截面 m—m、n—n 绕中性轴相对转动，其转角为 $d\varphi$，中性层变为弧线 O_1O_2，其曲率半径为 ρ，如图6.5(b)所示，现分析距中性层为 y 的纵向纤维 bb 的变形。

变形前 $bb = \overline{O_1O_2}$；变形后 $b'b' = (\rho + y)d\varphi$

因此 bb 纤维的线应变为

$$\varepsilon \frac{(\rho + y)d\varphi - bb}{bb} = \frac{(\rho + y)d\varphi - \rho d\varphi}{\rho d\varphi} = \frac{y}{\rho} \tag{6.1}$$

当梁内各截面的弯矩一定时，中性层曲率半径 ρ 为常量。所以，式(6.1)表明纵向纤维的线应变 ε 与其到中性层的距离 y 成正比。

2. 物理关系

考虑变形是弹性的，应力—应变呈线性关系，纵向纤维只是受简单的拉伸(或压缩)作用，所以，横截面上只有正应力。当正应力不超过材料的比例极限时，由胡克定律知

$$\sigma = E\varepsilon = E\frac{y}{\rho} \tag{6.2}$$

式(6.2)说明了截面上正应力的分布规律，表明正应力沿截面高度呈线性变化，距中性轴越远，应力值越大，在中性轴处($y = 0$)正应力为零(图6.6)。

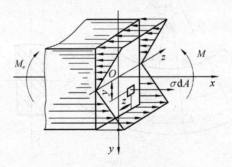

图6.6 正应力分布特征

3. 静力学关系

式(6.2)只能说明弯曲正应力的分布规律，还不能由此式来计算应力。这是因为中性轴的位置还不知道，因此 y 和 ρ 均是未知量。为了解决此问题，必须考虑静力平衡条件。

图6.6所示为梁中截出的一部分，在截面上任取一距 z 轴距离为 y 的微面积 dA，作用在其上的微内力为 σdA，各点的微内力组成一垂直于横截面的空间平行力系，这一内力系可能组成三个内力分量：平行于 x 轴的 F_N，对 y 轴和 z 轴的力偶矩 M_y 和 M_z。它们分别为

$$F_N = \int_A \sigma dA, M_y = \int_A z\sigma dA, M_z = \int_A y\sigma dA$$

由于梁纯弯曲时，横截面上只有弯矩 M，于是有

$$F_N = \int_A \sigma dA = 0 \tag{6.3}$$

$$M_y = \int_A \sigma dA = 0 \tag{6.4}$$

$$M_z = \int_A y\sigma dA = M \tag{6.5}$$

将式(6.2)代入式(6.3)，得

$$\int_A \sigma dA = \int_A E \frac{y}{\rho} dA = \frac{E}{\rho} \int_A y dA = 0$$

式中，$\dfrac{E}{\rho}$ 是常量不可能为零，所以要使上式成立，必有 $\int_A y dA = y_c A = S_z = 0$，$S_z$ 称为整个横截面对中性轴 z 的静矩，式中，y_c 表示该截面形心的坐标。这表明，中性轴 z 必然通过截面的形心。这就完全确定了中性轴的位置，由于截面的对称轴 y 也必定通过截面的形心，所以截面上所选的坐标原点 O 就是截面的形心。同时，也确定了 x 轴通过截面形心且垂直于截面，与变形前的梁轴重合。既然中性轴通过截面形心又包含在中性层内，所以，梁截面的形心连线(轴线)也在中性层内，变形后轴线的长度不变。

将式(6.2)代入式(6.4)，有

$$M_y = \int_A z\sigma dA = \frac{E}{\rho} \int_A yz dA = 0$$

式中，令 $\int_A yz dA = I_{yz}$，称为横截面对 y、z 轴的惯性积，由于 y 轴是横截面的对称轴，必有 I_{yz}，所以，上式自然满足。

将式(6.2)代入式(6.5)得

$$\int_A y\sigma dA = \frac{E}{\rho} \int_A y^2 dA = M$$

令 $\int_A y^2 dA = I_z$，它只是与横截面形状和尺寸有关的几何量，称为截面对中性轴 z 的惯性矩，单位为长度的四次方，常用 mm^4。于是上式可写为

$$\frac{1}{\rho} = \frac{M}{EI_z} \tag{6.6}$$

式(6.6)是用曲率 $\dfrac{1}{\rho}$ 表示的弯曲变形公式，它表明在指定的截面处，梁轴线的曲率 $\dfrac{1}{\rho}$ 与弯矩 M 成正比，与 EI_z 成反比。当弯矩一定时，EI_z 越大，则 $\dfrac{1}{\rho}$ 越小，即弯曲程度越小，故 EI_z 表征梁的材料和截面对弯曲变形的抵抗能力，称为梁的弯曲刚度。

将式(6.2)代入式(6.6)，得纯弯曲时横截面上任一点的正应力计算公式为

$$\sigma = \frac{My}{I_z} \tag{6.7}$$

应用式(6.7)时，通常将 M 和 y 代入绝对值，应力是拉还是压，可由该点位于凸侧或是凹侧直观判定。关于梁的变形即何侧为凸、何侧为凹，可由弯矩的正负来判断，当弯矩为正

时，中性轴上侧凹、下侧凸。

6.1.3 横力弯曲时梁横截面上的正应力

对于工程上常见的受横力弯曲的梁，在弯曲时横截面不再保持平面，其上除正应力外，还有切应力，同时，在与中性层平行的纵截面上还有由横向力引起的挤压应力。尽管如此，进一步的理论分析表明，对于跨长与横截面高度之比 $\dfrac{l}{h} > 5$ 的细长梁，应用式(6.7)计算横力弯曲梁的正应力，其误差甚微。因此，式(6.7)同样适用于横力弯曲的梁。

【**例 6.1**】 如图 6.7 所示的简支梁，梁的横截面为矩形，跨长为 3 m，均布荷载，求截面竖放时，危险截面 a、b 两点的正应力。

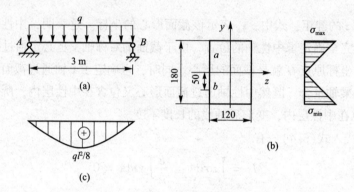

图 6.7 例 6.1 图

解：方法一(理论计算法)

(1) 作弯矩图，跨中截面弯矩最大，为危险截面。最大弯矩为

$$M_{max} = \frac{1}{8}ql^2 = \frac{1}{8} \times 35 \times 3^2 = 39.4(\text{kN} \cdot \text{m})$$

(2) 竖放时，z 轴为中性轴。

$$I_z = \frac{bh^3}{12} = \frac{1}{12} \times 120 \times 180^3 \times 10^{-12} = 58.3 \times 10^{-6}(\text{m}^4)$$

a 点距 z 轴为

$$y_a = y_{max} = 90 \text{ mm}$$

所以

$$\sigma_a = \frac{M_{max}}{I_z}y_a = \frac{39.4 \times 10^3 \times 90 \times 10^{-3}}{58.3 \times 10^{-6}} = 60.8 \times 10^6(\text{N/m}^2) = 60.8 \text{ MPa}$$

由于该截面弯矩为正值，即梁在该截面的变形为凸边向下，故中性轴以下为受拉，以上为受压，而且 $y_a = y_{max}$，故 σ_a 为最大压应力。

b 点距中性轴 $y_b = 50$ mm，根据上面的分析，该点为拉应力

$$\sigma_b = \frac{M_{max}}{I_z}y_b = \frac{39.4 \times 10^3 \times 50 \times 10^{-3}}{58.3 \times 10^{-6}} = 33.8(\text{MPa})$$

方法二(有限元计算法)

经有限元建模,可得该简支梁的 $\sigma_a = 60.77$ MPa, $\sigma_b = 32.22$ MPa,与理论计算结果十分接近。同时,通过有限元模型,可以清晰地看出该简支梁的应力分布特征。

由以上两种解法可以对比出两种计算方法的差异:首先,理论计算法的精确度明显没有有限元法高,这主要碍于理论计算的公式主要由学者在大量的试验基础上加以总结推导,其公式和数据处理是基于一定的理想模型和近似处理。而有限元法基于高等连续介质力学理论,对物质的本构关系用数学形式确定下来,并在给定的初始条件和边界条件下应用计算机求出问题的解答。

再者,理论计算可以有效地使从业人员掌握相关理论知识,从根本上建立力学知识概念体系,利于科研人员从事力学理论体系的推导。数值仿真可以使行业内的绝大部分人直观地感受工程结构是如何受外荷载变形的,哪些部位受力多,从另一个角度加深对于理论计算的理解。例如,从理论公式上可以知道弯矩最大处为危险截面,但不能很好地理解这是为什么,由本题的应力云图,就很容易看出梁承受荷载后的静力状态。两种方法各有利弊,对于长久从事相关行业的人员来说,深入掌握两种方法,才能更精准地分析工程项目的特点(图6.8)。

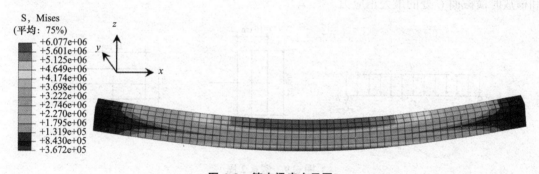

图6.8 简支梁应力云图

6.2 弯曲正应力的强度条件

对等直梁而言,由式(6.7)可知,其最大正应力发生在弯矩最大截面(危险截面)距中性轴最远的各点处,计算式为

$$\sigma_{max} = \frac{M_{max} y_{max}}{I_z} \tag{6.8}$$

当截面关于中性轴对称时,令 $W_z = \dfrac{I_z}{y_{max}}$,则式(6.8)可写为

$$\sigma_{max} = \frac{M_{max}}{W_z} \tag{6.9}$$

式中, W_z 称为抗弯截面系数,其值取决于截面形状和尺寸,单位为长度的三次方,常用 mm^3。

对于细长梁，弯曲正应力为主要应力。通常，梁内最大弯曲正应力 $\sigma_{\max}$ 不超过材料的许用应力 $[\sigma]$，就可保证安全，由此可得梁弯曲时的正应力强度条件为

截面相对中性轴对称的梁

$$\sigma_{\max} = \frac{M_{\max}}{W_z} \leqslant [\sigma] \qquad\qquad (6.10)$$

截面相对中性轴不对称的梁

$$\sigma_{\max} = \frac{My}{I_z} \leqslant [\sigma] \qquad\qquad (6.11)$$

对于等截面梁，$\sigma_{\max}$ 发生在具有最大弯矩 $M_{\max}$ 的截面上，且离中性轴最远的各点处，这些点称为危险点。对于变截面梁，$\sigma_{\max}$ 不一定发生在弯矩最大的截面上，需进行计算比较。

用 $[\sigma_t]$ 表示许用拉应力，$[\sigma_c]$ 表示许用压应力，对于塑性材料：$[\sigma_t] = [\sigma_c] = [\sigma]$；对于脆性材料：$[\sigma_t] \neq [\sigma_c]$，且 $[\sigma_t] < [\sigma_c]$，计算时应分别考虑。

梁正应力强度条件可用来解决强度校核，截面设计和确定许可载荷这三类问题。现举例说明。

【例 6.2】 一简支木梁受力如图 6.9 所示。已知 $q = 2$ kN/m，$l = 2$ m。试比较梁在竖放和横放时横截面 C 处的最大正应力。

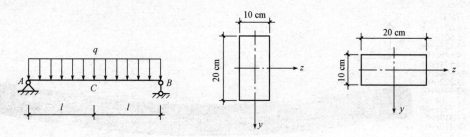

图 6.9 例 6.2 图

解：方法一(理论计算法)

首先计算横截面 C 处的弯矩，有

$$M_C = \frac{q(2l)^2}{8} = \frac{2 \times 10^3 \times 4^2}{8} = 4\,000\,(\text{kN} \cdot \text{m})$$

梁在竖放时，其弯矩截面系数为

$$W_{z1} = \frac{bh^2}{6} = \frac{0.1 \times 0.2^2}{6} = 6.67 \times 10^{-4}\,(\text{m}^3)$$

故横截面 C 处的最大正应力为

$$\sigma_{\max 1} = \frac{M_C}{W_{z1}} = \frac{4\,000}{6.67 \times 10^{-4}} = 6 \times 10^6\,(\text{Pa}) = 6\,\text{MPa}$$

梁在横放时，其弯矩截面系数为

$$W_{z2} = \frac{bh^2}{6} = \frac{0.2 \times 0.1^2}{6} = 3.33 \times 10^{-4}\,(\text{m}^3)$$

故横截面 C 处的最大正应力为

$$\sigma_{max2} = \frac{M_C}{W_{z2}} = \frac{4\ 000}{3.33 \times 10^{-4}} = 12 \times 10^6 (\text{Pa}) = 12\ \text{MPa}$$

显然，有

$$\sigma_{max1} : \sigma_{max2} = 1 : 2$$

也就是说，梁在竖放时其危险截面处承受的最大正应力是横放时的一半。因此，在建筑结构中，梁一般采用竖放形式。

方法二(有限元计算法)

本题的有限元解求出的 $\sigma_{max1} = 5.99$ MPa，$\sigma_{max2} = 11.93$ MPa，与理论计算结果十分接近。同时，通过有限元模型，可以清楚地看出该简支梁的应力分布特征。梁在竖放时其危险截面处承受的最大正应力是横放时的一半。在理论学习或试验中有时为了对某一构件做最优化处理，往往需要验证该构件摆放位置的合理性，而这种优化的过程不止有一种，如果大面积采用理论计算，一方面容易出现运算错误；另一方面也耽误了学习时间，使得整体效率很低。这个时候，如果适当进行有限元计算，并辅以必要的理论计算；将精准高效地提升师生们的工作学习效率。并且可以从图 6.10 中发现，横向摆放的梁明显存在挠曲较大的现象，且中间段承压明显不如竖向摆放的梁。

在实际工程设计时，结构工程师们为了优化结构的合理性，也会计算多种方案，如果不能很好地运用有限元思想，将延误工期，对于国家和人民来说将会不可估量的损失。

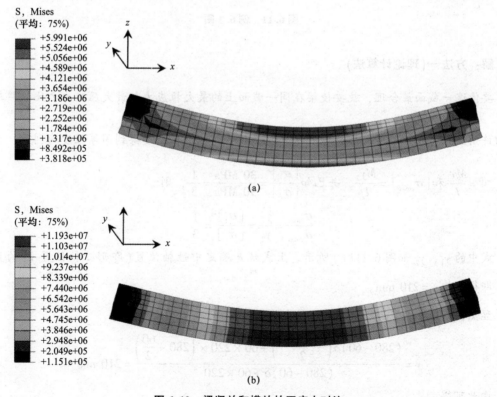

图 6.10　梁竖放和横放的正应力对比

【例6.3】 跨长 $l = 2\ \text{m}$ 的铸铁梁受力如图6.11(a)所示。已知材料的拉、压许用应力分别为 $[\sigma_t] = 30\ \text{MPa}$，$[\sigma_c] = 90\ \text{MPa}$。试根据使截面形式合理的要求，确定 T 字形截面梁横截面上的 δ，并校核此梁的强度。

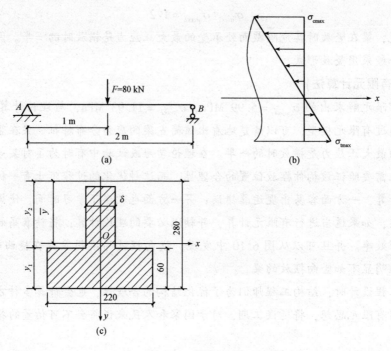

图 6.11   例 6.3 图

解：方法一(理论计算法)

要使这一截面最合理，就要使梁在同一截面上的最大拉应力与最大压应力之比 $\dfrac{\sigma_{t\max}}{\sigma_{c\max}}$ 与相应的许用应力之比 $\dfrac{\sigma_t}{\sigma_c}$ 相等。因为这样就可以使材料的拉、压强度得到同等程度的利用。由于

$$[\sigma_{t\max}] = \frac{My_1}{I_z}\ \text{和}\ [\sigma_{c\max}] = \frac{My_2}{I_z}, \text{并已知} \frac{[\sigma_t]}{[\sigma_c]} = \frac{30\ \text{MPa}}{90\ \text{MPa}} = \frac{1}{3}, \text{则}$$

$$\frac{\sigma_{t\max}}{\sigma_{c\max}} = \frac{y_1}{y_2} = \frac{[\sigma_t]}{[\sigma_c]} = \frac{1}{3}$$

式中的 y_1、y_2 如图6.11(c)所示。上式就是确定中性轴位置(即形心轴位置 $\bar{y}$)的关系式，即得 $\bar{y} = y_2 = 210\ \text{mm}$。

显然，$\bar{y}$ 值与横截面尺寸有关，列出如下等式：

$$\bar{y} = \frac{(280-60)\delta\left(\dfrac{280-60}{2}\right) + 60 \times 220 \times \left(280 - \dfrac{60}{2}\right)}{(280-60)\delta + 60 \times 220} = 210\ \text{mm}$$

由此可得

$$\delta = 24\ \text{mm}$$

确定 δ 后便可进行强度校核。为此，先利用平行移动轴计算截面对中性轴的惯性矩 I_z，即

$$I_z = \frac{24 \times 220^3}{12} + 24 \times 220 \times (210 - 110)^2 + \frac{220 \times 60^3}{12} + 220 \times 60 \times \left(280 - 210 - \frac{60}{2}\right)^2$$

$$= 99.2 \times 10^6 (\text{mm}^4) = 99.2 \times 10^{-6} \text{m}^4$$

再计算此梁的最大弯矩：

$$M_{\max} = \frac{Pl}{4} = \frac{80 \times 2}{4} = 40 (\text{kN} \cdot \text{m})$$

于是可求得此梁的最大压应力，并据此校核强度：

$$\sigma_{cmax} = \frac{M_{\max} y_2}{I_z} = \frac{40\,000 \times 210 \times 10^{-3}}{99.2 \times 10^{-6}} = 84.7 (\text{MPa}) < [\sigma_c]$$

满足强度条件。

方法二（有限元计算法）

本题的有限元解求出的 $\sigma_{cmax} = 84.86$ MPa $< [\sigma_c]$，满足强度条件。与理论计算结果十分接近。同时，通过有限元模型，可以清晰地看出该简支梁的应力分布特征（图 6.12）。

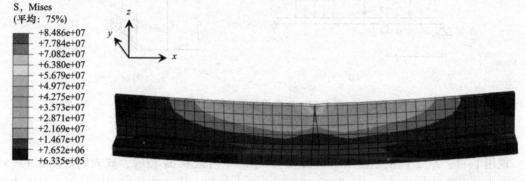

图 6.12　T 形截面梁应力云图

有限元软件求解结构后，可以通过菜单栏调用自己想要知道的结构响应分析结果，并可通过调整截面获悉具体截面甚至其上一点的数据。这对于工程上校核一个乃至多个结构体系具有很好的数据支持，因为校核结构的稳定性，往往要从它受压、受拉、受扭、受弯等多个方面进行，有限元软件求解的高效性就在这里体现，只要给定边界条件以及荷载的形式，利用软件强大的处理器进行计算，就几乎可以求到工程上需要的一切数据，并以此进行强度校核。倘若用理论计算法，往往求解一种数据就需要花费相当长的时间，更别说多种类型的数据了。

6.3　梁的弯曲切应力及其强度条件

如前所述，梁横力弯曲时，横截面上不仅有弯矩 M，还有剪力 F_s。这时横截面上除正应力外，还有与剪力有关的切应力 τ。下面首先讨论常见截面梁的切应力计算公式，然后建立梁的切应力强度条件。

6.3.1 梁弯曲的切应力

研究梁横截面上切应力 τ 的分布比正应力分布要复杂。在推导切应力的计算公式时，应首先根据截面的具体形状对切应力的分布适当地作出假设，然后再进行推导，得出近似计算公式。

1. 矩形截面

图 6.13(a) 所示为矩形截面梁，设截面的高度为 h，宽度为 b，在其纵向对称面 xOy 内作用有横向荷载。由梁的内力分析可知，任一横截面上的剪力 F_s 均与截面对称轴 y 重合 [图 6.13(b)]。在具体推导切应力公式前，首先对切应力在截面上的分布情况作出如下假设：

(1) 横截面上各点的切应力方向均与剪力方向相同，即切应力均与侧边平行。

(2) 在与中性轴等距离处，各点的切应力相等，即切应力沿截面宽度不变 [图 6.13(b)]。

根据进一步的理论分析表明，上述假设对于高度 h 大于宽度 b 的矩形截面梁已足够精确。

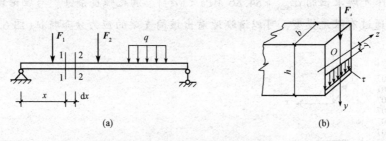

图 6.13 矩形梁截面计算模型

(a) 梁截面示意；(b) 计算模型

现用 1—1、2—2 两横截面从图 6.13(a) 所示的梁内截取 dx 微段，放大后如图 6.14(a) 所示。由于微段梁上无荷载，故截面 1—1、2—2 上的剪力均相等，但两侧截面上的弯矩不等，分别为 M 和 $M+dM$。

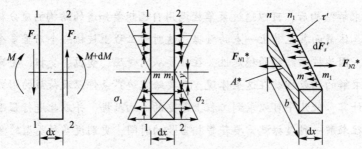

图 6.14 矩形梁截面受力模型

(a) 微段；(b) 应力分布；(c) 微立方体

微段梁左、右两侧面 1—1 与 2—2 上的应力分布图如图 6.14(b) 所示。现假定截面 2—2 上的弯矩大于截面 1—1 上的弯矩，由式(6.7)可知，两截面上同一 y 坐标点的正应力不相等。再用距中性层为 y 的一水平截面 mm_1nn_1 从微段上截取一微立方体 [图 6.14(c)]。作用在微立方体左右两侧截面上微内力 $\sigma \mathrm{d}A$ 的合力分别为 F_{N1}^*，F_{N2}^*，由静力学方面知识可知，$F_{N2} > F_{N1}$，因此在微立方体纵向截面 m—n_1 上必有沿 x 方向的切向内力 $\mathrm{d}F_s$，故在平行于中性层的纵向截面上存在相应的切应力 τ。考虑微立方体沿 x 方向的平衡，即 $\sum F_x = 0$，得

$$F_{N2}^* - F_{N1}^* - \mathrm{d}F_s^* = 0 \tag{6.12}$$

由于
$$F_{N1}^* = \int_{A^*} \sigma_1 \mathrm{d}A = \int_{A^*} \frac{My}{I_z} \mathrm{d}A = \frac{M}{I_z} \int_{A^*} y \mathrm{d}A = \frac{M}{I_z} S_z^* \tag{6.13}$$

$$F_{N2}^* = \int_{A^*} \sigma_2 \mathrm{d}A = \int_{A^*} \frac{(M + \mathrm{d}M)y}{I_z} \mathrm{d}A = \frac{M + \mathrm{d}M}{I_z} S_z^* \tag{6.14}$$

式中，$S_z^* = \int_{A^*} y \mathrm{d}A$ 是横截面部分面积 A^* 对中性轴 z 的静矩；A^* 为横截面上距中性轴为 y 处的横线一侧部分的面积。

又因为所取 $\mathrm{d}x$ 微段很小，所以纵向平面 m—n_1 的切应力 τ' 可视为均匀分布，于是有

$$\mathrm{d}F_s' = \tau b \mathrm{d}x \tag{6.15}$$

将式(6.13)~式(6.15)代入式(6.12)，得

$$\frac{M + \mathrm{d}M}{I_z} S_z^* - \frac{M}{I_z} S_z^* - \tau' b \mathrm{d}x = 0$$

经整理，得

$$\tau' = \frac{\mathrm{d}M}{\mathrm{d}x} \frac{S_z^*}{I_z b}$$

因
$$\frac{\mathrm{d}M}{\mathrm{d}x} = F_s$$

故
$$\tau' = \frac{F_s S_z^*}{I_z b} \tag{6.16}$$

由切应力互等定理可知，$\tau = \tau'$，故横截面上距中性轴为 y 的各点的切应力为

$$\tau = \frac{F_s S_z^*}{I_z b} \tag{6.17}$$

式中　F_s——横截面上的剪力；

　　　I_z——横截面对中性轴的惯性矩；

　　　b——横截面在所求切应力处的宽度；

　　　S_z^*——所求切应力点处到截面边缘之间的部分截面面积对中性轴的静矩。

下面来讨论切应力沿截面高度的分布规律。由切应力式(6.17)可以看出，对于某一指定的截面，F_s / I_z 和 b 均为定值，因此，切应力 τ 的分布规律仅与静矩 S_z^* 有关。

对于图 6.15(a)所示的矩形截面，距中性轴为 y 处的横线以下的截面对中性轴的静矩为

$$S_z^* = A^* y_C^* = b\left(\frac{h}{2} - y\right)\left[y + \frac{1}{2}\left(\frac{h}{2} - y\right)\right] = \frac{b}{2}\left(\frac{h}{4} - y^2\right)$$

又 $I_z = \dfrac{bh^3}{12}$，将 S_z^*、I_z 代入式(6.17)，得

$$\tau = \frac{6F_s}{bh^3}\left(\frac{h^2}{4} - y^2\right) \tag{6.18}$$

可见，切应力 τ 沿截面高度按二次抛物线规律分布，它们的指向与剪力 F_s 的指向相同 [图 6.15(b)]，在横截面上、下边缘处，$y = \pm\frac{h}{2}$，$\tau = 0$。在中性轴上 $y = 0$，切应力为最大，其值为

$$\tau_{max} = \frac{3F_s}{2bh} = \frac{3F_s}{2A} \tag{6.19}$$

即矩形截面上最大弯曲切应力为平均应力的 1.5 倍。

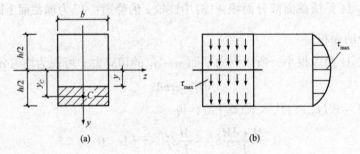

图 6.15 矩形截面受力模型

2. 工字形截面

工字形截面由中间腹板和上、下翼缘三部分组成。腹板为狭长矩形，切应力可以按照矩形截面的切应力公式计算。设图 6-16(a) 所示工字形截面上的剪力为 F_s，则距中性轴为 y 处的切应力为

$$\tau = \frac{F_s S_z^*}{I_z b} \tag{6.20}$$

式中　d——腹板的宽度；

　　　S_z^*——距中性轴为 y 处的横线以外部分面积 [图 6.16(a)] 对中性轴的静矩；

　　　I_z——整个截面对中性袖的惯性矩。

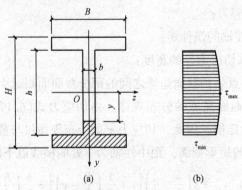

图 6.16 工字形截面受力模型

(a) 截面示意；(b) 受力规律

由分析可知，切应力 τ 沿腹板高度仍按二次抛物线分布 [图 6.16(b)]。在中性轴上，切应力最大，其值为

$$\tau_{\max} = \frac{F_s S_{z,\max}^*}{I_z b} \tag{6.21}$$

式中　$S_{z,\max}^*$——中性轴一侧的半个横截面面积对中性轴的静矩。

对于轧制的工字形钢截面，可从型钢规格表中查出 $\dfrac{I_z}{b}$ 的值，该值即式（6.21）中的 $I_z / S_{z,\max}^*$。需要说明的是，腹板上的最大切应力也是整个截面上的最大切应力。

至于翼缘上的切应力，分布情况较复杂，不过其数值都很小，工程中一般不加考虑。因此，工字形截面的腹板上几乎承担了截面上的全部剪力。

3. 圆形截面

对于圆形截面（图 6.17），研究结果表明，梁横截面上的最大切应力也发生在中性轴上各点处，并沿中性轴均匀分布，方向与该截面上剪力 F_s 方向一致，其值为

$$\tau_{\max} = \frac{4}{3} \frac{F_s}{A} \tag{6.22}$$

由此可见，圆截面梁的最大切应力为截面上平均切应力值的 1.33 倍。

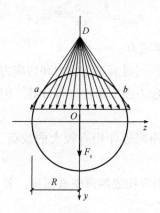

图 6.17　圆截面受力模型

4. 薄壁圆环形截面

对于图 6.18 所示的圆环形截面，可认为切应力 τ 的方向均沿圆环的切线方向，若圆环的厚度 δ 远小于圆环的平均半径 r_0 时，由计算表明，在中性轴上切应力最大，其值为

$$\tau_{\max} = 2 \frac{F_s}{A} \tag{6.23}$$

可见，圆环形截面上的最大切应力为平均切应力的 2 倍。

6.3.2　梁弯曲的切应力强度条件

根据以上讨论可知，对等直梁而言，最大切应力一般发生在最大剪力所在横截面的中性轴上，其计算公式可归纳为统一形式，即

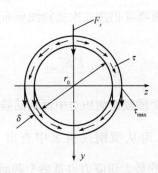

图 6.18　薄壁圆环形截面受力模型

$$\tau_{max} = \frac{F_{s,max} S^*_{z,max}}{I_z b} \tag{6.24}$$

式中　$S^*_{z,max}$——中性轴一侧横截面对中性轴的静矩；

　　　b——横截面在中性轴处的宽度。

由于最大切应力所在中性轴的各点处的正应力为零，故处于纯剪切应力状态，于是可仿照纯剪切应力状态下的强度条件公式为梁建立切应力强度条件，即

$$\tau_{max} = \frac{F_{s,max} S^*_{z,max}}{I_z b} \leqslant [\tau] \tag{6.25}$$

式中　$[\tau]$——材料的弯曲许用切应力。

在对梁进行强度计算时，必须同时满足正应力和切应力强度条件。但由于梁的强度主要受正应力控制，故一般只需按正应力强度条件进行计算。但在下列几种情况下，还需校核梁是否满足切应力强度条件：

(1)梁的跨度较短，或在支座附近作用有较大的载荷，此时梁的弯矩较小，而剪力却较大。

(2)对于型钢和由型钢、钢板等构成的薄壁截面梁，若其腹板的宽度相对于截面高度很小时，应对腹板进行切应力校核。

(3)经焊接、铆接或胶合而成的梁，对焊缝、铆钉或胶合面等，一般要进行剪切强度计算。

【例 6.4】　如图 6.19(a)所示的梁，试求此梁的最大切应力 τ_{max}，并计算该最大切应力截面腹板部分在 a 点处的切应力 τ_a。

解：作剪力图，如图 6.19(d)所示。由图可知

$$F_{smax} = 75 \text{ kN}$$

利用型钢规格表，查得此截面(56a 号工字钢)的 $\dfrac{I_z}{S^*_{zmax}} = 47.73$ cm，将 F_{smax}、$\dfrac{I_z}{S^*_{zmax}}$ 的值和 $d = 12.5$ mm 代入公式，得

$$\tau_{max} = \frac{F_{smax} S^*_{zmax}}{I_z d} = \frac{F_{smax}}{\left(\dfrac{I_z}{S^*_{zmax}}\right) d} = \frac{75\,000}{47.73 \times 12.5 \times 10^{-3}} = 12.6 (\text{MPa})$$

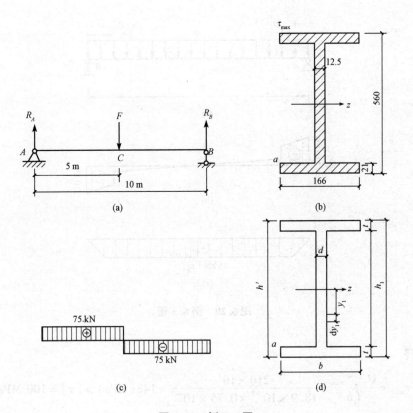

图6.19 例6.4图

为了计算 τ_a，先求出 a 点以外的截面面积对中性轴的静矩 S_{za}^*。根据图 6.19(b) 所示的尺寸，可得

$$S_{za}^* = 166 \times 21 \times \left(\frac{560}{2} - \frac{21}{2}\right) = 940 \times 10^3 \,(\mathrm{mm}^3)$$

根据已得出的 F_{smax}、d、S_{za}^* 的值及查得的 I_z 的值，得

$$\tau_a = \frac{F_{smax} S_z^* a}{I_z d} = \frac{75\,000 \times 940 \times 10^{-6}}{65\,586 \times 12.5 \times 10^{-11}} = 8.6 \,(\mathrm{MPa})$$

【例6.5】 如图 6.20(a) 所示的简支梁 AB，$l = 2$ m，$a = 0.2$ m，均布荷载 $q = 10$ kN/m，集中力 $P = 200$ kN，材料的许用应力 $[\sigma] = 160$ MPa，$[\tau] = 100$ MPa，试选择工字钢的型号。

解： 先求支反力得

$$R_A = R_B = 210 \text{ kN}$$

再作剪力图、弯矩图如图 6.20(b)、(c) 所示，$Q_{max} = 210$ kN，$M_{max} = 45$ kN·m

然后按正应力强度选择工字钢的型号。

$$W_z \geqslant \frac{M_{max}}{[\sigma]} = \frac{45 \times 10^3}{160 \times 10^6} = 281 \times 10^{-6} \,(\mathrm{m}^3) = 281 \text{ cm}^3$$

查型钢表，选 22a 号工字钢，$W_z = 309$ cm³。

再校核剪应力强度，由型钢表查得 22a 号工字钢的 $I_z/S_z^* = 18.9$ cm，腹板厚度 $b =$

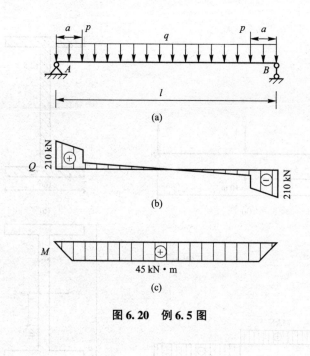

图 6.20 例 6.5 图

0.75 cm，得

$$\tau_{max} = \frac{Q_{max} S_{zmax}^*}{I_z b} = \frac{210 \times 10^3}{18.9 \times 10^{-2} \times 0.75 \times 10^{-3}} = 148(MPa) > [\tau] = 100 \text{ MPa}$$

可见按正应力强度条件选择的截面不满足剪应力强度条件，应加大截面尺寸。现再以 25b 号工字钢试算，由表查得

$$\frac{I_z}{S_z^*} = 21.27 \text{ cm}, \quad b = 1 \text{ cm}$$

则 $\tau_{max} = \dfrac{210 \times 10^3}{21.27 \times 10^{-2} \times 1 \times 10^{-2}} = 98.6(MPa) < [\tau]$

此截面也一定满足正应力强度条件，故选用 25b 号工字钢。

综上所述，对梁进行强度计算时应同时满足弯曲正应力和弯曲切应力强度条件，其计算步骤如下：

(1)绘制梁的剪力图与弯矩图，确定绝对值最大的剪力与绝对值最大的弯矩所在截面的位置，即确定危险截面的位置。

(2)根据危险截面上正应力和切应力的分布规律，确定危险截面上 σ_{max} 和 τ_{max} 所处位置，即危险点的位置。

(3)分别计算危险点的应力 σ_{max} 和 τ_{max}，并分别按式(6.11)和式(6.25)进行强度计算。

知识拓展

梁的合理设计

通过前面对弯曲强度的研究和分析可知，梁的承载能力主要取决于正应力，所以下面从正应力强度条件来分析提高梁弯曲强度的措施。由 $\sigma_{\max} = \dfrac{M_{\max}}{W_z} \leqslant [\sigma]$ 可知，要提高梁的强度，即设法降低最大工作应力 $\sigma_{\max}$ 的值。为此应从增大 W_z 和降低 M 两个方面着手。

1. 采用合理的截面形状

根据弯曲正应力强度条件，$\sigma_{\max}$ 与梁可承受的最大弯矩 $M_{\max}$ 成正比，与抗弯截面系数 W_z 成反比。因此，合理的截面形状应使截面面积较小而抗弯截面系数较大，即应使抗弯截面系数 W_z 与截面面积的比值 A 尽量大。例如，对于截面高度 h 大于宽度 b 的矩形截面梁，垂直平面内发生弯曲变形时，若把截面竖放[图 6.21(a)]，则 $W_z = \dfrac{bh^2}{6}$；若把截面平放[图 6.21(b)]，则 $W_z = \dfrac{hb^2}{6}$。两者之比是 $\dfrac{W_{z1}}{W_{z2}} = \dfrac{h}{b} > 1$。所以，竖放比平放更为合理。

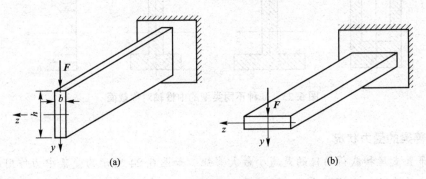

图 6.21 矩形截面梁受力模型

(a)竖放；(b)平放

由弯曲正应力沿截面高度呈线性分布，可知离中性轴越远，正应力越大，而靠近中性轴处应力很小。这表明只有离中性轴较远的材料才能得到充分利用，为此应尽可能将中性轴附近的材料移到离中性轴较远的地方，例如，将矩形截面改为工字形截面，如图 6.22 所示。

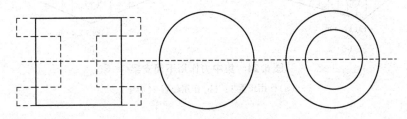

图 6.22 工字形截面

在工程中，为了便于比较，常用 W/A 来比较截面的合理性与经济性，表 6.1 列出了几种常见截面形状的 W/A 值，以供参考。

表 6.1　几种常见截面形状的 W/A 值

截面形状	矩形	圆形	圆环形	槽钢	工字钢
W/A	$0.167h$	$0.125d$	$0.205D$	$(0.27 \sim 0.31)h$	$(0.27 \sim 0.31)h$

由表 6.1 中所列的 W/A 值可见，工字形截面优于矩形截面，矩形截面优于圆环形截面，圆环形截面优于圆形截面。

选择合理截面形状时，还应考虑到材料的特性。如对于 $[\sigma_t] = [\sigma_c]$ 的塑性材料，应选用相对于中性轴对称的截面；对于 $[\sigma_t] < [\sigma_c]$ 的脆性材料，应选用相对于中性轴不对称的截面，且中性轴应偏向受拉的一边，并使各自的工作应力接近于其许用应力，这样才能充分发挥材料的潜能，如图 6.23 所示。

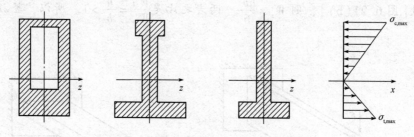

图 6.23　几种不同类型的中性轴对称截面

2. 改善梁的受力状况

合理布置支座和载荷的目的是减小最大弯矩。如图 6.24 所示为受集中力作用的简支梁，若使载荷尽量靠近一边的支座，则梁的最大弯矩值比载荷作用在跨度中间时小得多，设计齿轮传动时，尽量将齿轮安排得靠近轴承(支座)，就是为了减小弯矩，从而使轴的尺寸减小。

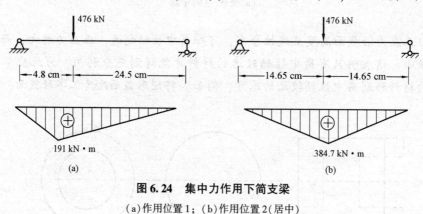

图 6.24　集中力作用下简支梁

（a）作用位置 1；（b）作用位置 2（居中）

又如图 6.25(a) 所示为受均布载荷作用的简支梁，其最大弯矩 $M_{max} = \dfrac{1}{8}ql^2$。若将两端支座向里移动 $0.2l$，则 $M_{max} = \dfrac{1}{40}ql^2$ [图 6.25(b)]，只有前者的 $\dfrac{1}{5}$。因此，梁截面的尺寸也可相应减小。

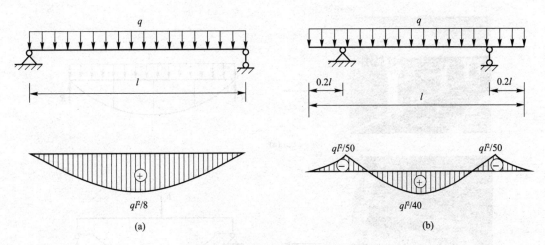

图 6.25 均布载荷作用下的简支梁

(a)常规简支梁; (b)外伸简支梁

3. 采用等强度梁

等直梁的截面尺寸是根据危险截面上最大弯矩设计的, 而其他各截面的弯矩值都小于最大弯矩。因此, 除危险截面外, 其余各截面的材料均未得到充分利用。为了节省材料、减轻自重, 从强度观点考虑, 可以在弯矩较大的地方采用较小的尺寸。这种横截面尺寸沿着轴线变化的梁称为变截面梁。当梁的各横截面上的最大正应力均等于材料的许用应力时, 该变截面梁就称为等强度梁, 如图 6.26 所示。若梁的截面沿轴线连续变化时, 可用弯曲正应力强度条件计算, 即

$$\sigma_{\max} = \frac{M(x)}{W(x)} \leqslant [\sigma] \tag{6.26}$$

式中 $M(x)$——梁内任一横截面上的弯矩;

$W(x)$——梁内任一横截面的抗弯截面系数。

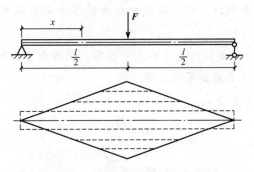

图 6.26 集中力作用下等强度梁

在实际工程中, 由于结构和工艺原因, 应用理想的等强度梁是有困难的, 但接近于等强度的构件是比较常见的, 如图 6.27(a)、(b)所示的鱼腹梁、厂房梁等。

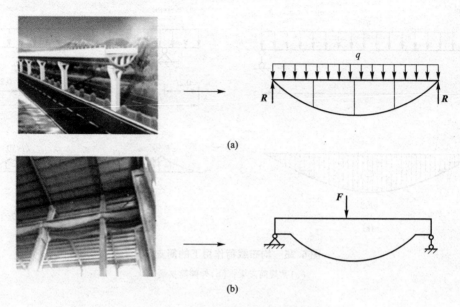

图 6.27　鱼腹梁及厂房梁力学模型

(a)鱼腹梁；(b)厂房梁

本章小结

本章结合有限元思想，采用 ABAQUS 有限元结构分析软件对矩形截面梁纯弯曲变形进行了数值模拟，研究了梁横截面上的应力分布、应力计算公式和强度计算。主要内容如下：

(1)采用有限元思想进行 ABAQUS 软件数值模拟可以观察到实物试验中难以显示的中间结果，在加载的过程中，应力集中主要表现在矩形截面梁与两个铰支座接触的部位，应力逐渐由 0 MPa 增加到 2.046 MPa，随后的纯弯曲变形也从此处逐渐发展。

(2)纯弯曲与横力弯曲：梁横截面上只有弯矩而没有剪力时，梁的弯曲是纯弯曲；当梁横截面上既有弯矩又有剪力时，梁的弯曲是横力弯曲(或剪切弯曲)。

(3)中性层：梁弯曲变形时，有一层纵向纤维既不伸长也不缩短，这一层纤维称为中性层。

(4)中性轴：中性层与横截面的交线称为中性轴。梁弯曲变形时，各横截面均绕中性轴发生转动。横截面中性轴上各点的正应力等于零。

(5)梁横截面上的正应力公式：

$$\sigma = \frac{My}{I_z}$$

$$\sigma_{max} = \frac{M}{W_z}$$

两公式的适用范围：平面弯曲；纯弯曲或细长梁的横力弯曲；最大应力不超过材料的比例极限。

(6)弯曲切应力公式：

$$\tau = \frac{F_s S_z^*}{I_z b}$$

(7)弯曲强度条件：

1)正应力强度条件：

$$\sigma_{max} = \frac{M_{max}}{W_z} \leqslant [\sigma] \text{（塑性材料制成的等截面梁，横截面关于中性轴对称）}$$

$$\sigma_{tmax} = \frac{M_{max}y_1}{I_z} \leqslant [\sigma_t], \quad \alpha_{cmax} = \frac{M_{max}y_2}{I_z} \leqslant [\sigma_c] \text{（脆性材料，横截面中关于中性轴不对称）}$$

2)切应力强度条件：

$$\tau_{max} = \frac{F_{s,max}S_{z,max}^*}{I_z b} \leqslant [\tau]$$

强度条件的应用：①强度校核；②设计截面；③确定许用载荷。

(8)提高梁弯曲强度的措施：采用合理的截面形状；改善梁的受力状况；采用等强度梁。

习题

6.1　填空题

1. 图形对于其对称轴的静矩_____，惯性矩_____。

2. 应用公式 $\sigma = \dfrac{My}{I_z}$ 时，必须满足_____和_____。

3. 梁发生平面弯曲时，其横截面绕_____旋转。

4. 跨度较短的工字形截面梁，在横力弯曲下，危险点可能发生在_____、

_____、_____。

6.2　判断题

1. 控制梁弯曲强度的主要因素是最大弯矩。　　　　　　　　　　　　（　　）

2. 横力弯曲时，横截面上的最大切应力不一定发生在截面的中性轴上。（　　）

3. 弯曲中心的位置只与截面的几何形状和尺寸有关，与荷载无关。　　（　　）

6.3　简答题

1. 为什么梁在弯曲时，中性轴一定会通过横截面的形心？

2. 在推导梁的弯曲正应力公式时做了哪些假设？这些假设在什么条件下才是成立的？

3. 为什么等直梁的最大切应力一般都在最大剪力所在截面的中性轴上各点处，而横截面的上下边缘各点处的切应力为零？

4. 一根圆木绕 z 轴弯曲时，适当地削去一层（图 6.28），在同样弯矩下反而降低了最大正应力。试说明其中道理。

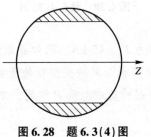

图 6.28　题 6.3(4)图

5. 是不是弯矩最大的截面就一定是最危险的截面？为什么？

6.4 实践应用题

1. 如图6.29所示为承受均布荷载的简支梁，求：

(1) C 截面上 K 点的正应力；

(2) C 截面上的最大正应力；

(3) 全梁的最大正应力；

(4) 已知 $E = 200$ GPa，求 C 截面的曲率半径 ρ_C。

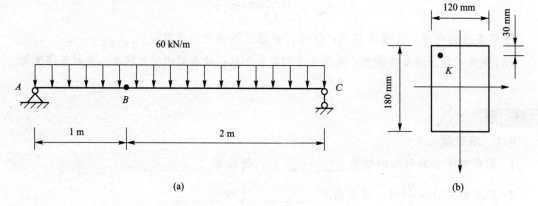

(a)

(b)

图6.29　题6.4(1)图

2. 如图6.30(a)所示的悬臂梁，$l = 0.4$ m，承受荷载 $P = 15$ kN 作用，横截面 B 截面尺寸如图6.30(b)所示。计算横截面 B 的最大弯曲拉应力与最大弯曲压应力。

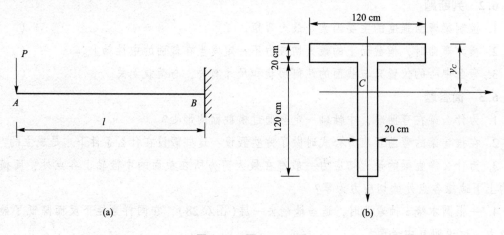

(a)

(b)

图6.30　题6.4(2)图

3. 梁截面如图6.31所示，剪力 $F_s = 15$ kN，已知截面形心为 C，$I_z = 8.84 \times 10^{-6}$ m^4。计算该截面的最大弯曲切应力，以及腹板与翼缘交接处的弯曲切应力。

4. 如图6.32所示，矩形截面梁受集中载荷 P 作用，求梁的最大正应力 σ_{max} 和最大切应力 τ_{max} 的比值。

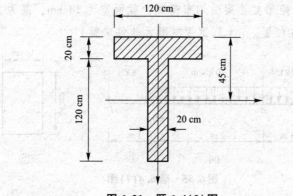

图 6.31　题 6.4(3)图

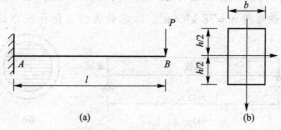

图 6.32　题 6.4(4)图

5. 如图 6.33 所示的外伸梁，已知 $l = 3$ m，$b = 80$ mm，$q = 2$ kN，材料的容许应力 $[\sigma] = 10$ MPa，$[\tau] = 1.2$ MPa，试校核梁的强度。

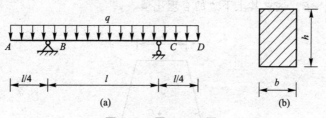

图 6.33　题 6.4(5)图

6. 如图 6.34 所示，T 形截面梁受到集中力 $F_1 = 9$ kN、$F_2 = 4$ kN。梁的抗拉许用应力为 $[\sigma_t] = 30$ MPa，抗压许用应力 $[\sigma_c] = 16$ MPa。已知 $I_z = 763$ cm⁴，且 $|y_1| = 52$ mm。试校核梁的强度。

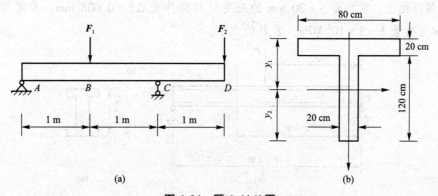

图 6.34　题 6.4(6)图

7. 如图6.35所示，矩形截面梁受均布荷载，截面宽为 14 cm，高为 24 cm，求最大拉、压正应力的数值及其所在位置。(本题试用有限元软件求解)

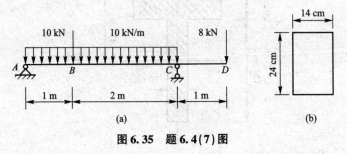

图 6.35　题 6.4(7)图

8. 如图6.36所示，铸铁水管外径为 25 cm，壁厚为 1 cm，长 $l = 12$ m，两端放在支座上，管中充满着水，铸铁重度 $\gamma = 78$ kN/m³。试求最大拉、压正应力的数值。

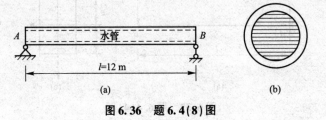

图 6.36　题 6.4(8)图

9. 如图6.37所示为纯弯曲梯形截面梁，其上部受压，C 为截面形心。许用拉应力和许用压应力之比 $\dfrac{[\sigma_t]}{[\sigma_c]} = \beta$，试求其上下边的合理比值。

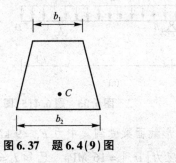

图 6.37　题 6.4(9)图

10. 如图6.38所示，工字钢简支梁上作用着集中力 P，在截面 C—C 离中性轴距离 $y = 8$ cm的外层纤维上，用标距 $S = 20$ mm 的应变计测得伸长 $\Delta S = 0.008$ mm。若梁的跨度 $l = 1.5$ m，弹性模量 $E = 2 \times 10^5$ MPa，求 P 的大小。

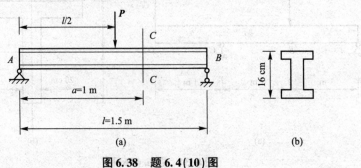

图 6.38　题 6.4(10)图

11. 如图 6.39 所示为材料相同宽度相等而厚度不等的两块板，互相叠合后简支于两端，承受均布荷载 q。试求两块板内最大正应力之比。

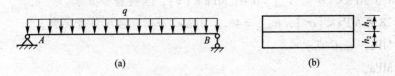

(a)   (b)

图 6.39 题 6.4(11)图

12. 铸铁外伸梁受荷情况和截面的形状尺寸如图 6.40 所示。材料的许用拉应力 $[\sigma_t]_{max} = 30$ MPa，许用压应力 $[\sigma_c]_{max} = 80$ MPa。试按正应力强度条件校核梁的强度（$I_z = 254.7 \times 10^{-6}$ m^4）。

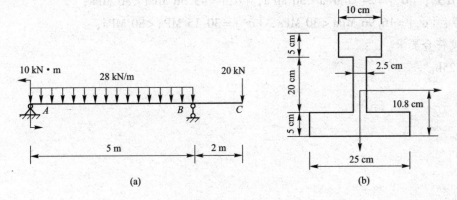

(a)   (b)

图 6.40 题 6.4(12)图

13. 如图 6.41 所示的简支梁 AB，$l = 2$ m，$a = 0.2$ m，$q = 10$ kN/m，$F = 200$ kN。材料的许用应力为 $[\sigma] = 150$ MPa，$[\tau] = 100$ MPa。试选择合适的工字钢型号。

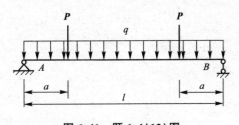

图 6.41 题 6.4(13)图

第 6 章 习题答案

6.1—6.3 略

6.4 实践应用题

1. (1)61.7 MPa(压)；(2)92.55 MPa；(3)104.17 MPa；(4)194.4 m。

2. 64.5 MPa、−64.5 MPa。

3. 7.66 MPa；7.13 MPa。

4. $\dfrac{4l}{h}$。

5. $\sigma_{\max} = 8.8$ MPa $< [\sigma]$，$\tau_{\max} = 0.47$ MPa $< [\tau]$，强度符合要求。

6. $\sigma_{t\max} = 28.8$ MPa $< [\sigma_t]$，$\sigma_{c\max} = 46.2$ MPa $< [\sigma_c]$，强度符合要求。

7. 10.42 MPa，在 C 点。

8. 41.18 MPa。

9. $\dfrac{2\beta - 1}{2 - \beta}$。

10. 45.2 kN。

11. $\dfrac{h_1}{h_2}$。

12. B 点：$[\sigma_t] = 24.5$ MPa < 30 MPa，$[\sigma_c] = 43.56$ MPa < 80 MPa；

C 点：$[\sigma_t] = 16.96$ MPa < 30 MPa，$[\sigma_c] = 30.15$ MPa < 80 MPa；

强度符合要求。

13. 25b。

弯曲变形

本章重点 ///

采用 ABAQUS 有限元结构分析软件模拟梁弯曲的全过程，展示有限元模拟梁弯曲产生的位移变化情况，明确梁挠曲线、挠度、转角的概念。理解挠曲线近似微分方程的建立过程。本章要求学生熟练应用积分法、叠加法计算梁的位移，熟练应用梁的刚度条件，了解提高梁弯曲刚度的一些主要措施，掌握变形比较法求解简单超静定梁的问题。

案例：简支梁变形

在实际工程中对某些弯曲杆件除强度要求外，往往还有刚度要求，即要求它的变形不能过大，否则，即使构件的强度足够，也往往由于变形过大而使其不能正常工作。以简支梁桥为例，如图 7.1(a)所示为桥式起重机横梁，当变形过大时，会使小车行走困难，出现爬坡现象。

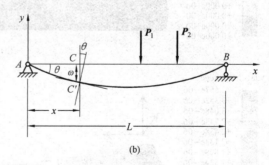

(a)　　　　　　　　　　　　　　　(b)

图 7.1　简支梁桥

(a)示意图；(b)计算模型

梁的刚度计算有刚度校核、根据刚度条件对梁进行设计和确定许用载荷 3 个方面。例如，为了提高梁的抗弯刚度可以通过提高梁抗弯截面刚度或合理布置支座位置等措施来实现。研究弯曲变形时，取梁在变形前的轴线为 x 轴，垂直向上的轴为 y 轴[图 7.1(b)]，xy

平面为梁的纵向对称面。在对称弯曲的情况下，变形后梁的轴线将成为 xy 平面内的一条曲线，称为挠曲线，如图7.1(b)所示。挠曲线上横坐标为 x 的任意点的纵坐标，代表坐标为 x 的横截面的形心沿 y 轴方向上的位移，称为挠度，用 w 表示。梁的横截面相对于其原来位置转过的角度，称为横截面的转角，用 θ 表示。一般通过建立挠曲线近似微分方程来求得挠度和转角，积分法和叠加法是求解此类方程的常用方法。

7.1 梁的变形、挠度和转角

梁发生纯弯曲时，梁的轴线弯成圆弧曲线。一般的平面弯曲时，梁的轴线弯成纵向对称面内的平面曲线。当这个平面曲线确定后，就可以确定各截面形心的位移及截面转动的角度，截面形状的变化是由于纵向应力引起的横向变形，这样梁上任意点的位移就可以确定了。

如图7.2所示为矩形截面梁纯弯曲变形的 ABAQUS 有限元模型。图7.2(a)所示为未受力时的矩形截面梁；受力后发生弯曲变形的矩形截面梁位移分布云图如图7.2(b)所示。从图中可知，矩形截面梁受混凝土材料非均匀性的影响，梁逐渐发生弯曲变形，部分达到抗拉强度的细观单元发生损伤，荷载—位移关系逐渐偏离直线，开始出现明显的弯曲，矩形截面梁最大位移值从未发生弯曲变形时的 0 mm 逐渐增加至发生弯曲变形后的 1.738 mm。

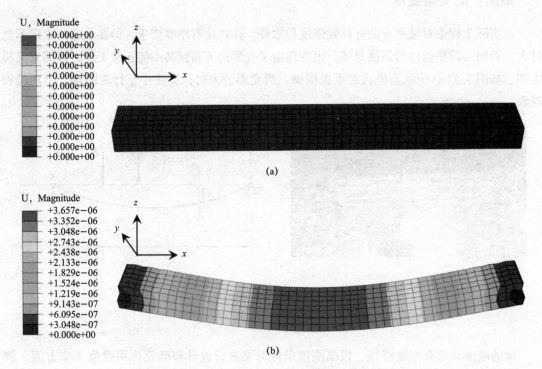

图7.2 矩形截面梁纯弯曲变形三维有限元模型位移云图

(a)变形前；(b)变形后

定义截面形心在垂直于原来轴线方向的位移叫作挠度。相应地，轴线弯成的平面曲线叫作挠度曲线。横截面对其原来位置的角位移称为该截面的转角。挠度曲线上切线方向的斜率就是相应截面转角的正切值，如图 7.3 所示，也就是

$$w'(x) = \frac{\mathrm{d}w(x)}{\mathrm{d}x} = \tan\theta(x) \tag{7.1}$$

根据小变形假设
$$\tan\theta(x) \approx \theta(x)$$

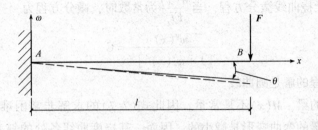

图 7.3　梁的平面弯曲

另外，当梁发生弯曲变形时，梁各截面形心都会发生微小的轴线方向的位移。但这个轴向位移远小于挠度，因此，对这一位移的分量在这里忽略不计。

7.2　挠曲线近似微分方程

确定梁的挠度和转角，关键是确定挠度方程和转角方程。应用梁弯曲时曲率 $\frac{1}{\rho}$ 与弯矩之间的物理关系来确定这两个方程，即

$$\frac{1}{\rho} = \frac{M}{EI_z} \tag{7.2}$$

这是梁发生纯弯曲时的公式。取长度为 $\mathrm{d}x$ 的微段梁，根据微积分的思想可以认为其发生的是纯弯曲，于是将式 (7.2) 推广到平面弯曲，成为

$$\frac{1}{\rho(x)} = \frac{M(x)}{EI_z} \tag{7.3}$$

当为变截面梁时，式 (7.3) 中 EI_z 随 x 变化，可以写成 $EI_z(x)$。但这种情况在工程中并不多见，建议读者自行讨论。

根据数学几何学知识，对于平面曲线 $y(x)$，其曲线的曲率 $\frac{1}{\rho(x)}$ 有下面的关系：

$$\frac{1}{\rho(x)} = \pm \frac{w''(x)}{[1 + w'(x)^2]^{\frac{3}{2}}} \tag{7.4}$$

于是有

$$\frac{w''(x)}{[1 + w'(x)^2]^{\frac{3}{2}}} = \pm \frac{M(x)}{EI_z} \tag{7.5}$$

如图7.3所示，在右手坐标系内，当挠度曲线上凸时，$\dfrac{1}{\rho}<0$，这样弯曲的梁段弯矩为负。当挠度曲线下凸时，$\dfrac{1}{\rho}>0$，这样弯曲的梁段弯矩为正。于是式(7.5)就成为

$$\frac{w''(x)}{\left[1+w'(x)^2\right]^{\frac{3}{2}}}=\frac{M(x)}{EI_z} \tag{7.6}$$

式(7.6)叫作梁挠曲线微分方程，当$\dfrac{M(x)}{EI_z}$为常数时，微分方程为

$$\frac{w''(x)}{\left[1+w'(x)^2\right]^{\frac{3}{2}}}=C \tag{7.7}$$

此时，微分方程的解是圆曲线。

在实际工程中的梁，$M(x)$不是常量，因此式(7.7)的求解非常困难，可以应用小变形假设将其简化，即梁的弯曲变形是微小的，因而，其挠度曲线各处的斜率也是非常微小的。于是

$$w'(x)^2\ll 1 \tag{7.8}$$

这样式(7.6)就被简化为

$$w''(x)=\frac{M(x)}{EI_z} \tag{7.9}$$

这个方程叫作挠曲线近似微分方程。这个方程很容易求解，只需用积分法即可。

需要注意的是，应用挠曲线近似微分方程解答得到的挠曲线方程是近似的，是存在误差的，弹性力学理论表明，简支梁受均布力时，距跨中截面的最大挠段用挠曲线近似微分方程得到的解答有2.7%的误差，这个误差在工程上是允许的。

7.3　用积分法求梁的变形

计算梁的挠度和转角，将式(7.9)两边进行积分，得转角方程

$$\theta=\frac{\mathrm{d}w}{\mathrm{d}x}=\int\frac{M(x)}{EI}\mathrm{d}x+C \tag{7.10}$$

再积分一次，得挠曲线方程

$$w=\int\left[\int\frac{M(x)}{EI}\mathrm{d}x\right]\mathrm{d}x+Cx+D \tag{7.11}$$

对于等截面直梁，EI为常量，上式可改写为

$$EI\theta=\int M(x)\mathrm{d}x+C \qquad EIw=\iint M(x)\mathrm{d}x\mathrm{d}x+Cx+D \tag{7.12}$$

式中，积分常数C、D可由边界条件和连续条件确定。边界条件是梁上约束处或某些截面处的已知位移条件。例如，在梁的铰支座处的挠度为零，如图7.4(a)所示；在梁的固定端，挠度和转角均为零，如图7.4(b)所示；在有弹簧的支座处，挠度等于弹簧的变形量，如图7.4(c)所示。将梁的边界条件代入式(7.12)，即可确定积分常数C和D，从而得到梁的转角方程和挠曲线方程。另外，由于梁的挠曲线是一条连续光滑的平面曲线，因此，在挠曲

线上任一点处(如弯矩方程的分界处、变截面处),左右两截面的转角和挠度应分别相等而且是唯一的,这就是连续条件,如图7.4(d)所示。

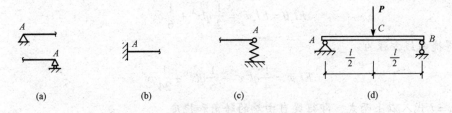

图7.4 梁不同的铰支座对应的挠度和转角

$(a) w_A = 0$; $(b) \begin{cases} w_A = 0 \\ \theta_A = 0 \end{cases}$; $(c) w_A = \Delta$; $(d) x = l/2$ 时, $\begin{cases} \theta_{C左} = \theta_{C右} \\ w_{C左} = w_{C右} \end{cases}$

【**例7.1**】 截面悬臂梁受均布荷载作用(图7.5),E、I_z 是常数,求自由端的挠度与转角。

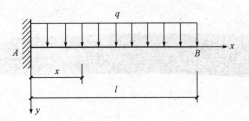

图7.5 例7.1图

解:方法一(理论计算法)

首先列出弯矩方程:

$$M = -\frac{1}{2}ql^2 + qlx - \frac{1}{2}qx^2$$

则梁的挠曲线微分方程为

$$EI_z w'' = \frac{1}{2}ql^2 - qlx + \frac{1}{2}qx^2$$

对上式进行一次积分得

$$EI_z w' = \frac{1}{2}ql^2 x - \frac{1}{2}qlx^2 + \frac{1}{6}qx^3 + C_1$$

再进行第二次积分得

$$EI_z w = \frac{1}{4}ql^2 x^2 - \frac{1}{6}qlx^3 + \frac{1}{24}qx^4 + C_1 x + C_2$$

考虑边界条件,对于悬臂梁来说,转角和挠度为0,即

$$x = 0 \qquad \theta = w' = 0$$
$$x = 0 \qquad w = 0$$

将上述两个边界条件代入积分公式,可解出积分常数为

$$C_1 = 0 \qquad C_2 = 0$$

则可得转角方程

$$EI_z\theta = EI_zw' = \frac{1}{2}qlx^2 + \frac{1}{6}qx^3$$

可得挠曲线方程为

$$EI_zw = \frac{1}{4}ql^2x^2 - \frac{1}{6}qlx^3 + \frac{1}{24}qx^4$$

将 $x = l$ 代入以上两式，即得梁自由端的转角和挠度

$$\theta_B = w'(x=l) = \frac{ql^3}{6EI_z} \qquad w_B = w(x=l) = \frac{ql^4}{8EI_z}$$

方法二(有限元计算法)

经有限元建模及计算，可以获得该悬臂梁的挠度[图7.6(a)]、转角[图7.6(b)]状态，同时，也补充了该悬臂梁的应力状态，如图7.6(c)所示。通过有限元计算所得云图，能够清晰、直观地看到变形最大处及应力最大处。

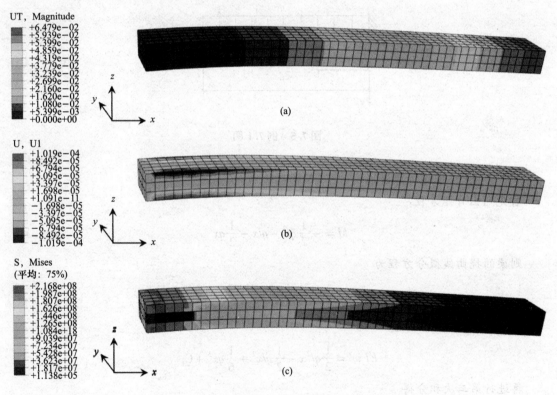

图7.6 悬臂梁受均布荷载作用挠度、转角、应力

【例7.2】 图7.7所示为一抗弯刚度为 EI_z 的简支梁，在全梁上受集度为 q 的均布荷载的作用。试求此梁的挠曲线方程和转角方程，并确定最大挠度 w_{max} 和最大转角 θ_{max}。

解：建立坐标系，由对称关系可得梁的两个支反力为

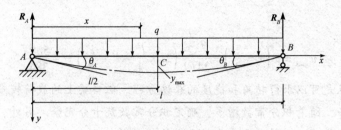

图 7.7 例 7.2 图

$$R_A = R_B = \frac{ql}{2}$$

然后，得出此梁的弯矩方程为

$$M(x) = \frac{ql}{2}x - \frac{1}{2}qx^2 = \frac{q}{2}(lx - x^2)$$

代入 $EI_z\omega''(x) = M(x)$，再通过两次积分得

$$EI_z w'(x) = \frac{q}{2}\left(\frac{lx^3}{2} - \frac{x^3}{3}\right) + C_1$$

$$EI_z w(x) = \frac{q}{2}\left(\frac{lx^2}{6} - \frac{x^4}{12}\right) + C_1 x + C_2$$

在简支梁中，边界条件是左、右两铰支座的挠度都等于零，即

$$w(x = 0) = 0$$

$$w(x = l) = 0$$

根据这两个边界条件，代入积分式，可得积分常数为

$$C_1 = \frac{ql^3}{24}, \quad C_2 = 0$$

于是，梁的转角方程和挠曲线方程分别为

$$\theta(x) = w'(x) = \frac{q}{24EI_z}(6l^2 - l^3 - 4x^3)$$

$$w(x) = \frac{qx}{24EI_z}(2lx^2 - l^3 - x^3)$$

由于梁上外力及边界条件对于梁中点都是对称的，因此梁的挠曲线也应该是对称的。由图中可知，两铰支座处的转角绝对值相等，而且都是最大值。分别以 $x = 0$ 及 $x = l$ 代入转角方程中可得最大转角

$$\theta_A = -\frac{ql^3}{24EI_z}$$

$$\theta_B = \frac{ql^3}{24EI_z}$$

$$\theta_{max} = \pm\frac{ql^3}{24EI_z}$$

又因挠曲线必为一条光滑的曲线，故在对称的挠曲线中最大挠度必在跨中点处。所以，

其最大挠度值为

$$w_{\max} = w\left(x = \frac{l}{2}\right) = \frac{q\dfrac{l}{2}}{24EI_z}\left(2l \times \frac{l^2}{4} - l^3 - \frac{l^3}{8}\right) = -\frac{5ql^4}{384}$$

积分法的优点是可以求得转角和挠度的普遍方程。但当梁上的载荷较多时，弯矩方程式的分段也必然增多，随着积分常数增多，确定积分常数就十分冗繁。另外，当只需确定某些特定截面的转角和挠度，而并不需求出转角和挠度的普遍方程时，积分法就显得过于复杂。为此，将梁在某些简单载荷作用下的变形列于表 7.1 中，以便直接查用；而且利用这些表格，使用叠加法，可以方便地计算一些弯曲变形问题。

7.4　用叠加法计算梁的变形

在小变形和材料为线弹性的条件下，只要所计算的物理量(内力、应力、变形等)与所施加的载荷呈线性关系，叠加原理普遍适用。由于挠曲线的微分方程式(7.6)是线性的，而由它所求解的变形与各载荷也呈线性关系，因而可以应用叠加原理。计算梁在几个载荷共同作用下引起的变形，则可分别求出各个载荷单独作用时引起的变形，然后计算其代数和，即可得到各载荷同时作用时梁的变形，这种计算变形的方法称为叠加法。梁在某些简单载荷作用下的变形，见表 7.1。

表 7.1　梁在简单载荷作用下的挠度和转角

序号	梁上荷载	挠曲线方程	转角和挠度
1		$w = -\dfrac{M_e x^2}{2EI}$	$\theta_B = -\dfrac{M_e l}{EI}$ $w_B = -\dfrac{M_e l^2}{2EI}$
2		$w = -\dfrac{Px^2}{6EI}(3l - x)$	$\theta_B = -\dfrac{Pl^2}{2EI}$ $w_B = -\dfrac{Pl^3}{3EI}$
3		$w = -\dfrac{Px^2}{6EI}(3a - x)\,(0 \leqslant x \leqslant a)$ $w = -\dfrac{Pa^2}{6EI}(3x - a)\,(a \leqslant x \leqslant l)$	$\theta_B = -\dfrac{Pa^2}{2EI}$ $w_B = -\dfrac{Pa^2}{6EI}(3l - a)$
4		$w = -\dfrac{qx^2}{24EI}(x^2 + 6l^2 - 4lx)$	$\theta_B = -\dfrac{ql^3}{6EI}$ $w_B = -\dfrac{ql^4}{8EI}$

序号	梁上荷载	挠曲线方程	转角和挠度
5		$w = -\dfrac{M_e Ax}{6EIL}(L-x) \times (2L-x)$	$\theta_A = -\dfrac{M_{eA}l}{3EI}$ $\theta_B = \dfrac{M_{eA}l}{6EI}$ $x = \left(1 - \dfrac{1}{\sqrt{3}}\right)l$ $w_{max} = -\dfrac{M_{eA}l^2}{9\sqrt{3}EI}$ $x = \dfrac{l}{2}$, $w = -\dfrac{M_{eA}l^2}{16EI}$
6		$w = -\dfrac{M_{eB}x}{6EIl}(l^2-x^2)$	$\theta_A = -\dfrac{M_{eB}l}{6EI}$ $\theta_B = \dfrac{M_{eB}l}{3EI}$ $x = \dfrac{l}{\sqrt{3}}$ $w_{max} = -\dfrac{M_{eB}l^2}{9\sqrt{3}EI}$ $w_{\frac{1}{2}} = -\dfrac{M_{eB}l^2}{16EI}$
7		$w = -\dfrac{qx}{24EI}(l^3-2lx^2+x^3)$	$\theta_A = -\dfrac{ql^3}{24EI}$ $\theta_B = \dfrac{ql^3}{24EI}$ $w_C = -\dfrac{5ql^4}{384EI}$
8		$w = -\dfrac{Px}{48EI}(3l^2-4x^2)\ (0 \leqslant x \leqslant \dfrac{l}{2})$	$\theta_A = -\dfrac{ql^2}{16EI}$ $\theta_B = \dfrac{ql^2}{16EI}$ $w_C = -\dfrac{Pl^3}{48EI}$
9		$w = -\dfrac{Pbx}{6EIl}(l^2-x^2-b^2)$ $(0 \leqslant x \leqslant a)$ $w = -\dfrac{Pb}{6EIl}\left[\dfrac{l}{6}(x-a)^3 + (l^2-b^2)x - x^2\right]$ $a \leqslant x \leqslant l$	$\theta_A = \dfrac{Pab(l+b)}{6EIl}$ $\theta_B = \dfrac{Pab(l+a)}{6EIl}$ $w_{\frac{1}{2}} = -\dfrac{Pb(3l^3-4b^2)}{48EIl}$ 当 $a > b$ 时, $x = \sqrt{\dfrac{l^2-b^2}{3}}$ 处 $w_{max} = -\dfrac{Pb(l^2-b^2)^{3/2}}{9\sqrt{3}EIl}$

序号	梁上荷载	挠曲线方程	转角和挠度
10	M_e A B a b	$w = -\dfrac{M_e}{6EIl}\left[x(l^2-3b^2)-x^3\right]$ 当 $0 \leqslant x \leqslant a$ 时 $w = \dfrac{M_e}{6EIl}\left[3(x-a)^2l+x(l^2-3b^2)-x^3\right]$ 当 $a \leqslant x \leqslant l$ 时	$\theta_B = -\dfrac{M_e}{2EIl}\left(\dfrac{l^2}{3}-a^2\right)$ $\theta_A = -\dfrac{M_e}{2EIl}\left(\dfrac{l^2}{3}-b^2\right)$

【例 7.3】 由图 7.8(a)所示的简支梁受均布载荷和集中力偶作用，试用叠加原理求跨中 C 处的挠度和支座处截面的转角。

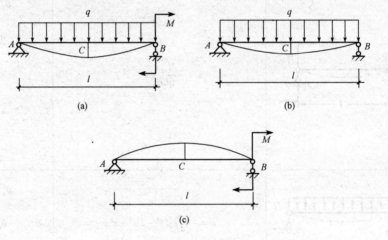

图 7.8　例 7.3 图

解： 由表 7.1 可得，在图 7.8(b)、(c)所示载荷下的位移分别为

$$w_{C,1} = \frac{5ql^4}{384EI} \qquad w_{C,2} = -\frac{Ml^2}{16EI}$$

$$w_C = \frac{5ql^4}{384EI} - \frac{Ml^2}{16EI}$$

$$\theta_A = \theta_{A,1} + \theta_{A,2} = \frac{ql^3}{24EI} - \frac{Ml}{6EI}$$

$$\theta_B = \theta_{B,1} + \theta_{B,2} = -\frac{ql^3}{24EI} + \frac{Ml}{3EI}$$

【例 7.4】 试利用叠加法，求图 7.9 所示抗弯刚度为 EI 的简支梁的跨中截面挠度 w_C 和两端横截面的转角 θ_A、θ_B。

解： 为了利用表 7.1 中的结果，可将图 7.9(a)的载荷视为正对称载荷与反对称载荷两种情况的叠加，如图 7.9(b)所示。

在正对称载荷作用下，对应角标为"1"，跨中截面的挠度与两端截面的转角分别为

$$w_{C1} = -\frac{\dfrac{5q}{2}l^4}{384EI} = -\frac{5ql^4}{768EI}$$

$$\theta_{A1} = -\theta_{B1} = -\frac{\dfrac{q}{2}l^3}{24EI} = -\frac{ql^3}{48EI}$$

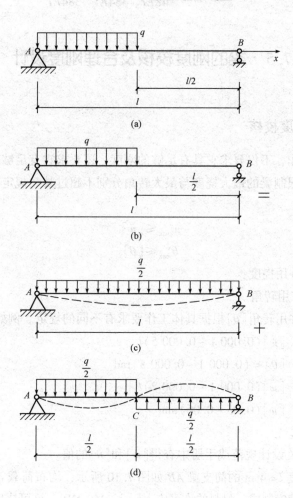

图 7.9 例 7.4 图

在反对称载荷作用下，对应角标为"2"，梁的挠曲线对于跨中截面应是反对称的，因而跨中截面的挠度 w_{C1} 应等于零。由于 C 截面的挠度等于零，即 w_{C2} 为零，但转角不等于零，且该截面上的弯矩等于零，故可将 AC 段和 CB 段分别视为受均布载荷作用且长度为 $\dfrac{l}{2}$ 的简支梁，因此，由表 7.1 查得

$$\theta_{A2} = \theta_{B2} = -\frac{\dfrac{q}{2}\cdot\left(\dfrac{l}{2}\right)^3}{24EI} = -\frac{ql^3}{384EI}$$

将相应的位移值叠加，即得

$$w_C = w_{C1} + w_{C2} = -\frac{5ql^4}{768EI}$$

$$\theta_A = \theta_{A1} + \theta_{A2} = -\frac{ql^3}{48EI} - \frac{ql^3}{384EI} = -\frac{9ql^3}{384EI}$$

$$\theta_B = \theta_{B1} + \theta_{B2} = \frac{ql^3}{48EI} - \frac{ql^3}{384EI} = \frac{7ql^3}{384EI}$$

7.5 梁的刚度校核及合理刚度设计

7.5.1 梁的刚度校核

为保证梁正常工作，不仅要求它具有足够的刚度，还要求它有足够的刚度。即要求梁的位移不能过大。通过限制梁的最大挠度与最大转角分别不超过某一规定的数值，得到梁的刚度条件为

$$w_{max} \leqslant [w]$$

$$\theta_{max} \leqslant [\theta]$$

式中　　$[w]$——梁的许用挠度；

　　　　$[\theta]$——梁的许用转角。

许用挠度$[w]$和许用转角$[\theta]$根据具体工作要求有不同的规定。例如：

普通机床主轴　　　$[w](0.000\,1 \sim 0.000\,5)l$

　　　　　　　　　$[\theta] = (0.000\,1 \sim 0.000\,5)\,\text{rad}$

起重机大梁　　　　$[w](0.000\,1 \sim 0.000\,2)l$

发动机凸轮轴　　　$[w](0.05 \sim 0.06)\,\text{mm}$

式中　　l——梁的跨度。

设计时，可从有关设计规范或手册中查得$[w]$和$[\theta]$的值。

【例7.5】　一跨度 $l = 4$ m 的简支梁 AB 如图7.10所示，均布荷载 $q = 10$ kN/m，集中力 $P = 20$ kN，梁由两根槽钢制成，材料的许用应力$[\sigma] = 160$ MPa，许可挠度$[w] = 10$ mm，试选择槽钢的型号。

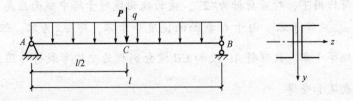

图7.10　例7.5图

　　解：梁 AB 的最大弯矩发生在中点 C 处，有

$$M_{max} = \frac{Pl}{4} + \frac{ql^2}{8} = \frac{20 \times 4}{4} + \frac{10 \times 4^2}{8} = 40(kN \cdot m)$$

由强度条件可知，两槽钢关于中性轴 z 的抗弯截面模量为

$$W = \frac{M_{max}}{[\sigma]} = \frac{40 \times 10^6}{160} = 250 \times 10^3 = 250(cm^3)$$

查型钢表，可选 18a 槽钢。

此梁最大挠度 w_{max} 发生在中点 C 处，经查表 7.1 有

$$w_{max} = \frac{Pl^3}{48EI} + \frac{5ql^4}{384EI}, \quad 令 \ w_{max} \leqslant [w]，有$$

$$I \geqslant \frac{Pl^3}{48E[w]} + \frac{5ql^4}{384E[w]} = \frac{20 \times 10^3 \times 4\ 000^3}{48 \times 200 \times 10^3 \times 10} + \frac{5 \times 10 \times 10^3/10^3 \times 4\ 000^4}{384 \times 200 \times 10^3 \times 10}$$

$$= 30.0 \times 10^6 (mm^4) = 30 \times 10^2 cm^4$$

查型钢表，可选 20a 槽钢。

综合关于强度和刚度条件的要求，应选 20a 槽钢。

7.5.2　合理刚度设计

从梁的挠曲线近似微分方程及对其积分中可以看出，梁的弯曲变形与梁的受力、支承条件、跨度长短及梁的弯曲刚度等有关。因此，应根据上述因素，采取合理的措施来提高梁的弯曲刚度。

（1）减小梁的跨长。梁的挠度和转角与其跨长的 n 次幂成正比，因此，应尽可能地减小梁的跨长，这样可以显著减小其挠度和转角。例如，Z145 造型机横臂的支点在立柱的后面 [图 7.11(a)]；而改进后的 Z145A 造型机横臂的支点在立柱的前面 [图 7.11(b)]。由于跨度和外伸长度都缩短了，所以后者的弯曲刚度有较大提高。

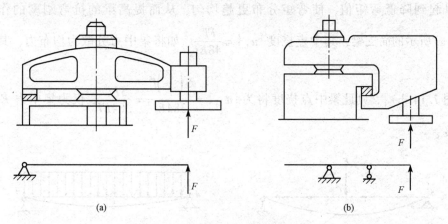

图 7.11　造型机力学模型示意

（a）改进前；（b）改进后

（2）增加约束。在梁的跨长不能缩短的情况下，可以采用增加约束的办法来提高梁的弯曲刚度。例如，车削细长杆时，加上顶尖支承（图 7.12），以减小工件的最大挠度。又如原

用两个短轴承支承的轴[图 7.13(a)]，若在其左端增加一个短轴承[图 7.13(b)]，或者将其左端改为长轴承[图 7.13(c)]，使其约束接近于固定端，也能减小轴的变形，提高刚度。

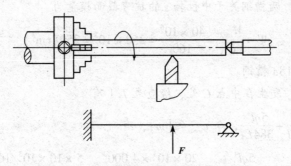

图 7.12　车削细长杆力学模型示意

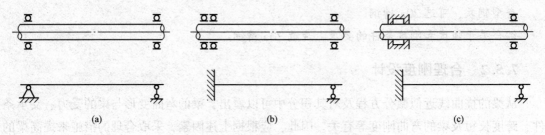

图 7.13　短轴承支承轴工艺改进示意

(a)改进前；(b)改进方法 1(左端增加短轴承)；(c)改进方法 2(左端改为长轴承)

(3)合理安排梁的加载方式。弯矩是引起弯曲变形的主要因素，所以，降低弯矩数值并使弯矩分布趋于均匀，将提高梁的弯曲刚度。在可能的情况下，适当调整梁的加载方式，可以起到降低弯矩值，使弯矩分布更趋均匀，从而提高梁的抗弯刚度的作用。如图 7.14(a)所示的简支梁，其中点挠度 $|w_C| = \dfrac{Fl^3}{48EI}$。如将集中力分散为均布力，其集度为

$q = \dfrac{F}{l}$[图 7.14(b)]，则此梁中点挠度将为 $|w_{Cq}| = \dfrac{5\left(\dfrac{F}{l}\right)l^4}{384EI} = \dfrac{5Fl^3}{384EI}$，仅为集中力 F 作用时的 62.5%。

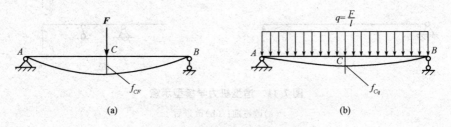

图 7.14　简支梁受力变形示意

(a)受集中荷载；(b)受均布荷载

（4）设计合理截面，增大惯性矩。在梁的截面面积不变的前提下，设计合理的截面形状，增大截面惯性矩的数值，也是提高弯曲刚度的有效措施。例如，起重机大梁一般采用工字形或箱形截面，机器的箱体采用加筋的办法提高箱壁的弯曲刚度，而不采取增加壁厚的办法。

应该注意，由于梁的变形是由多梁段的变形累加的结果。因此只有梁的全长或绝大部分长度上加大惯性矩的数值，才能达到提高刚度的目的，这一点与强度问题不同，在强度问题中，只需在弯矩较大的梁段内加大惯性矩，即可达到提高刚度的目的。另一方面，梁在局部范围内惯性矩的减小（如由于铆钉孔所引起的削弱等），对强度的影响较大，而对刚度的影响是可以忽略的，上述是刚度问题与强度问题的又一不同之处。

最后，必须指出，弯曲变形还与材料的弹性模量 E 有关，E 值越大弯曲变形越小。但由于各种钢材的弹性模量 E 大致相同，采用高强度钢并不能有效提高梁的弯曲刚度。因此，从提高弯曲刚度来看，没有必要选用价格高昂的高强度钢。

知识拓展

简单超静定梁

1. 简单超静定梁的概念

前面讨论的是静定梁，这种梁的约束反力仅凭静力平衡条件就能确定。在工程上，为了提高梁的强度和刚度，或因构造上的需要，除维持平衡所必需的约束外，往往可能再增加一个或多个约束，这时梁的反力仅凭静力平衡方程无法全部确定。如图 7.15 所示的桥梁，共有三个约束反力，但只能列出两个静力平衡方程。再如图 7.16（a）所示电杆上的木横担，可简化为图 7.16（b）所示的梁。它的支反力个数也多于静力平衡方程的个数。这些由于约束反力的数目多于静力平衡方程的数目，因而仅由静力平衡方程无法求得全部支反力的梁，称为超静定梁（或静不定梁）。那些多于维持梁平衡所必需的约束，习惯上称为多余约束；与其相应的约束反力或反力偶，称为多余反力。而未知反力的数目与独立静力平衡方程数目的差数，称为超静定次数。解梁的超静定问题与解拉、压超静定问题一样，需要利用变形协调条件和力与变形间的物理关系，建立补充方程，然后与平衡方程联立求解。支座的约束反力求得后，其余的计算与静定梁并无区别。

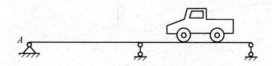

图 7.15　超静定简支梁桥示意

2. 用变形比较法解超静定梁

图 7.17（a）所示的梁为一次静定梁，若将支座 B 作为多余约束，设想将它去掉，而以未知的约束反力 F_B 代替，这时，AB 梁在形式上相当于受均布载荷 q 和未知反力 F_B 作用的静

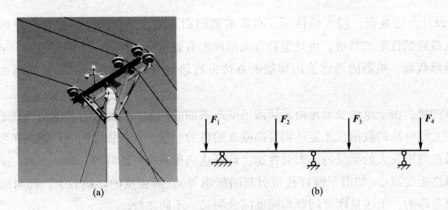

图 7.16 超静定结构力学模型简化示意

(a)木横担示意;(b)计算模型

定梁[图 7.17(b)],这种形式上的静定梁称为基本静定系或静定基。为使静定基的变形与原超静定梁的变形相同,必须使静定基在原载荷和多余约束力共同作用下引起在多余约束处的位移与原超静定梁在该处的相应位移相等。

在均布载荷 q 和未知反力 F_B 作用下梁的变形如图 7.17(c)、(d)所示;该超静定梁的弯矩图如图 7.17(e)所示。

变形协调条件为

$$w_B = w_{BF} + w_{Bq} = 0 \qquad\qquad\qquad (a)$$

由表 7.1 查得 $w_{BF} = \dfrac{F_B l^3}{3EI}$, $w_{Bq} = -\dfrac{ql^4}{8EI}$

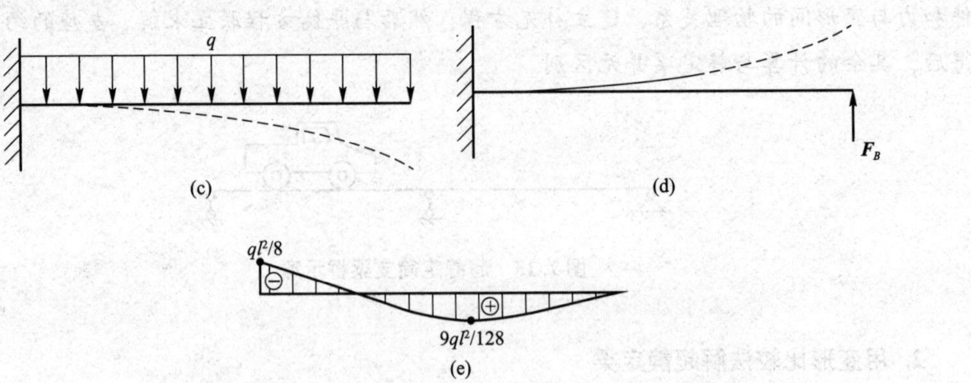

图 7.17 超静定梁变形比较法示意

(a)一次超静定梁;(b)去掉约束增加支反力;(c)均布力作用下变形;(d)集中力作用下变形;(e)弯矩图

代入式(a)得方程$\dfrac{F_B l^3}{6EI} - \dfrac{q l^4}{8EI} = 0$，解得 $F_B = \dfrac{3}{8} = \dfrac{3}{8} ql$

列静力学平衡方程

$$\sum F_y = 0 \qquad F_A + F_B - ql = 0$$

$$\sum M_A(F) = 0 \qquad F_B l - \frac{1}{2} q l^2 + M_A = 0$$

$$F_A = \frac{5}{8} ql \qquad M_A = \frac{1}{8} q l^2$$

绘制弯矩图，可知 $|M| = \dfrac{q l^2}{8}$，如图 7.17(e) 所示。

【例 7.6】　求图 7.18 所示结构中 BC 杆的内力。设梁 AB 的抗弯刚度 EI 和 BC 的抗拉刚度 EA 均已知。

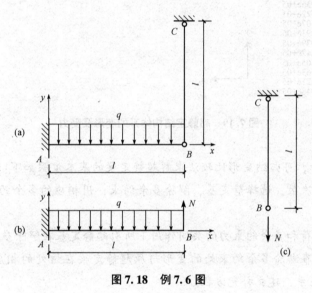

图 7.18　例 7.6 图

解：方法一(理论计算法)

选 BC 杆的轴力 N 作为梁 AB 的多余约束力，原梁 AB 的静定基为悬臂梁。

由于梁和杆在受力变形后仍连接于 B 点，因此梁 AB 在 B 点的挠度应与 BC 杆在 B 点的位移相等，即有变形协调条件

$$w_B = (w_B)_q + (w_B)_N = -\Delta l_{BC}$$

将物理关系

$$(w_B)_q = -\frac{q l^4}{8EI}$$

$$(w_B)_N = \frac{N l^3}{3EI}$$

$$\Delta l_{BC} = \frac{Nl}{EA}$$

代入上式，得补充方程

$$-\frac{ql^4}{8EI}+\frac{Nl^3}{3EI}=-\frac{Nl}{EA}$$

解得

$$N=\frac{3Aql^3}{8(Al^2+3I)}$$

方法二(有限元计算法)

通过有限元建模及计算,可以看到该超静定结构体系的变形及受力状态,如在 AB 杆的 A 端处,所受力最大,如图7.19所示。

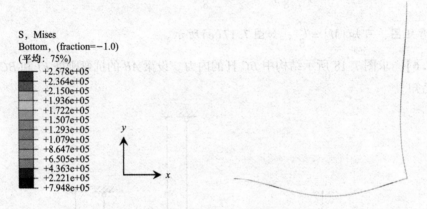

S, Mises
Bottom, (fraction=-1.0)
(平均: 75%)

> +2.578e+05
> +2.364e+05
> +2.150e+05
> +1.936e+05
> +1.722e+05
> +1.507e+05
> +1.293e+05
> +1.079e+05
> +8.647e+04
> +6.505e+04
> +4.363e+04
> +2.221e+04
> +7.948e+04

图7.19　超静定结构体系的变形及受力

通过上面的例子,可归纳变形比较法求解超静定梁的基本步骤如下:

(1)确定超静定次数,选择静定基,解除多余约束,用相应的多余约束力代替多余约束的作用。

(2)求出在原载荷和多余约束力的共同作用下所引起静定基在解除多余约束处的变形。

(3)根据静定基在解除多余约束处的变形与原超静定梁在该处的相应变形协调的条件,并利用力与变形的关系,建立补充方程。

(4)由补充方程求解多余约束力。

(5)由平衡方程求解其他支座约束力。

本章小结

本章主要对弯曲变形进行了 ABAQUS 有限元结构分析软件数值模拟与计算,具体内容如下:

(1)梁受混凝土材料非均匀性的影响,逐渐发生弯曲变形,部分达到抗拉强度的细观单元发生损伤,荷载—位移关系逐渐偏离直线,开始出现明显的弯曲。

(2)挠曲线。当直梁发生平面弯曲变形时,梁的轴线将弯曲成一条连续、光滑的平面曲线,该曲线称为挠曲线。

(3)挠度和转角。

1)弯曲变形时的位移。

①梁横截面形心在垂直于轴线方向的线位移 w 称为该点的挠度。

②梁横截面绕其中性轴转动的角位移 θ 称为该截面的转角。

③挠度和转角都是代数量，正负号都与坐标轴的选择有关。挠度方向与 w 的正向一致时规定为正，相反为负。转角转向自 x 轴正向转到 w 的正向一致时规定为正，相反为负。

2）挠曲线方程。以轴线作 x 轴，表示梁的横截面位置与其挠度之间的函数关系称为挠曲线方程，记为 $w = f(x)$。

3）挠度与转角的关系：$\theta \approx \tan\theta = w'$。

（4）挠曲线的近似微分方程。

$$w'' = \frac{M(x)}{EI}$$

（5）积分法求梁的转角和挠度。

$$\theta = \frac{\mathrm{d}w}{\mathrm{d}x} = \int \frac{M(x)}{EI}\mathrm{d}x + C$$

$$w = \int \left[\int \frac{M(x)}{EI}\mathrm{d}x \right]\mathrm{d}x + Cx + D$$

积分常数需根据边界条件和连续性条件确定。

（6）叠加法求梁的挠度和转角。在微小变形和材料服从胡克定律的前提下，当梁受几种载荷作用时，梁的任一截面的挠度或转角等于每种载荷单独作用所引起的同一截面挠度或转角的代数和。

（7）梁的刚度条件。

$$w_{max} \leq [w]$$
$$\theta_{max} \leq [\theta]$$

（8）简单超静定梁。约束力的数目多于独立静力平衡方程的数目，因而仅由静力平衡方程无法求得全部约束力的梁，称为超静定梁（或静不定梁）。

用变形比较法求解超静定梁的步骤：

1）确定超静定次数，选择静定基，解除多余约束，用相应的多余约束力代替多余约束的作用；

2）求出在原载荷和多余约束力的共同作用下所引起静定基在解除多余约束处的变形；

3）根据静定基在解除多余约束处的变形与原超静定梁在该处的相应变形协调的条件，并利用力与变形关系，建立补充方程；

4）由补充方程求解多余约束力；

5）由平衡方程求解其他支座约束力。

习 题

7.1 填空题

1. 模截面的形心在垂直梁轴线方向的线位移称为该截面的_____；模截面绕中性轴转动的角位移称为该截面的_____；挠曲线上任意一点处切线的斜率，等于该点处模截面的_____。

2. 根据梁的_____，可以确定梁的挠度和转角的积分常数。

3. 梁弯曲时的挠度和转角的符号，按所选的坐标轴而定，与 w 轴的正向一致时其挠度为正，若这时挠曲线的斜率为正，则该处截面的转角就为_____。

4. 梁的挠曲线近似微分方程确立了梁的挠度的_____与弯矩、抗弯刚度之间的关系。梁弯曲时，如果梁的抗弯刚度越大，则梁的曲率越_____，说明梁越不容易变形。

5. 用积分法求梁的变形，在确定积分常数时，应根据梁的_____和变形连续光滑条件来确定积分常数。

6. 由梁在单独载荷作用下的变形公式可知，变形和载荷的关系是_____的，故可用叠加原理求梁的变形。

7.2 判断题

1. 计算梁弯曲变形时，允许应用叠加法的条件是：变形必须是载荷的线性齐次函数。

（　　）

2. 叠加法只适用求梁的变形问题，不适用求其他力学量。 （　　）

3. 合理布置支座的位置可以减小梁内的最大弯矩，因而达到提高梁的强度和刚度的目的。

（　　）

7.3 简答题

1. 运用叠加原理求梁的内力或变形，其适用的条件是什么？

2. 梁的挠曲线近似微分方程为什么不适用于大挠度情况？

3. 在本章和前面章节里分别讨论了拉压超静定问题和超静定梁的解法，这些超静定问题的解法的共同特点是什么？

4. 梁的弯曲变形和位移的含义相同吗？两者有何联系？

5. 提高梁弯曲刚度的措施有哪些？

7.4 实践应用题

1. 长度为 l 的悬臂梁 AB，在其自由端承受集中力 P 的作用，如图 7.20 所示。EI 为常数。试求梁的转角方程和挠度方程，并确定绝对值最大的转角 $|\theta|_{max}$ 和最大挠度 $|w|_{max}$。

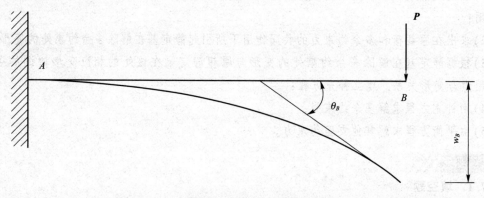

图 7.20　题 7.4(1) 图

2. 如图 7.21 所示，简支梁承受均布荷载 q 作用。试求此梁的挠度方程和转角方程，并确定绝对值最大的挠度 $|w|_{max}$ 和最大转角 $|\theta|_{max}$。（本题试用有限元软件求解）

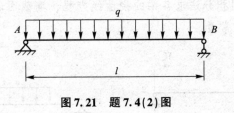

图 7.21 题 7.4(2)图

3. 如图 7.22 所示的简支梁, 已知 P、EI、l。求点挠度和 A、C 处转角。

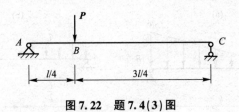

图 7.22 题 7.4(3)图

4. 列出图 7.23 所示梁的边界条件。图 7.23(d) 中支座 B 弹簧刚度为 K。

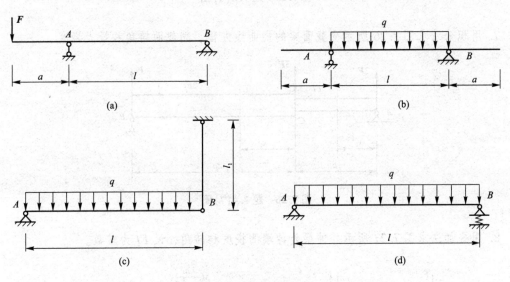

图 7.23 题 7.4(4)图

5. 如图 7.24 所示, 将坐标系取为 y 轴向下为正, 试证明挠曲线的微分方程 $\dfrac{\mathrm{d}^2 w}{\mathrm{d}x^2} = \dfrac{M}{EI}$ 应改为 $\dfrac{\mathrm{d}^2 w}{\mathrm{d}x^2} = -\dfrac{M}{EI}$。

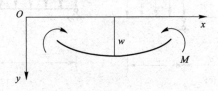

图 7.24 题 7.4(5)图

6. 如图7.25所示，用积分法求各梁的挠曲线方程、端截面转角 θ_A 和 θ_B、跨度中点的挠度和最大挠度。设 EI 为常量。

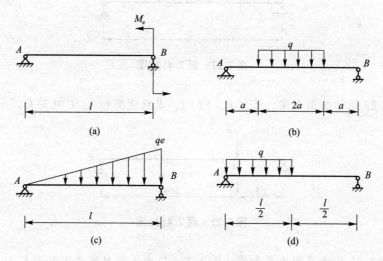

图 7.25 题 7.4(6)图

7. 用积分法求图7.26所示变截面梁的挠曲线方程、端截面转角和最大挠度。

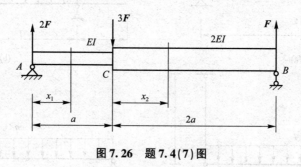

图 7.26 题 7.4(7)图

8. 用叠加法求图7.27所示外伸梁外伸端的挠度和转角，设 EI 为常数。

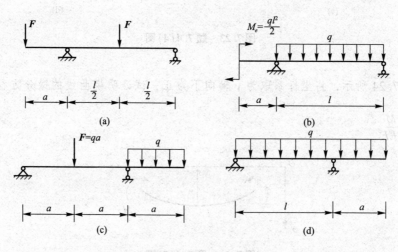

图 7.27 题 7.4(8)图

9. 求图 7.28 所示简单刚架自由端 C 的水平位移和垂直位移。设 EI 为常数。

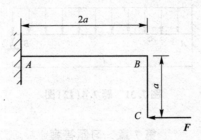

图 7.28 题 7.4(9)图

10. 图 7.29 所示的结构中,两端承受载荷 P 作用,弯曲刚度 EI 为常数。

试问:(1)当 $\dfrac{x}{l}$ 为何值时,梁跨度中点的挠度与自由端的挠度数值相等;

(2)当 $\dfrac{x}{l}$ 为何值时,梁跨度中点的挠度最大。

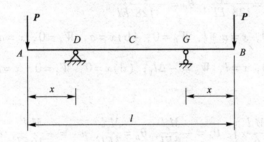

图 7.29 题 7.4(10)图

11. 如图 7.30 所示两根梁的 EI 相同,且等于常量。两梁由铰链相互连接。试求 F 力作用点 D 的位移。(本题试用有限元软件解答)

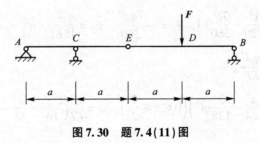

图 7.30 题 7.4(11)图

12. 图 7.31 所示的静不定梁 AB,承受集度为 q 的均布载荷作用。已知抗弯截面系数为 W,许用应力为 $[\sigma]$。

(1)试求载荷的许用值 $[q]$;

(2)为提高梁的承载能力,可将支座 B 提高少许,试求提高量 Δ 的最佳值及载荷 q 的相应许用值 $[q]$。

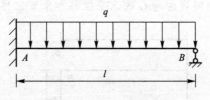

图 7.31 题 7.4(12)图

第7章 习题答案

7.1—7.3 略

7.4 实践应用题

1. $|\theta|_{\max} = \dfrac{Fl^2}{2EI}$（顺时针）； $|w|_{\max} = \dfrac{Fl^3}{3EI}$（↓）。

2. $|w|_{\max} = \dfrac{5ql^4}{384EI}$（↓）； $|\theta|_{\max} = \dfrac{ql^3}{24EI}$（顺时针）。

3. $W_B = \dfrac{3}{256}\dfrac{F_p l^3}{EL}$, $\theta_A = \dfrac{7}{128}\dfrac{F_p l^2}{El}$, $\theta_C = -\dfrac{5}{128}\dfrac{F_p l^2}{EI}$。

4. （a）$x=a$, $W_A=0$, $x=a+l$, $W_B=0$； （b）$x=a$, $W_A=0$, $x=a+l$, $W_B=0$；

 （c）$x=0$, $W_A=0$, $x=l$, $W_B=-\Delta l_1$； （d）$x=0$, $W_A=0$, $x=l$, $W_B=\dfrac{ql}{2K}$。

5. 证明略。

6. （a）$w=\dfrac{1}{EI}\left(\dfrac{M_e}{6l}-\dfrac{M_e l}{6}x\right)$, $\theta_A=-\dfrac{M_e l}{6EI}$, $\theta_B=\dfrac{M_e l}{3EI}$, $w_{\frac{1}{2}}=-\dfrac{M_e l^2}{16EI}$, $w_{\max}=-\dfrac{M_e l^2}{9\sqrt{3}EI}$。

 （b）$w=\dfrac{q}{EI}\left(\dfrac{ax^3}{6}-\dfrac{11a^3}{6}x\right)(0\leqslant x\leqslant a)$, $w=\dfrac{q}{EI}\left(\dfrac{ax^3}{3}-\dfrac{x^4}{24}-\dfrac{a^2x^2}{4}-\dfrac{5}{3}a^3x-\dfrac{a^4}{24}\right)(a\leqslant x\leqslant 2a)$,

 $\theta_A=-\theta_B=-\dfrac{11qa^3}{6EI}$, $w_{\frac{1}{2}}=w_{\max}=-\dfrac{19qa^4}{8EI}$。

 （c）$w=\dfrac{q_0}{EI}\left(\dfrac{lx^2}{36}-\dfrac{x^5}{120}-\dfrac{7l^3}{360}x\right)$, $\theta_A=-\dfrac{7q_0 l^3}{360}$, $\theta_B=\dfrac{q_0 l^3}{45EI}$, $w_{\frac{1}{2}}=-\dfrac{M5q_0 l^4}{768EI}$,

 $w_{\max}=-\dfrac{5.01q_0 l^4}{768EI}$。

 （d）$w=\dfrac{q}{EI}\left(\dfrac{l^2x^2}{16}-\dfrac{x^4}{24}-\dfrac{3}{128}ql^3\right)\left(0\leqslant x\leqslant\dfrac{1}{2}\right)$, $w=\dfrac{q}{EI}\left(\dfrac{l^2x^2}{16}-\dfrac{lx^3}{48}-\dfrac{17}{384}l^3+\dfrac{l^4}{384}\right)$

 $\left(0\leqslant x\leqslant\dfrac{1}{2}\right)$。

 $\theta_A=-\dfrac{3ql^3}{128EI}$, $\theta_B=\dfrac{7ql^3}{384EI}$, $w_{\frac{1}{2}}=-\dfrac{5ql^4}{768EI}$, $w_{\max}=-\dfrac{5.04ql^4}{768EI}$。

7. AC 段：$w(x_1)=\dfrac{F}{3EI}x_1^3-\dfrac{11Fa^2}{9EI}x_1$；

 CB 段：$w(x_2)=\dfrac{Fa}{2EI}x_2^2-\dfrac{F}{12EI}x_2^2+\left(\dfrac{1}{EI}-\dfrac{11}{9EI}\right)Fa^2x_2-\dfrac{8Fa^3}{9EI}$；

$$\theta_A = -\frac{11Fa^2}{9EI}(\downarrow), \quad \theta_B = \frac{7Fa^2}{9EI}(\uparrow), \quad w_{max} = -0.914\frac{Fa^3}{EI}.$$

8. (a) $\theta = \dfrac{F}{48EI}(24a^2 + 16al - 3l^2), \quad w = \dfrac{Fa}{48EI}(3l^2 - 16al - 16a^2);$

   (b) $\theta = -\dfrac{ql^2}{24EI}(5l + 12a), \quad w = \dfrac{qal^2}{24EI}(5l + 6a);$

   (c) $\theta = -\dfrac{qa^3}{4EI}, \quad w = -\dfrac{5qa^4}{24EI};$

   (d) $\theta = \dfrac{q}{24EI}(l^3 - 4a^2l - 4a^3), \quad w = -\dfrac{qa}{24EI}(3a^2 + 4a^2l - l^3).$

9. $(w_C)_V = -\dfrac{Fal}{2EI}, \quad (w_C)_H = -\dfrac{Fa^3}{3EI} - \dfrac{Fa^2l}{EI}.$

10. (1) 0.152；(2) $\dfrac{1}{6}$.

11. $-\dfrac{Fa^3}{3EI}.$

12. (1) $[q] = \dfrac{8W_z[\sigma]}{l^2}$；(2) $\Delta = 45.7\%$，$[q] = 11.66\dfrac{W_z[\sigma]}{l^2}.$

应力状态与强度理论

受力构件内同一截面的不同点的应力一般是不同的，而过同一点，若所取截面的方位不同，其应力也是变化的。本章采用 ABAQUS 有限元结构分析软件模拟构件变形分布云图，展示构件破坏实际情况，着重介绍了平面应力状态下应力的分析方法，通过分析一点的应力情况，得出一点处任意斜截面上的应力，说明主应力、主平面和最大切应力的计算方法。介绍了广义胡克定律，建立了一点处的应力应变关系，对于处在复杂应力状态的单元体，寻找其破坏规律并能依靠试验提出各种假说，从而建立复杂应力状态下的强度条件，即四种常用强度理论和莫尔强度理论。

案例：梁内一点的应力

在讨论构件基本变形的强度问题时，是用横截面上危险点处的正应力或切应力来建立强度条件并进行强度计算的。但是，破坏现象是否发生在横截面上及横截面上的应力是否就是引起破坏的直接原因呢？试验表明，有些情况下，破坏确实发生在横截面上，如铸铁试件的拉伸破坏。而在另外一些情况下，破坏并没有发生在试件的横截面上，而是发生在斜截面上，如低碳钢拉伸试验，屈服首先发生在与轴线约呈45°的斜截面上。为了研究这些破坏原因就必须研究试件各个截面上的应力情况。把构件内任意一点的各个斜截面上的应力情况，称为该点处的应力状态。

如图 8.1(a)所示为一横梁，取梁内任意一点分析应力情况，如图 8.1(b)所示的单元体——围绕该点取一微小的平行六面体。一点处的应力状态可分为单向应力状态、二向应力状态和三向应力状态。而单向应力状态和二向应力状态又称为平面应力状态；三向应力状态又称为空间应力状态。其中，平面应力状态可以通过解析法和图解法来进行应力分析。而由拉压胡克定律和横向变形系数推广应用可以得到空间内一点的应力应变关系，所以也称为广义胡克定律。分析点的应力状态及其应力应变关系之后，最关心的还是各点是否发生破坏、怎么判断。强度破坏可以划分为脆性断裂破坏和塑性断裂破坏两个类型。关于材料破坏机理的理论，叫作强度理论。普适性的强度理论有四个，分别是两个关于塑性破坏和两个关于塑性屈服破坏的强度理论。

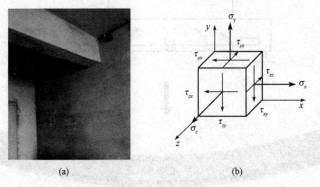

图8.1　横梁内任意一点的应力状态

(a)横梁示意；(b)计算模型

8.1　点的应力状态

8.1.1　点的应力状态的概念

在前面几章，研究了构件在拉压、剪切、扭转和弯曲变形时的强度问题，因其危险点或处于单向受力状态，或处于纯剪切状态，故根据横截面上的最大应力建立了这四种基本变形的强度条件，具体如下：

$$\sigma_{max} \leqslant [\sigma] ; \ \tau_{max} \leqslant [\tau]$$

这些强度条件只考虑了横截面的最大应力，也就是只保证了横截面的强度。

ABAQUS有限元结构分析软件数值模拟结果表明，在某些情况下，这是不够的，例如，钢筋混凝土矩形截面梁在发生弯曲变形时，除跨中底部有竖向裂纹外，靠近铰支座部位还会产生斜向裂缝，有限元数值模拟所得变形分布云图及受力图如图8.2(a)所示；在采用ABAQUS有限元结构分析软件模拟铸铁试件压缩过程中产生的变形破坏时，破坏面与轴线约呈45°角，有限元数值模拟所得变形分布云图及受力图如图8.2(b)所示。

工程实践情况表明，如图8.2(c)所示的长油罐，罐体是由钢板旋转焊接而成的，焊缝处的安全也应重点考虑。特别是在实际工程中，构件的受力是复杂的，构件的破坏不一定都沿着横截面方向，危险点的受力状态并不总是单向的或纯剪切的，这就要求全面分析危险点处各截面的应力情况。

通过对扭转变形及弯曲变形的分析可知，同一横截面上不同的点处应力并不相同，而通过同一个点不同的方位，其应力也不同。

在讨论轴向拉伸(压缩)杆件斜截面上的应力时，由斜截面应力计算公式可知，任一点的应力是随过该点的截面方位而变化的，这种情况在其他受力构件内同样存在。如图8.3(a)所示的梁，研究其A点处三个不同方位的截面的应力，如图8.3(b)、(c)、(d)

所示，各截面存在不同的正应力和切应力。

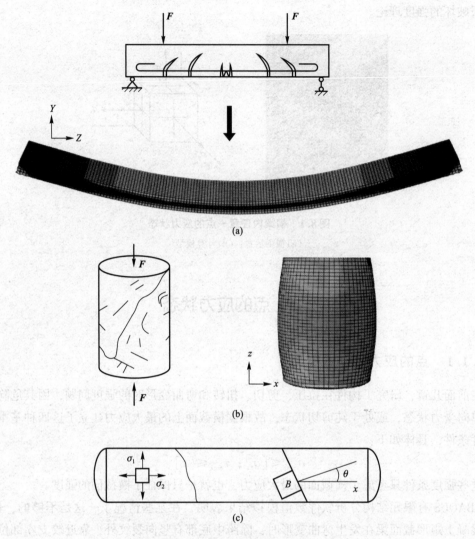

图 8.2 物体受力及有限元模拟

（a）集中载荷作用下的简支梁；（b）铸铁压缩；（c）长油罐受力状态示意

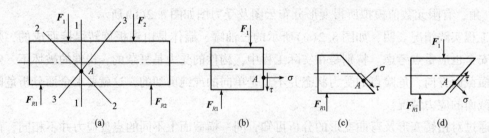

图 8.3 梁不同方位截面应力状态

　　因此，在说明构件的应力时，需说明是哪个点的哪个方位截面上的应力。受力构件中一点的各个截面上的应力情况集合称为一点的应力状态。研究一点的应力状态，目的是寻找该点应力的最大值及所在的方位，为处于复杂受力状态的构件的强度计算提供理论依据。

8.1.2　一点的应力状态的描述

描述一点的应力状态的方法是在受力构件内围绕该点截取一微小的正六面体，即单元体。单元体在三个方向上的尺寸均为无穷小量，故可以近似地认为，在它的每个面上，应力都是均匀的，且在单元体内相互平行的截面上，应力都是相同的。所以，这样的单元体的应力状态可以代表一点的应力状态。如果单元体各个面上的应力均为已知时，则该点的应力状态就完全确定。至于单元体内任意斜截面上的应力，可以用截面法求得。

前面研究了构件基本变形时横截面上的应力，因此，研究如图 8.4~图 8.6 所示杆件内 A 点处的应力状态时可用横截面、纵截面及与表面平行的截面截取，这样取出的单元体各面上的应力均为已知量，这样的单元体称为原始单元体。

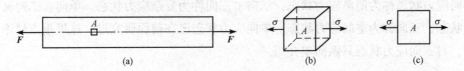

(a)　　　　　　　　　　　　(b)　　　　　　　　　(c)

图 8.4　A 点应力状态(杆件 1)

(a)A 点位置；(b)截面 1；(c)截面 2

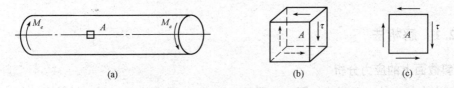

(a)　　　　　　　　　　　　(b)　　　　　　　　(c)

图 8.5　A 点应力状态(杆件 2)

(a)A 点位置；(b)截面 1；(c)截面 2

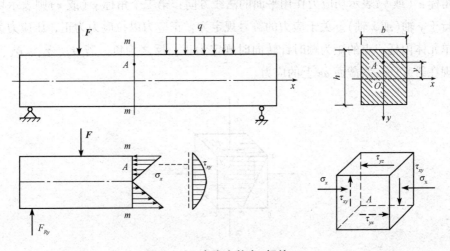

图 8.6　A 点应力状态(杆件 3)

8.1.3 应力状态的分类

一般情况下，表示一点处的应力状态的原始单元体在其各面上同时存在正应力 σ 和切应力 τ。当单元体某个面上切应力等于零时，该面称为主平面；主平面上的正应力称为主应力。

可以证明：通过受力构件内任意一点处一定存在着三个相互垂直的主平面，相应的三个主应力通常用 σ_1、σ_2、σ_3 表示，按代数值大小排序有 $\sigma_1 > \sigma_2 > \sigma_3$。由三个主平面组成的单元体称为主单元体。

一点处应力状态根据主应力情况可分为以下三类：

(1)单向应力状态：只有一个主应力不等于零的应力状态。

(2)平面应力状态(也称二向应力状态)：两个主应力不等于零的应力状态。

(3)三向应力状态：三个主应力都不等于零的应力状态。

单向应力状态称为简单应力状态，二向、三向称为复杂应力状态。单向、二向又称为平面应力状态，三向称为空间应力状态。单向应力状态已在前面研究过，这里重点讨论二向应力状态，对三向应力状态只做简单介绍。

8.2 平面应力状态下的应力分析

8.2.1 解析法

1. 斜截面上的应力分析

平面应力状态的一般形式如图 8.7 所示。σ_x 和 τ_{xy} 是法线平行于 x 轴的面(称 x 面)上的应力；σ_y 和 τ_{yx} 是法线平行于 y 轴的面(称 y 面)上的应力。切应力 τ_{xy}(或 τ_{yx})有两个角标，第一个角标 x(或 y)表示切应力作用平面的法线方向；第二个角标 y(或 x)则表示切应力的方向平行于 y 轴(或 x 轴)。关于应力的符号规定为：正应力以拉应力为正，压应力为负。切应力对单元体内任一点的矩为顺时针转向时规定为正；反之为负。若 σ_x、τ_{xy}、σ_y、τ_{yx} 均为已知，现在研究任一斜截面 ae 上的应力。

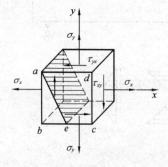

图 8.7 平面应力状态的空间表示

图 8.8(a)所示为单元体的正投影。斜截面的方位以其外法线 n 轴与 x 轴的夹角 α 表示，该截面上的应力用 σ_α、τ_α 表示。关于斜截面方位角 α 的符号规定为：α 由 x 轴转到 n 轴为逆时针方向时为正。

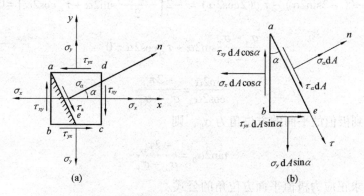

图 8.8　平面应力状态斜截面上的应力分析

(a)正投影；(b)截面 abe 受力模型

用斜截面 ae 将单元假想地截开，保留左下部分为研究对象。设截面面积为 $\mathrm{d}A$，则 ab 与 be 面积分别为 $\mathrm{d}A\cos\alpha$ 与 $\mathrm{d}A\sin\alpha$。abe 部分受力如图 8.8(b)所示。由平衡条件列出平衡方程

$$\sum F_t = 0 \qquad \tau_\alpha \mathrm{d}A - \sigma_x(\mathrm{d}A\cos\alpha)\sin\alpha - \tau_{xy}(\mathrm{d}A\cos\alpha)\cos\alpha +$$
$$\tau_{yx}(\mathrm{d}A\sin\alpha)\sin\alpha + \sigma_y(\mathrm{d}A\sin\alpha)\cos\alpha = 0$$

$$\sum F_n = 0 \qquad \sigma_\alpha \mathrm{d}A - \sigma_x(\mathrm{d}A\cos\alpha)\cos\alpha + \tau_{xy}(\mathrm{d}A\cos\alpha)\sin\alpha + \tau_{yx}(\mathrm{d}A\sin\alpha)\cos\alpha -$$
$$\sigma_y(\mathrm{d}A\sin\alpha)\sin\alpha = 0$$

由此可得
$$\sigma_\alpha = \sigma_x\cos^2\alpha + \sigma_y\sin^2\alpha - (\tau_{xy} + \tau_{yx})\sin\alpha\cos\alpha \qquad (a)$$

$$\tau_\alpha = (\sigma_x - \sigma_y)\sin\alpha\cos\alpha + \tau_{xy}\cos^2\alpha - \tau_{yx}\sin^2\alpha \qquad (b)$$

根据切应力互等定理可得，$\tau_{xy} = \tau_{yx}$ 数值相等，又由三角学可知

$$\cos^2\alpha = \frac{1 + \cos2\alpha}{2}, \quad \sin^2\alpha = \frac{1 - \cos2\alpha}{2} \quad 2\sin\alpha\cos\alpha = \sin2\alpha$$

将上述关系式代入式(a)、式(b)，于是得

$$\sigma_\alpha = \frac{\sigma_x + \sigma_y}{2} + \frac{\sigma_x - \sigma_y}{2}\cos2\alpha - \tau_{xy}\sin2\alpha \qquad (8.1)$$

$$\tau_\alpha = \frac{\sigma_x - \sigma_y}{2}\sin2\alpha + \tau_{xy}\cos2\alpha \qquad (8.2)$$

以上两式即平面应力状态下斜截面上应力的一般公式。应用公式时要注意应力及斜截面方位角的正负。

2. 主应力及主平面位置

由式(8.1)和式(8.2)表明，斜截面上的应力 σ_α 和 τ_α 随 α 角的改变而变化，它们都是 α 的函数。在分析构件强度时，最为关心的是在哪一个截面上的应力最大，以及最大应力值。由于 σ_α 和 τ_α 是 α 的连续函数，为此可利用高等数学中求极值的方法确定最大应力值及所在

截面位置。

由式(8.1)，令 $\mathrm{d}\sigma_\alpha/\mathrm{d}\alpha=0$，得

$$\frac{\mathrm{d}\sigma_\alpha}{\mathrm{d}\alpha}=\frac{\sigma_x-\sigma_y}{2}(-2\sin2\alpha)-\tau_{xy}(2\cos2\alpha)=-2\left[\frac{\sigma_x-\sigma_y}{2}\sin2\alpha+\tau_{xy}\cos2\alpha\right]=0$$

$$\frac{\sigma_x-\sigma_y}{2}\sin2\alpha+\tau_{xy}\cos2\alpha=0 \tag{c}$$

$$\frac{\sin2\alpha}{\cos2\alpha}=\frac{-2\tau_{xy}}{\sigma_x-\sigma_y}$$

令使 σ_α 达到极值的平面的方位角为 α_0，则

$$\tan2\alpha_0=\frac{-2\tau_{xy}}{\sigma_x-\sigma_y} \tag{8.3}$$

式(8.3)即求正应力极值平面方位角的公式。

由式(8.3)可以求出相差 90°的两个角度，它们确定相互垂直的两个平面，其中一个是最大正应力所在的平面；另一个是最小正应力所在的平面。比较式(8.2)与式(c)两式知，满足式(c)的 α 角恰好使 $\tau=0$，即正应力极值所处平面上的切应力等于零。因为切应力等于零的平面是主平面，主平面上的正应力是主应力，所以正应力极值所在平面即主平面，正应力的极值即主应力。

根据三角公式可以从式(8.3)中求出 $\cos2\alpha_0$ 和 $\sin2\alpha_0$，并将它们代入式(8.1)，便可求得正应力的两个极值

$$\left.\begin{array}{c}\sigma_{\max}\\\sigma_{\min}\end{array}\right\}=\frac{\sigma_x+\sigma_y}{2}\pm\sqrt{\left(\frac{\sigma_x-\sigma_y}{2}\right)^2+\tau_{xy}{}^2} \tag{8.4}$$

由式(8.4)可得

$$\sigma_{\max}+\sigma_{\min}=\sigma_x+\sigma_y=常数$$

3. 切应力极值及其作用平面的方位

用完全相似的方法，可以讨论切应力极值和它们所在平面的方位，将式(8.2)对 α 求导，令 $\mathrm{d}\tau_\alpha/\mathrm{d}\alpha=0$，得

$$\frac{\mathrm{d}\tau_a}{\mathrm{d}\alpha}=\frac{(\sigma_x-\sigma_y)}{2}(2\cos2\alpha)-\tau_{xy}(2\sin2\alpha)=0$$

$$\frac{\sin2\alpha}{\cos2\alpha}=\frac{\sigma_x-\sigma_y}{2\tau_{xy}}$$

令使 τ 达极值的平面方位角为 α_1，则

$$\tan2\alpha_1=\frac{\sigma_x-\sigma_y}{2\tau_{xy}} \tag{8.5}$$

同理可得切应力的两个极值为

$$\left.\begin{array}{c}\tau_{\max}\\\tau_{\min}\end{array}\right\}=\pm\sqrt{\left(\frac{\sigma_x-\sigma_y}{2}\right)^2+\tau_{xy}^2} \tag{8.6}$$

比较式(8.3)和式(8.5)两式可见

$$\tan2\alpha_0 = -\frac{1}{\tan2\alpha_1} = -\cot2\alpha_1 \quad 2\alpha_1 = 2\alpha_0 + \frac{\pi}{2} \quad \alpha_1 = \alpha_0 + \frac{\pi}{4}$$

这表明切应力极值所处平面与主平面夹角为 45°。

比较式(8.4)与式(8.6)，可知

$$\left.\begin{array}{c} \tau_{max} \\ \tau_{min} \end{array}\right\} = \pm\frac{\sigma_{max} - \sigma_{min}}{2} \tag{8.7}$$

式(8.7)表明，切应力极值，等于两个主应力差值的一半。

【例8.1】 试计算图 8.9 所示单元体上指定截面的应力，已知 $\sigma_x = 80$ MPa，$\sigma_y = -40$ MPa，$\tau_x = -60$ MPa，计算并求出主应力及其方向。

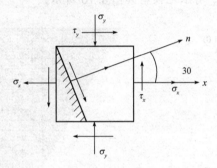

图 8.9 例 8.1 图

解：方法一(理论计算法)

先将 $\sigma_x = 80$ MPa、$\sigma_y = -40$ MPa、$\tau_x = -60$ MPa 和 $\alpha = 30°$ 代入式(8.1)和式(8.2)中，得

$$\begin{aligned} \sigma_{30°} &= \frac{\sigma_x + \sigma_y}{2} + \frac{\sigma_x - \sigma_y}{2}\cos2\alpha - \tau_x\sin2\alpha \\ &= \frac{80 + (-40)}{2} + \frac{80 - (-40)}{2}\cos(2 \times 30°) - (-60)\sin(2 \times 30°) \\ &= 101.96(\text{MPa}) \end{aligned}$$

$$\begin{aligned} \tau_{30°} &= \frac{\sigma_x - \sigma_y}{2}\sin2\alpha + \tau_x\cos2\alpha \\ &= \frac{80 - (-10)}{2}\sin(2 \times 30°) - 60\cos(2 \times 30°) \\ &= 21.96(\text{MPa}) \end{aligned}$$

确定主平面方位，将单元体已知应力代入式(8.3)，得

$$\tan2\alpha_0 = -\frac{2\tau_x}{\sigma_x - \sigma_y} = -\frac{2 \times (60)}{80 - (-40)} = 1$$

$$2\alpha_0 = 45° \qquad \alpha_0 = 22.5°$$

α_0 即最大主应力 σ_1 与 x 轴的夹角。主应力为

$$\left.\begin{array}{c} \sigma_{max} \\ \sigma_{min} \end{array}\right\} = \frac{\sigma_x + \sigma_y}{2} \pm \sqrt{\left(\frac{\sigma_x - \sigma_y}{2}\right)^2 + \tau_x^2}$$

$$= \frac{80 + (-40)}{2} \pm \sqrt{\left(\frac{80 - (-40)}{2}\right)^2 + (-60)^2}$$

$$= 20 \pm 184.85$$

$$= \begin{cases} 104.85 \text{ MPa} \\ -64.85 \text{ MPa} \end{cases}$$

于是可知：$\sigma_1 = 104.85$ MPa，$\sigma_2 = 0$，$\sigma_3 = -64.85$ MPa。

方法二(有限元计算法)

经有限元建模及计算，可以得到主应力 $\sigma_1 = 104.9$ MPa，$\sigma_2 = 0$，$\sigma_3 = -64.8$ MPa，与理论计算方法所得结果一致。有限元模型如图 8.10 所示。

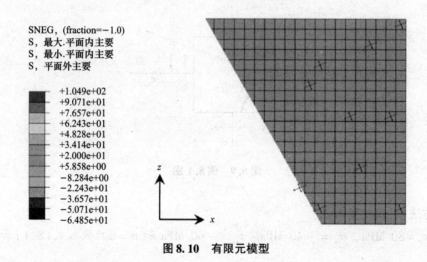

图 8.10　有限元模型

【例 8.2】　构件中某点的原始单元体及其应力如图 8.11(a) 所示，试求：(1) 主应力及其主单元体的位置；(2) 最大、最小剪应力及其所在截面的倾角。

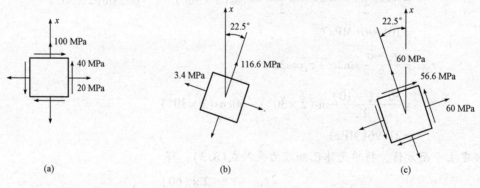

图 8.11　例 8.2 图

解：由图 8.11(a)所知，$\sigma_x = 100$ MPa，$\sigma_y = 20$ MPa，$\tau_{xy} = 40$ MPa。

(1) 设主平面倾角为 α_0，则

$$\tan\alpha_0 = -\frac{2\tau_{xy}}{\sigma_x - \sigma_y} = -\frac{2 \times 40}{100 - 20} = -1$$

$$2\alpha_0 = -45°\text{或}2\alpha_0 = -225°$$

$$\alpha_0 = -22.5°\text{或}\alpha_0 = -112.5°$$

以上结果表明，从 x 轴量起，由 $\alpha_0 = -22.5°$（顺时针方向）所确定的主平面上的主应力为 $\sigma_{\max}$，而由 $\alpha_0 = -112.5°$ 所确定的主平面上的主应力为 $\sigma_{\min}$。即可得出最大、最小正应力：

$$\left.\begin{array}{c}\sigma_{\max}\\\sigma_{\min}\end{array}\right\} = \frac{100+20}{2} \pm \sqrt{\left(\frac{100-20}{2}\right)^2 + 40^2} = 60 \pm 56.6 = \begin{cases}116.6 \text{ MPa}\\3.4 \text{ MPa}\end{cases}$$

故主应力为 $\sigma_1 = 116.6$ MPa，$\sigma_2 = 3.4$ MPa，$\sigma_3 = 0$，主单元体及主应力如图 8.11(b)所示。

(2)最大剪应力所在面的倾角为

$$\alpha_1 = \alpha_0 + 45° = -22.5° + 45° = 22.5°$$

最大、最小剪应力为

$$\left.\begin{array}{c}\tau_{\max}\\\tau_{\min}\end{array}\right\} = \pm\sqrt{\left(\frac{100-20}{2}\right)^2 + 40^2} = \pm 56.6(\text{MPa})$$

相对应的正应力为 $\sigma = \dfrac{116.6+3.4}{2} = 60(\text{MPa})$，绘制结果如图 8.11(c)所示。

8.2.2　图解法

1. 应力圆方程

平面应力状态下的应力分析还可用另一方法——图解法。其特点是简便直观，省去了复杂的计算。由前述式(8.1)与式(8.2)可知，正应力 σ_α 与切应力 τ_α 均为 α 的函数，而上述两式则为关于 α 的参数方程，将两式联立消去 α 后可得 σ_α 与 τ_α 的关系式，首先将两式改写为

$$\sigma_\alpha = \frac{\sigma_x + \sigma_y}{2} + \frac{\sigma_x - \sigma_y}{2}\cos 2\alpha - \tau_{xy}\sin 2\alpha$$

$$\tau_\alpha = \frac{\sigma_x - \sigma_y}{2}\sin 2\alpha + \tau_{xy}\cos 2\alpha$$

然后将两式各自平方后相加，可得

$$\left(\sigma_\alpha - \frac{\sigma_x + \sigma_y}{2}\right)^2 + (\tau_\alpha - 0)^2 = \left(\frac{\sigma_x - \sigma_y}{2}\right)^2 + \tau_{xy}^2 \tag{8.8}$$

可以看出，式(8.8)为一个圆方程，在以 σ 为横坐标，τ 为纵坐标的平面内，此圆圆心坐标为 $\left(\dfrac{\sigma_x + \sigma_y}{2}, 0\right)$，半径 $R = \sqrt{\left(\dfrac{\sigma_x - \sigma_y}{2}\right)^2 + \tau_{xy}^2}$。这一圆周称为应力圆。应力圆最早由德国工程师莫尔(O. Mohr)出，故又称为莫尔应力圆，简称莫尔圆。

2. 应力圆的画法

现以图 8.12(a)所示的单元体为例说明应力圆的作法。先建立 σ—τ 直角坐标系，按一

定比例尺量取横坐标$\overline{OA} = \sigma_x$，纵坐标$\overline{AD} = \tau_{xy}$，确定 D 点[图8.12(b)]，D 点的坐标代表以 x 为法线的面上的应力。量取$\overline{OB} = \sigma_y$，$\overline{BD'} = \tau_{yx}$，确定 D' 点。τ_{yx} 为负，故 D' 的纵坐标也为负。D' 点的坐标代表以 y 为法线的面上的应力。连接 D 和 D'，与横坐标轴相交于 C 点。若以 C 点为圆心，CD 为半径作圆，由于圆心 C 的纵坐标为零，横坐标 OC 和圆半径 CD 又分别为

$$\overline{OC} = \frac{1}{2}(\overline{OA} + \overline{OB}) = \frac{\sigma_x + \sigma_y}{2}$$

$$\overline{CD} = \sqrt{\overline{CA}^2 + \overline{AD}^2} = \sqrt{\left(\frac{\sigma_x - \sigma_y}{2}\right)^2 + \tau_{xy}^2}$$

所以，这一圆周就是该单元体的应力圆。

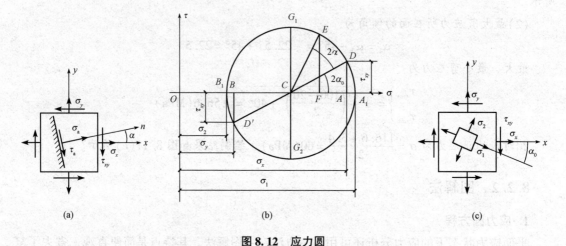

图 8.12 应力圆

(a)单元体计算模型；(b)应力圆计算模型；(c)单元体应力状态

3. 应力圆的应用

(1)平面应力状态单元体与其应力圆的对应关系。

1)点面对应。应力圆上某一点的坐标值对应着单元体相应截面上的正应力和切应力值。

2)转向对应。应力圆半径旋转时，半径端点的坐标随之改变，对应地，单元体上斜截面的法线也沿相同方向旋转，才能保证斜截面上的应力与应力圆上半径端点的坐标相对应。

3)两倍角对应。单元体上任意两斜截面的外法线之间的夹角若为 α，则对应在应力圆上代表该两斜截面上应力的两点之间的圆弧所对应的圆心角必为 2α。

(2)利用应力圆确定单元体任一斜截面上的应力。根据以上的对应关系，可以从作出的应力圆确定单元体内任意斜截面上的应力值。注意到图8.12(a)、(b)，若求法线 n 轴与 x 轴夹角为逆时针 α 角的斜截面上的应力 σ_α、τ_α，则在应力圆上，从 D 点也按逆时针方向沿圆周转到 E 点，且使 DE 弧所对应的圆心角为 2α，则 E 点的坐标就代表以 n 为法线的斜截面上的应力 σ_α、τ_α。

证明：

$$\overline{OF} = \overline{OC} + \overline{CE}\cos(2\alpha_0 + 2\alpha)$$

$$= \overline{OC} + \overline{CE}\cos2\alpha\cos2\alpha_0 - \overline{CE}\sin2\alpha\sin2\alpha_0$$

$$\overline{FE} = \overline{CE}\sin(2\alpha_0 + 2\alpha)$$

$$= \overline{CE}\sin2\alpha_0\cos2\alpha + \overline{CE}\cos2\alpha_0\sin2\alpha$$

因为　　$\overline{CE} = \overline{CD}$

$$\overline{CE}\cos2\alpha_0 = \overline{CD}\cos2\alpha_0 = \overline{CA} = \frac{\sigma_x - \sigma_y}{2}$$

$$\overline{CE}\sin2\alpha_0 = \overline{CD}\sin2\alpha_0 = \overline{AD} = \tau_{xy}$$

所以

$$\overline{OF} = \frac{\sigma_x + \sigma_y}{2} + \frac{\sigma_x - \sigma_y}{2}\cos2\alpha - \tau_{xy}\sin2\alpha$$

$$\overline{FE} = \frac{\sigma_x - \sigma y}{2}\sin2\alpha + \tau_{xy}\cos2\alpha$$

与式(8.1)和式(8.2)比较，可见 $OF = \sigma_\alpha$，$FE = \tau_\alpha$。

(3)确定主应力的数值和主平面的方位。由于应力圆上 A_1 点的横坐标(正应力)大于所有其他点的横坐标，而纵坐标(切应力)等于零。所以，A_1 点代表最大的主应力，即

$$\sigma_1 = \overline{OA_1} = \overline{OC} + \overline{CA_1}$$

同理，B_1 点代表最小的主应力，即

$$\sigma_2 = \overline{OB_1} = \overline{OC} - \overline{CB_1}$$

注意到 $\overline{OC}$ 是应力圆的圆心横坐标，而 $\overline{CA_1}$ 和 $\overline{CB_1}$ 都是应力圆的半径，则

$$\left.\begin{array}{c}\sigma_{max}\\\sigma_{min}\end{array}\right\} = \frac{\sigma_x + \sigma_y}{2} \pm \sqrt{\left(\frac{\sigma_x - \sigma_y}{2}\right)^2 + \tau_{xy}^2}$$

得到式(8.4)。在应力圆上由 D 点(代表法线为 x 轴的平面)到 A_1 点所对应圆心角为顺时针的 $2\alpha_0$，在单元体中[图 8.11(c)]由 x 轴也按顺时针取 α_0，就确定了 σ_1 所在的主平面的法线位置。按照关于 α 的符号规定，顺时针的 α_0 是负的，$\tan2\alpha_0$ 应为负值，可由图 8.11(b)看出：

$$\tan2\alpha_0 = -\frac{\overline{AD}}{\overline{CA}} = \frac{-2\tau_{xy}}{\sigma_x - \sigma_y}$$

这就是公式(8.3)。

4. 确定最大切应力及作用平面的方位

由应力圆可知，G_1 和 G_2 两点的纵坐标分别代表最大和最小的切应力，因为 $\overline{CG_1}$ 和 $\overline{CG_2}$ 都是应力圆的半径，故有

$$\left.\begin{array}{c}\tau_{max}\\\tau_{min}\end{array}\right\} = \pm\frac{\sigma_{max} - \sigma_{min}}{2}$$

这就是式(8.7)。

在应力圆上，由 A_1 到 G_1 所对圆心角为逆时针，所以在单元体内，最大切应力所对平面与最大正应力所在的主平面的夹角为逆时针。

【例 8.3】 一平面应力状态如图 8.13(a)所示，已知 $\sigma_x = 50$ MPa， $\tau_x = 20$ MPa，用图解法试求：

(1)在 $\alpha = 60°$ 截面上的应力。

(2)主应力，并在单元体上绘制出主平面位置及主应力方向。

(3)主切应力，并在单元体上绘制出主切应力作用平面。

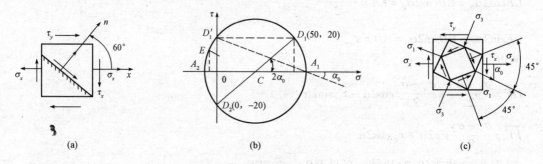

图 8.13　例 8.3 图

解： 首先在 σ—τ 坐标内按比例确定 $D_1(50,\ 20)$ 和 $D_2(0,\ -20)$ 两点，连接 D_1 和 D_2，交 σ 轴于 C 点，以 C 点为圆心、$\overline{CD_1}$ 为半径作圆，此为所求应力圆。

(1)求 $\alpha = 60°$ 面上的应力。在应力圆上，由 $\overline{CD_1}$ 的半径逆时针转 $120°$ 交圆周于 E 点，量取 E 的坐标值，$\sigma_\alpha = 4.8$ MPa，此为 α 面上的应力。

(2)求主应力。在应力圆上，圆周与 α 轴的交点是 A_1 和 A_2，该两点的横坐标就是单元体的两个主应力，量取其大小，得

$$\sigma_1 = 57 \text{ MPa},\ \sigma_2 = 0,\ \sigma_3 = -7 \text{ MPa}$$

因为从 D_1 到 A_1 的圆弧对应的圆心角为

$$\tan 2\alpha_0 = -\frac{2\tau_x}{\sigma_x - \sigma_y} = -\frac{2 \times 20}{50} = -\frac{4}{5}$$

$$2\alpha_0 = -38.6°,\ \alpha_0 = 19.3°$$

在单元体上顺时针转 α_0 即可得主平面方向。也可以作图得出，过 D_1' 作 σ 轴的平行线交应力圆圆周的点 D_1，连接 $\overline{D_1 A_1}$，因为 $\overline{D_1' A_1}$ 与 σ 轴的夹角即 α_0，在单元体上作 $\overline{D_1' A_1}$ 的平行线，即 σ_1 的方向。

(3)求主切应力。主切应力所对应的位置在应力圆上的 D_0 和 D_0' 点，量取其大小，$\tau_{max} = 32$ MPa，因为 D_0 与 A_1 夹角为 $90°$，即 τ_{max} 与 σ_1 夹角为 $45°$，又因为 D_0 与 D_1 的夹角为

$$90° - |2\alpha_0| = 90° - 38.6° = 51.4°$$

可在单元体中由 x 面逆时针转 $\dfrac{51.4°}{2} = 25.7°$，得到 τ_{max} 的平面，负号主切应力 $\tau_{min} = -32$ MPa 与 τ_{max} 面垂直。

【**例8.4**】 根据图8.14所示的单元体 $abcd$，用应力圆求：（1）图示斜截面上的应力情况；（2）主方向和主应力；（3）主切应力作用平面的位置及该平面上的应力情况。

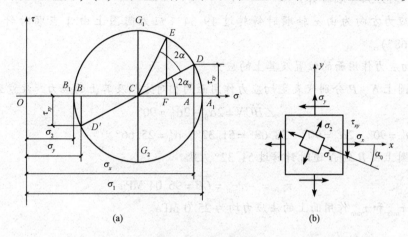

(a)   (b)

图8.14 例8.4图

解：画坐标轴 σ—τ。按图8.14(a)所示的单元体，$\sigma_x = -50$ MPa，$\tau_x = -60$ MPa，在 α—τ 平面上画出代表 σ_x、τ_x 的点 $A(-50, -60)$；$\sigma_y = 100$ MPa，$\tau_y = 60$ MPa，在 σ—τ 平面上画出代表 σ_y、τ_y 的点 $B(100, 60)$。连接 AB，与水平 σ 轴交于 C 点，C 即应力圆圆心，$\overline{CB}$（或 $\overline{CA}$）为应力圆半径，可作应力圆。

圆心 C 点坐标：$\overline{OC} = (100 - 50)/2 = 25(\text{MPa})$

应力圆的半径：$CB = \overline{CA} = \sqrt{\overline{CD}^2 + \overline{BD}^2} = \sqrt{\left(\dfrac{100 + 50}{2}\right)^2 + 60^2} = 96.04(\text{MPa})$

（1）斜截面上的应力。在应力圆上自表征法线为 x 的界面上应力的点 A 顺时针转过 $60°$，到达 G 点后。G 点在 σ—τ 坐标系内的坐标即斜截面上的应力，注意到

$$\sin\angle ACF = 60/96.04 = 0.625$$

所以 $\angle ACF = 38.68°$

$$\angle FCG = \angle ACG - \angle ACF = 60° - 38.68° = 21.32°$$

所以

$$\sigma_\alpha = \overline{OC} - \overline{CG}\cos 21.32°$$
$$= 25 - 96.04\cos 21.32° = -64.5(\text{MPa})$$

（2）主方向、主应力。

应力圆图上 H 点横坐标 $\overline{OH}$ 为第一主应力，即

$$\sigma_1 = \overline{OH} = \overline{OC} + \overline{CH} = \overline{OC} + \overline{CB} = 25.0 + 96.04 = 121.04(\text{MPa})$$

K 点的横坐标 $\overline{OK}$ 为第三主应力，即

$$\sigma_3 = \overline{OK} = \overline{OC} + \overline{CK} = \overline{OC} - \overline{CB} = 25.0 - 96.04 = -71.04(\text{MPa})$$

由应力圆图上可以看出，第一主应力方向为由 B 点顺时针转过 $2\alpha_0$。

$$sin2\alpha_0 = \overline{BD}/\overline{CB} = 60/96.04 = 0.625$$

求得 $\alpha_0 = 19.34°$(顺时针)

第三主应力方向为由 x 轴顺时针转过 $19.34°$(应力圆图上由 A 点顺时针转到 K 点，$\angle ACK = 38.68°$)。

(3) 主切应力作用面的位置及其上的应力。

在应力圆上 N、P 分别代表主切应力作用面的相对方位及其上的应力。注意到

$$\angle HCN = 2\alpha_0 - 2\alpha_0' = 90°$$

所以 $2\alpha_0' = 90° - 2\alpha_0 = 90° - 38.68° = 51.32°$，$\alpha_0' = 25.66°$。

在应力圆上由 B 到 N 逆时针转过 $51.32°$，且

$$\tau_{max} = -\tau_{min} = \overline{CB} = 96.04 \text{ MPa}$$

相应于 τ_{max} 和 τ_{min} 作用面上的法应力均为 25.0 MPa。

8.3 空间应力状态简介

本节只讨论在单元体三对面上分别作用着三个主应力($\sigma_1 > \sigma_2 > \sigma_3 \neq 0$)的空间应力状态时的情况，如图 8.15(a)所示。

空间应力状态应力圆用主应力单元体来作比较简便。设有一主应力单元体如图 8.15(a)所示，主应力 σ_1、σ_2、σ_3 均已知。考察所有平行于 σ_2 的斜截面，如图 8.15(a)中的阴影部分，该面上的应力必如图 8.15(b)所示，σ_α 和 τ_α 都与 σ_2 垂直，因此它们只与 σ_1 和 σ_3 有关，而与 σ_2 无关，这类斜截面(所有平行于 σ_2)的应力与图 8.15(c)所示的应力单元体相同，可用以 $\sigma_1\sigma_3$ 为直径的应力圆 1 表示[图 8.15(d)]。

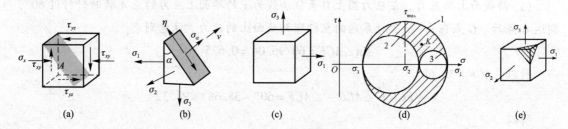

图 8.15 空间应力状态

同理，所有平行于 σ_1 的斜截面上的应力，可用直径为 $\sigma_2\sigma_3$ 的应力圆 2 表示，所有平行于 σ_3 的斜截面上的应力，可用直径为 $\sigma_1\sigma_2$ 的应力圆 3 表示[图 8.15(d)]。

对于单元体上除上述三类平行于主应力的斜截面外的任意斜截面，如图 8.15(e)中阴影部分的斜面，其应力对应于图 8.15(d)中三圆所围阴影部分中的某点 K。

因此，空间应力状态的应力圆是图 8.15(d)中三个圆及其包围的阴影部分。

由图 8.15(d)可见，空间应力状态下，一点处最大正应力和最小正应力为

$$\sigma_{max} = \sigma_1, \quad \sigma_{min} = \sigma_3$$

三个圆的半径值称为主切应力，分别为

$$\tau_{12} = \frac{\sigma_1 - \sigma_2}{2}, \quad \tau_{23} = \frac{\sigma_2 - \sigma_3}{2}, \quad \tau_{13} = \frac{\sigma_1 - \sigma_3}{2}$$

最大的切应力 τ_{max} 的数值为大圆(应力圆1)的半径，即

$$\tau_{max} = \frac{\sigma_1 - \sigma_3}{2} \tag{8.9}$$

其作用面与 σ_2 平行，与 σ_1、σ_3 都成45°。由此可见，单元体的应力极值均由 σ_1、σ_3 所作的应力圆确定。

任意空间应力状态都可用有三个主应力作用的单元体的特殊形式表示。本节所得到的结论，对于任何空间应力状态都是适用的。

8.4　广义胡克定律

在杆件受轴向拉伸或压缩时，曾由试验验证，在线弹性范围内，正应力与线应变成正比，即 $\sigma = E\varepsilon$，或 $\varepsilon = \sigma/E$，另外，还知杆的横向线应变

$$\varepsilon' = -\mu\varepsilon = -\mu\sigma/E$$

主单元体如图8.16所示，三个主应力 σ_1、σ_2、σ_3 同时作用，现在研究其正应力与线应变的关系。

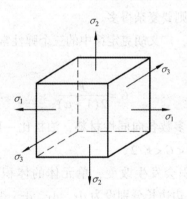

图8.16　主单元体

对各向同性材料，在线弹性范围内，可以将它看作三个单向应力状态的组合，然后利用叠加原理求线应变。在只有 σ_1 单独作用下，沿 σ_1 方向的线应变为 $\varepsilon_1 = \sigma_1/E$，只有 σ_2 和 σ_3 单独作用时，沿 σ_1 方向的线应变分别为 $-\mu\sigma_2/E$ 和 $-\mu\sigma_3/E$。叠加以上结果可得沿 σ_1 方向的总应变为

$$\varepsilon_1 = \frac{\sigma_1}{E} - \mu\frac{\sigma_2}{E} - \mu\frac{\sigma_3}{E}$$

同理可求沿 $\sigma_2\sigma_3$ 方向的总应变，写在一起如下式：

$$\left.\begin{aligned}
\varepsilon_1 &= \frac{1}{E}[\sigma_1 - \mu(\sigma_2 + \sigma_3)] \\
\varepsilon_2 &= \frac{1}{E}[\sigma_2 - \mu(\sigma_1 + \sigma_3)] \\
\varepsilon_3 &= \frac{1}{E}[\sigma_3 - \mu(\sigma_1 + \sigma_2)]
\end{aligned}\right\} \tag{8.10}$$

这就是主应力表达的广义胡克定律，ε_1、ε_2、ε_3 与三个主应力对应，故称为主应变。

对于各向同性材料，当其处在线弹性范围内且为小变形时，正应力不会引起切应变，切应力也并不会引起线应变，这样对一般情况下的单元体(图 8.17)，只要把式(8.10)中的 1、2、3 改为 x、y、z，把切应力用剪切胡克定律表示，即可得到一般空间应力状态的广义胡克定律。

$$\left.\begin{aligned}
\varepsilon_x &= \frac{1}{E}[\sigma_x - \mu(\sigma_y + \sigma_z)] \\
\varepsilon_y &= \frac{1}{E}[\sigma_y - \mu(\sigma_z + \sigma_x)] \\
\varepsilon_z &= \frac{1}{E}[\sigma_z - \mu(\sigma_x + \sigma_y)] \\
\tau_{xy} &= \frac{\tau_{xy}}{G}, \ \gamma_{yz} = \frac{\tau_{yz}}{G}, \ \gamma_{zx} = \frac{\tau_{zx}}{G}
\end{aligned}\right\} \tag{8.11}$$

应用公式时要注意应力与应变的正负。若为压应力或压应变，则应以负值代入。对各向异性材料，应力与应变的关系则要复杂得多。

对于同一种各向同性材料，广义胡克定律中的三个弹性常数并不完全独立，它们之间存在下列关系：

$$G = \frac{E}{2(1 + \mu)} \tag{8.12}$$

需要指出的是，对于绝大多数各向同性材料，泊松比一般在 $0 \sim 0.5$ 之间取值，因此，切变模量 G 的取值范围为 $E/3 < G < E/2$。

物体弹性变形时一般体积会发生改变，单元体的体积变化率称为体应变，记为 θ。图 8.17 所示的主应力单元体各边边长分别设为 $\mathrm{d}x$、$\mathrm{d}y$、$\mathrm{d}z$，变形前体积为

$$V = \mathrm{d}x\mathrm{d}y\mathrm{d}z$$

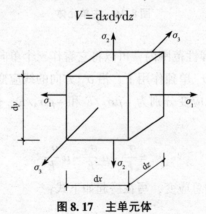

图 8.17 主单元体

变形后各边边长为

$$(1+\varepsilon_1)\mathrm{d}x,\ (1+\varepsilon_2)\mathrm{d}y,\ (1+\varepsilon_3)\mathrm{d}z$$

体积为

$$V_1=(1+\varepsilon_1)(1+\varepsilon_2)(1+\varepsilon_3)\mathrm{d}x\mathrm{d}y\mathrm{d}z=(1+\varepsilon_1+\varepsilon_2+\varepsilon_3)\mathrm{d}x\mathrm{d}y\mathrm{d}z$$

式中略去了高阶小量。于是可得体积应变 θ 为

$$\theta=\frac{V_1-V}{V}=\varepsilon_1+\varepsilon_2+\varepsilon_3$$

若将广义胡克定律式(8.10)代入上式,则

$$\theta=\frac{1-2\mu}{E}(\sigma_1+\sigma_2+\sigma_3) \tag{8.13}$$

把式(8.13)改写为

$$\theta=\frac{3(1-2\mu)}{E}\cdot\frac{\sigma_1+\sigma_2+\sigma_3}{3}=\frac{\sigma_m}{K} \tag{8.14}$$

式中

$$K=\frac{E}{3(1-2\mu)},\ \sigma_m=\frac{\sigma_1+\sigma_2+\sigma_3}{3}$$

式中,K 称为体积弹性模量,σ_m 为 3 个主应力的平均值。式(8.14)表明体积应变只与三个主应力的平均值有关,而与主应力之间的比例无关。体积应变与平均应力 σ_m 成正比,即体积胡克定律。

对纯剪切应力状态,$\sigma_1=\tau$,$\sigma_2=0$,$\sigma_3=-\tau$,所以有 $\theta=0$,即纯剪切应力状态下单元体无体积变化,只有形状改变。

【例 8.5】　已知一受力构件自由表面上某点处的两个主应变值为 $\varepsilon_1=240\times10^{-6}$,$\varepsilon_3=-160\times10^{-6}$。构件材料为 Q235 钢,弹性模量 $E=210$ GPa,泊松比 $\mu=0.3$。试求该点处的主应力数值,并求该点处另一个主应变 ε_2 的数值和方向。

解:由于主应力 σ_1、σ_2、σ_3 与主应变 ε_1、ε_2、ε_3 一一对应,故由已知数据可知,已知点处于平面应力状态且 $\sigma_2=0$。由广义胡克定律:

$$\varepsilon_1=\frac{1}{E}(\sigma_1-\mu\sigma_3)$$

$$\varepsilon_3=\frac{1}{E}(\sigma_3-\mu\sigma_1)$$

联立上式得

$$\sigma_1=\frac{E}{1-\mu^2}(\varepsilon_1+\mu\varepsilon_3)=\frac{210\times10^9}{1-0.3^2}\times(240-0.3\times160)\times10^{-6}=44.3(\mathrm{MPa})$$

$$\sigma_3=\frac{E}{1-\mu^2}(\varepsilon_3+\mu\varepsilon_1)=\frac{210\times10^9}{1-0.3^2}\times(-160+0.3\times240)\times10^{-6}=-20.3(\mathrm{MPa})$$

主应变 ε_2 的数值为

$$\varepsilon_2=-\frac{\mu}{E}(\sigma_1+\sigma_3)=-\frac{0.3}{210\times10^9}\times(44.3-20.3)\times10^6=-34.3\times10^{-6}$$

可见，ε_2 是缩短的主应变，其方向与 ε_1 及 ε_3 垂直，即沿构件表面的法线方向。

8.5 强度理论

8.5.1 概述

在前面的各章中，介绍了基本变形情况下构件的正应力强度条件和切应力强度条件，对于各种构件的强度计算，总是先计算出其横截面上的最大正应力和最大剪应力，然后从这两个方面建立其强度条件为

正应力强度条件：　　　　　　　　　　　$\sigma_{max} \leqslant [\sigma]$

剪应力强度条件：　　　　　　　　　　　$\tau_{max} \leqslant [\tau]$

式中，材料的许用应力 $[\sigma]$ 和 $[\tau]$，是分别由单向应力状态和纯剪切试验测定的在破坏时试件的极限应力(屈服极限或强度极限)，除以适当的安全系数得到的。这种强度条件并没有考虑材料的破坏是由什么因素(或主要原因)引起的，而是直接根据试验结果建立的，这种方法只对危险截面上危险点处是单向应力状态和纯剪切应力状态的特殊情况才适用，但对于工程中处于复杂应力状态下许多构件的危险点则不能。这是因为复杂应力状态试验比较复杂，而且复杂应力状态应力单元体三个主应力的组合方式和比值又有各种可能。如果像单向拉伸一样，靠试验来确定失效状态，建立强度条件，则必须对各式各样的应力状态——进行试验，由于技术上的困难和工作的繁重，往往是很难实现的。解决这类问题，经常是根据部分试验结果，经过推理，提出一些假说，推测材料失效的原因，从而建立强度条件。

试验表明，材料在静载荷作用下的失效形式主要有两种：一种为断裂；另一种为屈服。许多试验表明，断裂常常是拉应力或拉应变过大所致。例如，灰口铸铁试样拉伸时沿横截面断裂，扭转时沿与轴线约呈45°倾角的螺旋面断裂，砖、石试样受压时沿纵截面断裂，即均与最大拉应力或最大拉应变有关。材料屈服时，出现显著塑性变形。许多试验表明，屈服或出现显著塑性变形常常是切应力过大所致。例如，低碳钢试样拉伸屈服时，在其表面与轴线约呈45°的方向出现滑移线，扭转屈服时沿纵、横方向出现滑移线，即均与切应力有关，如图8.18所示。

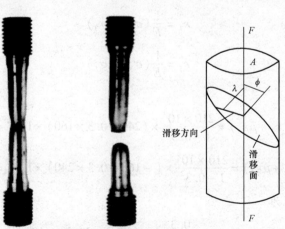

图 8.18 　低碳钢拉伸试验与力学模型

实际上衡量受力和变形程度的量有应力、应变和应变能等。人们在长期生产活动中，综合分析材料的失效现象，对强度失效提出各种假说。这类假说认为，材料之所以按某种方式（断裂或屈服）失效，是应力、应变或应变能等因素中某一种引起的。按照这类假说，无论是简单或是复杂应力状态，引起失效的因素是相同的，也即造成失效的原因与应力状态无关。这一类关于材料破坏规律的假说统称为强度理论。显然，这些假说的正确性必须经受试验与实践的检验。实际上，也正是在反复试验与实践的基础上，强度理论才逐步得到发展并日趋完善。

远在 17 世纪，当时主要使用砖、石与灰口铸铁等脆性材料，观察到的破坏现象多属脆性断裂（图 8.19），从而提出了以断裂作为失效标志的强度理论，主要包括最大拉应力理论与最大拉应变理论。到了 19 世纪，由于生产能力的发展、科学技术的进步，工程中开始大量使用钢、铜等塑性材料（图 8.20），并对塑性变形的机理有了较多认识，于是又相继提出以屈服或显著塑性变形为失效标志的强度理论，主要包括最大切应力理论与畸变能密度理论。

(a)

(b)

图 8.19　脆性断裂示意

(a)砖；(b)铸铁

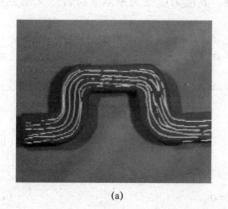

(a)

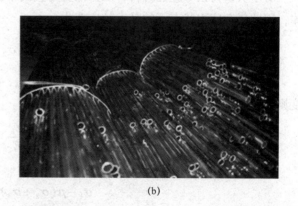

(b)

图 8.20　塑性变形示意

(a) 钢材；(b) 铜管

最大拉应力理论、最大拉应变理论、最大切应力理论与畸变能密度理论是当前最常用的强度理论。另外，莫尔理论也是一个重要的强度理论。它们适用于均匀、连续、各向同性材料，而且工作在常温、静载条件下。

8.5.2　几种常用强度理论

前面已经提到，强度失效的主要形式有两种，即屈服与断裂。相应的强度理论也分成两类：一类是解释断裂失效的，其中有最大拉应力理论和最大伸长线应变理论；另一类是解释屈服失效的，其中有最大剪应力理论和畸变能密度理论。现依次介绍如下。

1. 最大拉应力理论(第一强度理论)

最大拉应力理论认为：引起材料断裂的主要因素是最大拉应力，而且无论材料处于何种应力状态，只要最大拉应力 σ_1 达到材料单向拉伸断裂时的最大拉应力值即强度极限，材料就发生断裂。按照最大拉应力理论，材料的断裂条件为

$$\sigma_1 = \sigma_b \tag{8.15}$$

将极限应力 σ_b 除以安全系数得到许用应力 $[\sigma]$，所以，按最大拉应力理论建立的强度条件是

$$\sigma_1 \leqslant [\sigma] \tag{8.16}$$

试验表明，脆性材料在二向或三向受拉断裂时，最大拉应力理论与试验结果相当接近；而当存在压应力的情况下，则只要最大压应力值不超过最大拉应力值或超过不多，最大拉应力理论也是正确的。但这一理论没有考虑其他两个主应力的影响，且对没有拉应力的状态(如单向压缩、三向压缩等)也无法应用。

2. 最大拉应变理论(第二强度理论)

最大拉应变理论认为：引起材料断裂的主要因素是最大拉应变，而且无论材料处于何种应力状态，只要最大拉应变 ε_1 达到材料单向拉伸断裂时的最大拉应变 ε_{1u}，材料即发生断裂。按此理论，材料的断裂条件为

$$\varepsilon_1 = \varepsilon_{1u} \tag{8.17}$$

对于灰口铸铁等脆性材料，从拉伸受力直到断裂，其应力应变关系基本符合广义胡克定律，因此复杂应力状态下的最大拉应变为

$$\varepsilon_1 = \frac{1}{E}[\sigma_1 - \mu(\sigma_2 + \sigma_3)] \tag{a}$$

而材料在单向拉伸断裂时的主应力为 $\sigma_1 = \sigma_b$，$\sigma_2 = \sigma_3 = 0$，所以，相应的最大拉伸线应变则为

$$\varepsilon_{1u} = \frac{\sigma_b}{E} \tag{b}$$

将式(a)与式(b)代入式(8.17)，得

$$\sigma_1 - \mu(\sigma_2 + \sigma_3) = \sigma_b \tag{c}$$

此式即用主应力表示的断裂破坏条件。

由式(c)并考虑强度储备后，于是按最大拉应变理论建立的强度条件是

$$\sigma_1 - \mu(\sigma_2 + \sigma_3) \leqslant [\sigma] \qquad (8.18)$$

试验表明，脆性材料在双向拉伸—压缩应力状态下，且压应力值超过拉应力值时，最大拉应变理论与试验结果大致符合。另外，砖、石等脆性材料，压缩时之所以沿纵向截面断裂，也可由此理论得到说明。

3. 最大切应力理论（第三强度理论）

最大切应力理论认为：引起材料屈服的主要因素是最大切应力，而且无论材料处于何种应力状态，只要最大切应力 τ_{max} 达到材料单向拉伸屈服时的最大切应力 τ_u，材料即发生屈服。按此理论，材料的屈服条件为

$$\tau_{max} = \tau_u \qquad (8.19)$$

由应力状态相关理论可知，材料在复杂应力状态下的最大切应力为

$$\tau_{max} = \frac{\sigma_1 - \sigma_3}{2} \qquad (d)$$

材料单向拉伸屈服时的主应力 $\sigma_1 = \sigma_s$，$\sigma_2 = \sigma_3 = 0$，所以，相应的最大切应力为

$$\tau_u = \frac{\sigma_s - 0}{2} = \frac{\sigma_s}{2} \qquad (e)$$

将式(d)与式(e)代入式(8.19)，得用主应力表示的屈服条件：

$$\sigma_1 - \sigma_3 = \sigma_s$$

将极限应力 σ_s 除以安全系数得许用应力 $[\sigma]$，于是按最大切应力理论建立的强度条件是

$$\sigma_1 - \sigma_3 \leqslant [\sigma] \qquad (8.20)$$

最大切应力理论最早由法国科学家库仑于 1773 年提出，是关于剪断的强度理论，并应用于建立土的强度条件。1864 年特雷斯卡通过挤压试验研究屈服和屈服准则，将剪断准则发展为屈服准则，又称为特雷斯卡准则。对于塑性材料，最大切应力理论与试验结果很接近，因此，在工程中得到广泛应用。该理论的缺点是未考虑第二主应力的作用，而试验表明，第二主应力对材料屈服确实存在一定影响。因此，该理论提出不久，又产生了畸变能密度理论。

4. 畸变能密度理论（第四强度理论）

畸变能密度理论认为：引起材料屈服的主要因素是畸变能密度，而且无论材料处于何种应力状态，只要畸变能密度 v_d 达到材料单向拉伸屈服时的畸变能密度值 v_{ds}，材料即发生屈服。按此理论，材料的屈服条件为

$$v_d = v_{ds} \qquad (8.21)$$

材料在复杂应力状态下单位体积内的形状改变能即畸变能密度，其一般表达式为

$$v_d = \frac{1+\mu}{6E}[(\sigma_1 - \sigma_2)^2 + (\sigma_2 - \sigma_3)^2 (\sigma_3 - \sigma_1)^2] \qquad (f)$$

材料单向拉伸屈服时的主应力 $\sigma_1 = \sigma_s$，$\sigma_2 = \sigma_3 = 0$，所以，相应的畸变能密度为

$$v_{ds} = \frac{1+\mu}{3E}\sigma_s^2 \qquad (g)$$

将式(f)与式(g)代入式(8.21)，得到用主应力表示的材料的屈服条件为

$$\sqrt{\frac{1}{2}[(\sigma_1-\sigma_2)^2+(\sigma_2-\sigma_3)^2(\sigma_3-\sigma_1)^2]}=\sigma_s \tag{h}$$

将极限应力 σ_s 除以安全系数得许用应力 $[\sigma]$，于是按畸变能密度理论建立相应的强度条件是

$$\sqrt{\frac{1}{2}[(\sigma_1\sigma_2)^2+(\sigma_2-\sigma_3)^3(\sigma_3-\sigma_1)^2]}\leqslant[\sigma] \tag{8.22}$$

畸变能密度理论是由米泽斯(R. von Mises)于 1913 年从修正最大切应力准则出发提出的。1924 年德国的亨奇(H. Hencky)从畸变能密度出发对这一准则作了解释，从而形成了畸变能密度理论，因此这一理论又称为米泽斯准则。试验表明，对于塑性材料，畸变能密度理论比最大切应力理论更符合试验结果。但由于最大切应力理论的数学表达式比较简单，因此，最大切应力理论与畸变能密度理论在工程中均得到广泛使用。

5. 莫尔强度理论

莫尔强度理论并不简单地假设材料的破坏是由某一因素(如应力、应变、形状改变比能等)达到了其极限值而引起的，它是以各种应力状态下材料的破坏试验结果为依据建立起来的带有一定经验性的强度理论。

由前面可知，任意空间应力状态都可以用莫尔提出的应力圆很清晰地表示出来，如图 8.15(d)所示。从图 8.15(d)可以看出，代表一点处应力状态中最大正应力和最大切应力的点均在外圆上，因此，莫尔认为单由外圆就足以决定出极限应力状态，而不必考虑中间主应力 σ_2 对材料破坏的影响。

同时莫尔也认为，按照材料在某些应力状态下破坏时的主应力 σ_1 和 σ_3 可作出一组应力圆——极限应力圆(图 8.21)，这组极限应力圆有一条公共包络线(即极限包络线，一般情况下为曲线，如图中的曲线 ABC 和与它对称的另一曲线)。该包络线与材料的性质有关，不同材料的包络线不同，但对同一材料则认为它是唯一的。在工程应用中，往往根据单向拉伸和单向压缩作出的两个极限应力圆定出公切线(直线)作为极限包络线。

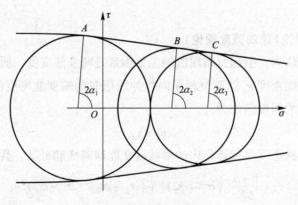

图 8.21 极限应力圆

为了进行强度计算，还必须考虑适当的安全因数 n，因此，可将所有极限应力圆的直径

缩小 n 倍，得到的应力圆才是与许用应力状态相对的。于是，用材料在单向拉伸时许用拉应力$[\sigma_t]$和单向压缩时许用压应力$[\sigma_c]$分别作出其许用应力圆，然后以直线公切线（图 8.22）来求得复杂应力状态下按莫尔强度理论所建立的强度条件。

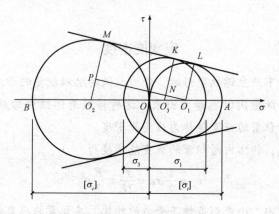

图 8.22　力学计算模型

对一个已知的应力状态，如由 σ_1 和 σ_3 确定的应力圆在上述包络线区域之内，这一应力状态将不会引起失效。如恰与包络线相切，就表明这一应力状态已达到失效状态。这时 σ_1 与 σ_3 的值同材料的许用应力$[\sigma_t]$与$[\sigma_c]$值之间的关系，可以很容易通过图 8.22 中的几何关系来确定。由两个相似三角形 $\triangle O_1 N O_3$ 与 $\triangle O_1 P O_2$ 对应边的比例关系可得

$$\frac{O_3 N}{O_2 P} = \frac{O_3 O_1}{O_2 O_1} \tag{a}$$

其中

$$O_3 N = \frac{\sigma_1 - \sigma_3}{2} - \frac{[\sigma_1]}{2}, \quad O_2 P = \frac{[\sigma_c]}{2} - \frac{[\sigma_t]}{2}$$

$$O_3 O_1 = \frac{[\sigma_1]}{2} - \frac{\sigma_1 + \sigma_3}{2} \tag{b}$$

$$O_2 O_1 = \frac{[\sigma_1]}{2} + \frac{\sigma_c}{2}$$

上述诸式中，许用压应力$[\sigma_c]$用的是绝对值，而 σ_3 若为压应力时用负值。将式（b）中四个关系式代入式（a）中，经化简后可得

$$\sigma_1 - \frac{[\sigma_t]}{[\sigma_c]} \sigma_3 = [\sigma_t] \tag{c}$$

式中，σ_1、σ_3 实际上是所研究的复杂应力状态下刚好处于失效状态时的值，因而，莫尔强度理论的强度条件应写为

$$\sigma_1 - \frac{[\sigma_t]}{[\sigma_c]} \sigma_3 \leqslant [\sigma_t] \tag{8.23}$$

这样莫尔强度理论的相当应力表达式为 $\sigma_{rM} = \sigma_1 - \dfrac{[\sigma_t]}{[\sigma_c]} \sigma_3$。当材料单向拉伸与压缩时的许用拉、压应力相等时，相当应力即退变为$(\sigma_1 - \sigma_3)$，与第三强度理论的表达式一致。由

此可见，莫尔强度理论实际上可看作是第三强度理论的推广，它考虑了材料在单向拉伸与压缩时强度不相等的情况。

应变能密度

当物体在外力作用下产生弹性变形时，外力所做的功以能量的形式储存在物体内。当物体卸载后，变形消失，能量同时也释放出来。这种伴随着弹性变形而积蓄的能量称为应变能。单位体积物体内所积蓄的应变能称为应变能密度。

在单向应力状态下，物体内所积蓄的应变能密度为

$$v_\varepsilon = \frac{1}{2}\sigma\varepsilon = \frac{\sigma^2}{2E} = \frac{E}{2}\varepsilon^2 \tag{a}$$

对于在线弹性范围内、小变形条件下受力的物体，其积蓄的应变能只取决于外力的最终数值，而与加载的顺序无关。因为如果不同加载顺序可以得到不同的其他应变能，那么按照积蓄能量较多的顺序加载，而后按照积蓄能量较少的顺序卸载，完成一次加载和卸载过程，弹性体将增加应变能。这违背能量守恒定律，因此应变能和加载顺序无关。

为便于分析，假设物体上外力按同一比例从零增加到最终数值，物体内任一单元体上应力也必然按同一比例从零增加至最终数值。三个主应力已知的单元体上，每一主应力和相应主应变之间仍保持线性关系，其积蓄的应变能可以用式(a)计算。因此，三个主应力同时存在时，单元体的应变能密度为

$$v_\varepsilon = \frac{1}{2}(\sigma_1\varepsilon_1 + \sigma_2\varepsilon_2 + \sigma_3\varepsilon_3) \tag{b}$$

将三个主应变用主应力表示，则式(b)可以改写为

$$v_\varepsilon = \frac{1}{2E}[\sigma_1^2 + \sigma_2^2 + \sigma_3^2 - 2\mu(\sigma_1\sigma_2 + \sigma_2\sigma_3 + \sigma_3\sigma_1)] \tag{8.24}$$

一般情况下三个主应力并不相等，单元体的体积和形状都会改变。与此相对应，应变能密度是由两部分组成的：因体积改变而积蓄的应变能密度称为体积改变应变能密度，用 v_V 表示；因形状改变而积蓄的应变能密度称为形状改变应变能密度，用 v_d 表示。即得

$$v_\varepsilon = v_V + v_d \tag{c}$$

将图 8.23(a)所示的单元体主应力看作是由图 8.23(b)、(c)两组主应力合成的，从每组主应力计算单元体积蓄的应变能密度。首先，图 8.23(b)所示的单元体上，三个主应力均为 σ_m，因此单元体的形状不变，只是体积改变。图 8.23(a)、(b)所示的两个单元体主应力平均值相等，体积应变相同，因此，图 8.23(b)所示单元体的应变能密度即原单元体的体积改变应变能密度。将 σ_m 代入式(8.24)得

$$v_V = \frac{3(1-2\mu)}{2E}\sigma_m^2 = \frac{1-2\mu}{6E}(\sigma_1 + \sigma_2 + \sigma_3)^2 \tag{8.25}$$

图 8.23(c)所示单元体的三个主应力之和等于零，所以其体积不变，仅发生形状改变。因此，其应变能密度就等于图 8.23(a)所示单元体的形状改变应变能密度。将其主应力代入

式(8.24)得：

$$v_d = \frac{1+\mu}{3E}(\sigma_1^2 + \sigma_2^2 + \sigma_3^2 - \sigma_1\sigma_2 - \sigma_2\sigma_3 - \sigma_3\sigma_1)$$

$$= \frac{1+\mu}{6E}[(\sigma_1 - \sigma_2)^2 + (\sigma_2 - \sigma_3)^2 + (\sigma_3 - \sigma_1)^2] \tag{8.26}$$

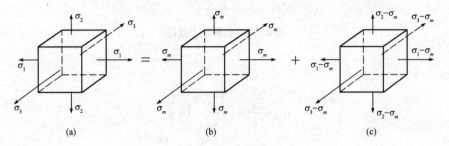

图8.23 单元体

强度理论应用

1. 相当应力

由四个常用强度理论和莫尔强度理论建立的强度条件，等式的左端是复杂应力状态下三个主应力的组合。不同的强度理论则具有不同的组合，此组合称为相当应力。实质上相当应力是个抽象的概念，它是与复杂应力状态危险程度相当的单轴拉应力。由此，可将各强度条件归纳为如下统一的形式：

$$\sigma_r \leqslant [\sigma] \tag{8.27}$$

式中　σ_r——复杂应力状态下三个主应力的组合，即相当应力；

　　$[\sigma]$——根据拉伸试验而确定的材料的许用拉应力。

为清楚计，现将常用的四个强度理论和莫尔强度理论的相当应力总结如下：

最大拉应力理论（第一强度理论）：$\sigma_{r1} = \sigma_1$

最大拉应变理论（第二强度理论）：$\sigma_{r2} = \sigma_1 - \mu(\sigma_2 + \sigma_3)$

最大切应力理论（第三强度理论）：$\sigma_{r3} = \sigma_1 - \sigma_3$

畸变能密度理论（第四强度理论）：

$$\sigma_{r4} = \sqrt{\frac{1}{2}[(\sigma_1 - \sigma_2)^2 + (\sigma_2 - \sigma_3)^2 (\sigma_3 - \sigma_1)^2]}$$

莫尔强度理论：$\sigma_{rM} = \sigma_1 - \dfrac{[\sigma_t]}{[\sigma_c]}\sigma_3$

但要指出，相当应力只是按不同强度理论得出的主应力的综合值，并不是真实存在的应力。

对于图8.24所示的常见平面应力状态，可使塑性材料产生屈服破坏，其第三、第四强度理论的相当应力可进一步简化。将 $\sigma_x = \sigma$，$\sigma_y = 0$，$\tau_{xy} = \tau$ 代入式(8.4)，整理后可得

$$\sigma_1 = \frac{\sigma}{2} + \sqrt{\left(\frac{\sigma}{2}^2\right) + \tau^2}$$

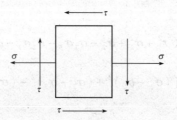

图 8.24 平面应力状态

$$\sigma_2 = 0$$

$$\sigma_3 = \frac{\sigma}{2} - \sqrt{\left(\frac{\sigma}{2}\right)^2 + \tau^2}$$

则

$$\sigma_{r3} = \sigma_1 - \sigma_3 = \sqrt{\sigma^2 + 4\tau^2} \tag{8.28}$$

$$\sigma_{r4} = \sqrt{\frac{1}{2}\left[(\sigma_1 - \sigma_2)^2 + (\sigma_2 - \sigma_3)^2 + (\sigma_3 - \sigma_1)^2\right]} = \sqrt{\sigma^2 + 3\tau^2} \tag{8.29}$$

2. 强度理论的选取

一般来说，受力构件处于复杂应力状态时，在常温、静载的条件下，脆性材料多数发生脆性断裂，所以，通常选用最大拉应力理论或最大拉应变理论。塑性材料的破坏形式多为塑性屈服，所以，应该采用最大切应力理论或畸变能密度理论。

根据材料性质选择强度理论，在多数情况下是合适的。但是，即使是同一材料，其破坏形式也会随应力状态的不同而不同。例如，低碳钢材料的试件在单向拉伸下以屈服的形式失效，但在三向拉伸应力状态下且三个主应力数值接近时，发生脆性断裂。又如，铸铁单向受拉时以断裂的形式失效，但将淬火后的钢球压在铸铁板上，接触点附近的材料处于三向受压状态，随着压力的增大，铸铁板会出现明显的凹坑，引起塑性变形。以上例子说明材料的失效形式是与应力状态有关的。无论是塑性材料还是脆性材料，在三向拉应力相近的情况下，都以断裂的形式失效，宜采用最大拉应力理论或最大拉应变理论。在三向压力相近的情况下，都可以引起塑性变形，宜采用最大切应力理论或畸变能密度理论。

在进行复杂应力状态下的强度计算时，可按以下几个步骤进行：

(1)从构件的危险点处截取单元体，计算出三个主应力[图 8.25(a)]；

(2)选用适当的强度理论，计算出相应的相当应力，将复杂应力状态转换为具有等效的单向应力状态[图 8.25(b)]；

(3)确定材料的许用拉应力，将其与相当应力比较[图 8.25(c)]，从而对构件进行强度计算。

【例 8.6】 如图 8.26(a)所示的简支梁 AB，载荷 $P = 12$ kN，距离 $a = 0.8$ m，材料的许可应力 $[\sigma] = 120$ MPa，$[\tau] = 80$ MPa。试选择工字钢型号，并对其强度作全面校核。

解：画出梁 AB 的剪力图和弯矩图。首先，按法应力强度条件选择工字钢截面，注意到 $M_{max} = 19.2$ kN·m，根据

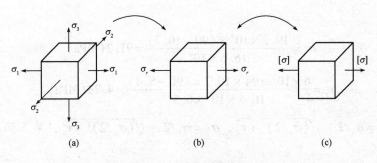

图8.25　强度计算步骤

$$\sigma_{\max} = \frac{M_{\max}}{W} \leqslant [\sigma]$$

可解出

$$W \geqslant \frac{M_{\max}}{[\sigma]} = \frac{19.2 \times 10^6}{120} = 16.0 \times 10^4 (\text{mm}^3)$$

查型钢表，可选18工字钢，截面有关的几何性质为

$$I_z = 16.6 \times 10^6 \text{ mm}^4, \quad W = 1.85 \times 10^5 \text{ mm}^3, \quad I_z/S_z^* = 154 \text{ mm}, \quad d = 6.5 \text{ mm}$$

为计算方便，将18工字钢截面作适当简化，如图8.26(b)所示，首先校核中性层处的切应力，有

$$\tau_{\max} = \frac{Q_{\max} S_z^*}{I_z \cdot d} = \frac{18 \times 10^3}{154 \times 6.5} = 18.0 (\text{MPa}) < [\tau]$$

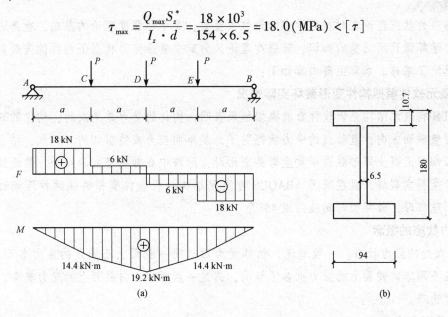

图8.26　例8.6图

因为在翼缘的上、下边缘处及中性层上，材料处于单向应力状态和纯剪切应力状态，可不使用强度理论进行有关的强度计算。但在翼缘和腹板交汇处，既有法应力又有切应力作用，属两向应力状态，需使用强度理论校核。

对于左侧无限接近 D 的 D^{-0} 截面，$M = 19.2$ kN·m，$Q = 6$ kN，计算得法应力 σ_x、切应

力 τ_x 分别为

$$\sigma_x = \frac{19.2 \times 10^6 \times (90 - 10.7)}{16.6 \times 10^6} = 91.7 \, (\text{MPa})$$

$$\tau_x = \frac{6 \times 10^3 \times 94 \times 10.7 \times (90 - 5.4)}{16.6 \times 10^6 \times 6.5} = 4.73 \, (\text{MPa})$$

注意到 $\sigma_1 = \sigma_x/2 + \sqrt{(\sigma_x/2)^2 + \tau_x^2}$，$\sigma_3 = \sigma_x/2 - \sqrt{(\sigma_x/2)^2 + \tau_x^2}$，第三强度理论的相当应力

$$\sigma_{eq3} = \sigma_1 - \sigma_3 = \sqrt{\sigma_x^2 + 4\tau_x^2} = \sqrt{91.7^2 + 4 \times 4.73^2} = 92.2 \, (\text{MPa}) > [\sigma]$$

对于 C^{-0} 截面，$M = 14.4 \, \text{kN} \cdot \text{m}$，$Q = 18 \, \text{kN}$，$\sigma_x$、$\tau_x$ 分别为

$$\sigma_x = \frac{14.4 \times 10^6 \times (90 - 10.7)}{16.6 \times 10^6} = 68.8 \, (\text{MPa})$$

$$\tau_x = \frac{18 \times 10^3 \times 94 \times 10.7 \times (90 - 5.4)}{16.6 \times 10^6 \times 6.5} = 14.2 \, (\text{MPa})$$

第三强度理论的相应力

$$\sigma_{eq3} = \sqrt{\sigma_x^2 + 4\tau_x^2} = \sqrt{68.8^2 + 4 \times 14.2^2} = 74.4 \, (\text{MPa}) < [\sigma]$$

经全面校核可知此梁的设计(选用 18 工字钢)是可行的。

本章小结

本章的应力状态理论在材料力学中的地位很重要，是学习强度理论的基础，也是进一步学习弹性力学等课程所必需的知识，而强度理论又为建立复杂应力状态下构件的失效判据和强度条件奠定了基础。本章主要内容如下：

1. 有限元软件模拟构件变形破坏实际情况

ABAQUS 有限元结构分析软件数值模拟结果表明，构件的受力是复杂的，构件的破坏不一定都沿着横截面方向，危险点的受力状态并不总是单向应力或纯剪切的。例如，结合有限元思想模拟钢筋混凝土矩形截面梁发生弯曲变形时，除跨中底部有竖向裂纹外，靠近铰支座部位还会产生斜向裂缝，且在采用 ABAQUS 有限元结构分析软件模拟铸铁试件压缩过程中产生的变形破坏时，破坏面与轴线约成 45°角。

2. 应力状态的概念

(1)一点处的应力状态。一般地说，物体受力后，同一截面上不同点的应力各不相同，而同一点在不同方向截面上的应力也各不相同，通过一点所有方向截面上的应力集合，称为一点的应力状态。

(2)主平面、主应力。

1)主平面——单元体上无切应力作用的平面。

2)主应力——主平面上的正应力。主应力记为 σ_1、σ_2、σ_3，且规定 $\sigma_1 > \sigma_2 > \sigma_3$。

(3)应力状态分类。

1)单向应力状态：三个主应力中只有一个不为零。

2)二向应力状态(平面应力状态)：三个主应力中只有一个为零。

3)三向应力状态(空间应力状态):三个主应力皆不为零。

单向应力状态也称简单应力状态,二向应力状态和三向应力状态统称为复杂应力状态。

3. 平面应力状态应力分析的解析法

(1)斜截面上的应力分析。

$$\sigma_\alpha = \frac{\sigma_x + \sigma_y}{2} + \frac{\sigma_x - \sigma_y}{2}\cos2\alpha - \tau_{xy}\sin2\alpha$$

$$\tau_\alpha = \frac{\sigma_x - \sigma_y}{2}\sin2\alpha + \tau_{xy}\cos2\alpha$$

以上两式即平面应力状态下斜截面上应力的一般公式,应用公式时要注意应力及斜截面方位角的正负。

(2)主应力及主平面位置。

$$\left.\begin{array}{r}\sigma_{max}\\\sigma_{min}\end{array}\right\} = \frac{\sigma_x + \sigma_y}{2} \pm \sqrt{\left(\frac{\sigma_x - \sigma_y}{2}\right)^2 + \tau_{xy}^2} \qquad \tan2\alpha_0 = \frac{-2\tau_{xy}}{\sigma_x - \sigma_y}$$

α_0 的大小确定了主平面的位置。

(3)切应力极值及其作用平面的方位。

$$\left.\begin{array}{r}\tau_{max}\\\tau_{min}\end{array}\right\} = \pm\sqrt{\left(\frac{\sigma_x - \sigma_y}{2}\right)^2 + \tau_{xy}^2} \quad \text{或} \quad \left.\begin{array}{r}\tau_{max}\\\tau_{min}\end{array}\right\} = \pm\frac{\sigma_{max} - \sigma_{min}}{2}$$

$$\tan2\alpha_1 = \frac{\sigma_x - \sigma_y}{2\tau_{xy}} \quad \text{且} \quad \alpha_1 = \alpha_0 + \frac{\pi}{4}$$

α_1 的大小确定了切应力极值所在平面的位置。

4. 平面应力状态应力分析的图解法

(1)应力圆方程。

$$\left(\sigma_\alpha - \frac{\sigma_x + \sigma_y}{2}\right)^2 + (\tau_\alpha - 0)^2 = \left(\frac{\sigma_x - \sigma_y}{2}\right)^2 + \tau_{xy}^2$$

(2)应力圆作法。

1)以适当的比例尺,建立 σ—τ 直角坐标系。

2)由单元体 x、y 面上的应力在坐标系中分别确定 $D(\sigma_x,\ \tau_{xy})$ 和 $D'(\sigma_y,\ \tau_{yx})$ 两点。

3)以 D 和 D' 两点连线为直径作圆,即得应力圆。

4)应力圆的圆心坐标为 $\left(\dfrac{\sigma_x + \sigma_y}{2},\ 0\right)$,半径为 $R = \sqrt{\left(\dfrac{\sigma_x - \sigma_y}{2}\right)^2 + \tau_{xy}^2}$。

(3)平面应力状态单元体与其应力圆的对应关系。

1)点面对应。应力圆上某一点的坐标值对应着单元体相应截面上的正应力和切应力值。

2)转向对应。应力圆半径旋转时,半径端点的坐标随之改变,对应地,单元体上斜截面的法线也沿相同方向旋转,才能保证斜截面上的应力与应力圆上半径端点的坐标相对应。

3)两倍角对应。单元体上任意两斜截面的外法线之间的夹角若为 α,则对应在应力圆上代表该两斜截面上应力的两点之间的圆弧所对应的圆心角必为 2α。

5. 三向应力状态

$$\sigma_{max} = \sigma_1, \quad \sigma_{min} = \sigma_3$$

$$\tau_{max} = \frac{\sigma_1 - \sigma_3}{2}$$

6. 广义胡克定律

(1)各向同性材料在线弹性小变形条件下，主应变分量与主应力分量之间的关系是

$$\left.\begin{array}{l} \varepsilon_1 = \dfrac{1}{E}\left[\sigma_1 - \mu(\sigma_2 + \sigma_3)\right] \\[2mm] \varepsilon_2 = \dfrac{1}{E}\left[\sigma_2 - \mu(\sigma_1 + \sigma_3)\right] \\[2mm] \varepsilon_3 = \dfrac{1}{E}\left[\sigma_3 - \mu(\sigma_1 + \sigma_2)\right] \end{array}\right\}$$

(2)一般空间应力状态的广义胡克定律。

$$\left.\begin{array}{l} \varepsilon_x = \dfrac{1}{E}\left[\sigma_x - \mu(\sigma_y + \sigma_z)\right] \\[2mm] \varepsilon_y = \dfrac{1}{E}\left[\sigma_y - \mu(\sigma_z + \sigma_x)\right] \\[2mm] \varepsilon_z = \dfrac{1}{E}\left[\sigma_z - \mu(\sigma_x + \sigma_y)\right] \\[2mm] \gamma_{xy} = \dfrac{\tau_{xy}}{G}, \quad \gamma_{yz} = \dfrac{\tau_{yz}}{G}, \quad \gamma_{zx} = \dfrac{\tau_{zx}}{G} \end{array}\right\}$$

7. 强度理论

关于材料破坏的假说，称为强度理论。本章所提到四种常用强度理论和莫尔强度理论，其强度条件如下：

$$\sigma_r \leqslant [\sigma]$$

σ_r 为相当应力，对于不同的强度理论其表达式不同，具体如下：

最大拉应力理论(第一强度理论)：$\sigma_{r1} = \sigma_1$

最大拉应变理论(第二强度理论)：$\sigma_{r2} = \sigma_1 - \mu(\sigma_2 + \sigma_3)$

最大切应力理论(第三强度理论)：$\sigma_{r3} = \sigma_1 - \sigma_3$

畸变能密度理论(第四强度理论)：

$$\sigma_{r4} = \sqrt{\frac{1}{2}\left[(\sigma_1 - \sigma_2)^2 + (\sigma_2 - \sigma_3)^2 (\sigma_3 - \sigma_1)^2\right]}$$

莫尔强度理论：$\sigma_{rM} = \sigma_1 - \dfrac{[\sigma_t]}{[\sigma_c]}\sigma_3$

第一、第二强度理论适用于脆性断裂，第三、第四强度理论适用于塑性屈服破坏。但在特殊情况下，强度理论的选择要发生变化，规定如下：无论是塑性材料还是脆性材料，在三向拉应力相近的情况下，都以断裂的形式失效，宜采用第一、第二强度理论。在三向压力相近的情况下，都可以引起塑性变形，宜采用第三、第四强度理论。莫尔强度理论对于抗拉强度和抗压强度不等的脆性材料能给出较为满意的结果。

复杂应力状态下的强度计算时，可按以下几个步骤进行：

(1)从构件的危险点处截取单元体，计算出三个主应力。

(2)选用适当的强度理论，计算出相应的相当应力，将复杂应力状态转换为具有等效的单向应力状态。

(3)确定材料的许用拉应力，将其与相当应力比较，从而对构件进行强度计算。

习　题

8.1　填空题

1. _____称为复杂应力状态，_____称为简单应力状态。

2. 强度理论分成两类：一类是_____，其中有最大拉应力理论和最大拉应变理论；另一类是_____，最大剪应力理论和形状改变比能理论。

3. 材料之所以按某种方式失效，是_____等因素中的某一因素引起的，无论是_____，引起失效的因素是相同的，即造成损失的原因与_____无关。

8.2　判断题

1. 一点的应力状态是指受力构件横截面上各点的应力情况。　　　　　　（　　）

2. 一实心均质钢球，当其外表面迅速均匀加热，则球心 O 点处的应力状态是平面应力状态。　　　　　　（　　）

3. 受力物体内一点处，其最大应力所在平面上的正应力一定为零。　　　（　　）

8.3　简答题

1. 何谓一点的应力状态？为什么要研究一点的应力状态？

2. 什么是主干面和主应力？主应力和正应力有什么区别？如何确定平面应力状态的三个主应力及其作用面？

3. 二向应力状态的最大切应力按什么公式计算？利用二向应力状态的应力圆可以求出最大切应力，它是单元体真正的最大切应力吗？

4. 受力杆件内某点处若在一个方向上的线应变为零，那么该点处沿这个方向上的正应力为零。若沿某个方向上的正应力为零，那么该点处在这个方向上的线应变为零。这种说法对吗？为什么？

8.4　实践应用题

1. 试用解析法求图 8.27 所示单元体指定斜截面 ab 上的应力，并把它们的方向标在单元体上(应力单位：MPa)。

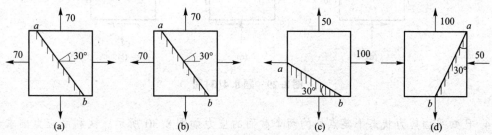

图 8.27　题 8.4(1)图

2. 试从图 8.28 所示的各构件中 A 点和 B 点处取出单元体，并表明单元体各面上的应力。

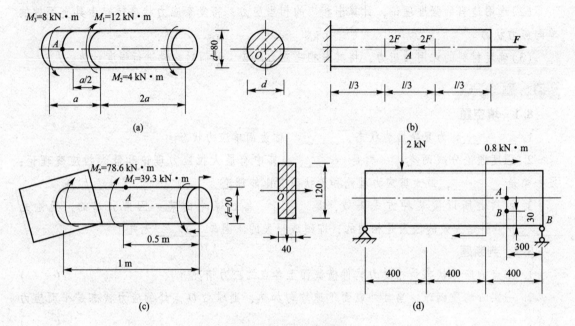

图 8.28　题 8.4(2)图

3. 已知应力状态如图 8.29 所示，图中应力单位皆为 MPa。试用解析法及图解法求：(1)主应力大小，主平面位置；(2)在单元体上绘出主平面位置及主应力方向；(3)最大切应力。

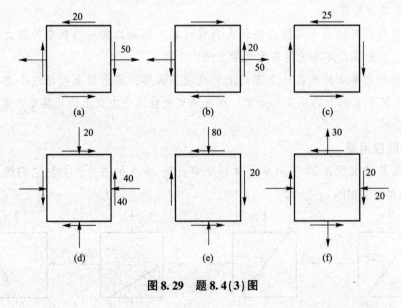

图 8.29　题 8.4(3)图

4. 已知平面应力状态下某点处的两个截面的应力如图 8.30 所示。试利用应力圆求该点处的主应力值和主平面方位，并求出两截面间的夹角 α 值。

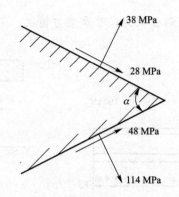

图 8.30　题 8.4(4)图

5. 如图 8.31 所示，已知矩形截面梁某截面上的弯矩及剪力分别为 $M = 10$ kN·m，$F_s = 120$ kN，试绘制出截面上 1、2、3、4 各点应力状态的单元体，并求其主应力。

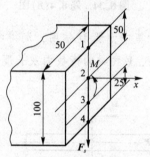

图 8.31　题 8.4(5)图

6. 如图 8.32 所示的薄壁圆筒扭转—拉伸试验。若 $F = 20$ kN，$M_e = 600$ N·m，且 $d = 50$ mm，$\delta = 2$ mm，试求：(1)A 点的指定斜截面上的应力；(2)A 点的主应力的大小及方向(用单元体表示)。

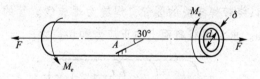

图 8.32　题 8.4(6)图

7. 如图 8.33 所示某点处的应力，设 σ_α、τ_α 及 σ_y 及值为已知，试考虑如何根据已知数据直接作出应力圆。

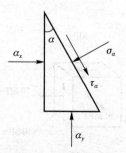

图 8.33　题 8.4(7)图

8. 如图 8.34 所示为一焊接钢板梁的尺寸及受力情况,梁的自重略去不计。试求 $m—m$ 上 a、b、c 三点处的主应力。

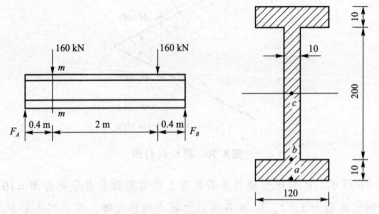

图 8.34   题 8.4(8)图

9. 如图 8.35 所示的简支梁受集中力偶 M 作用,测得中性层上 K 点处沿 45° 方向的线应变为 $\varepsilon_{45°}$。已知材料的弹性常数 E、V 和梁的横截面及长度尺寸 b、h、a、d、l。试求集中力偶矩 M_e。

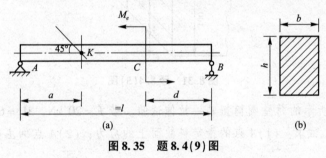

图 8.35   题 8.4(9)图

10. 如图 8.36 所示以绕带焊接成的圆管,焊缝为螺旋线。管的内径为 300 mm,壁厚为 1 mm,内压 $P = 0.5$ MPa。求沿焊缝斜面上的正应力和切应力。

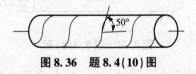

图 8.36   题 8.4(10)图

11. 如图 8.37 所示单元体材料的弹性常数 $E = 200$ GPa,$V = 0.3$。试求该单元体的形状改变能密度。

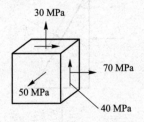

图 8.37   题 8.4(11)图

12. 从某铸铁构件内的危险点取出的单元体，各面上的应力分量如图8.38所示。已知铸铁材料的泊松比 $\mu = 0.25$，许用拉应力 $[\sigma_t] = 30$ MPa，许用压应力 $[\sigma_c] = 90$ MPa。试按第一和第二强度理论校核其强度。

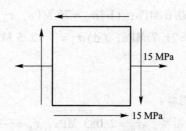

图8.38 题8.4(12)图

13. 如图8.39所示为炮筒横截面。在危险点处，$\sigma_t = 550$ MPa，$\sigma_r = -350$ MPa，第三个主应力垂直于图面是拉应力，且其大小为420 MPa。试按第三强度理论计算其相当应力。

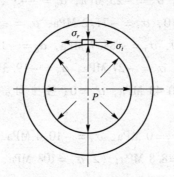

图8.39 题8.4(13)图

14. 一简支钢板梁承受荷载如图8.40(a)所示，其截面尺寸如图8.40(b)所示。已知钢材的许用应力 $[\sigma] = 170$ MPa，$[\tau] = 100$ MPa。试校核梁内的最大正应力和最大切应力。并按第四强度理论校核危险截面上的 a 点的强度。注：通常在计算 a 点处的应力时，近似地按 a' 点的位置计算。(本题试用有限元软件求解)

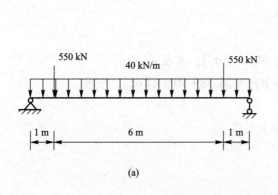

图8.40 题8.4(14)图

第8章 习题答案

8.1—8.3 略

8.4 实践应用题

1. (a)$\sigma_\alpha = 35$ MPa, $\tau_\alpha = 60.6$ MPa; (b)$\sigma_\alpha = 70$ MPa, $\tau_\alpha = 0$ MPa, 图略;

(c)$\sigma_\alpha = 62.5$ MPa, $\tau_\alpha = 21.7$ MPa; (d)$\sigma_\alpha = -12.5$ MPa, $\tau_\alpha = 65$ MPa, 图略。

2. (a)$\sigma_A = -\dfrac{4F}{\pi d^2}$, 图略;

(b)$\tau_A = 79.618$ MPa, 图略;

(c)$\tau_A = -0.417$ MPa, 图略, $\sigma_B = 2.083$ MPa, $\tau_B = -0.312$ MPa, 图略;

(d)$\sigma_A = 50.064$ MPa, $\tau_A = 50.064$ MPa, 图略。

3. (a)$\sigma_1 = 57$ MPa, $\sigma_2 = 0$, $\sigma_3 = -7$ MPa, $\alpha_0 = -19.3°$, 图略, $\tau_{max} = 32$ MPa;

(b)$\sigma_1 = 57$ MPa, $\sigma_2 = 0$, $\sigma_3 = -7$ MPa, $\alpha_0 = 19.3°$, 图略, $\tau_{max} = 32$ MPa;

(c)$\sigma_1 = 25$ MPa, $\sigma_2 = 0$, $\sigma_3 = -25$ MPa, $\alpha_0 = -45°$, 图略, $\tau_{max} = 25$ MPa;

(d)$\sigma_1 = 11.2$ MPa, $\sigma_2 = 0$, $\sigma_3 = -71.2$ MPa, $\alpha_0 = -38°$, 图略, $\tau_{max} = 41.2$ MPa;

(e)$\sigma_1 = 4.7$ MPa, $\sigma_2 = 0$, $\sigma_3 = -84.7$ MPa, $\alpha_0 = -13.3°$, 图略, $\tau_{max} = 44.7$ MPa;

(f)$\sigma_1 = 37$ MPa, $\sigma_2 = 0$, $\sigma_3 = -27$ MPa, $\alpha_0 = -19.3°$, 图略, $\tau_{max} = 32$ MPa。

4. $\sigma_1 = 141.57$ MPa, $\sigma_2 = 30.43$ MPa, $\sigma_3 = 0$; 主方向角: $\alpha_1 = -74.87°$, $\alpha_2 = 15.13°$; 夹角: $75.26°$。

5. 图略, $\sigma_1 = 70.4$ MPa, $\sigma_2 = 0$ MPa, $\sigma_3 = -10.4$ MPa。

6. (1)$\sigma_\alpha = -45.8$ MPa, $\tau_\alpha = 8.8$ MPa; (2)$\sigma_1 = 108$ MPa, $\sigma_2 = 0$ MPa, $\sigma_3 = -46.3$ MPa, $\alpha_0 = 33.3°$, 图略。

7. 由 X, Y 面的应力就可以作出应力圆。

8. a 点: $\sigma_1 = 212.39$ MPa, $\sigma_2 = 0$ MPa, $\sigma_3 = 0$ MPa;

b 点: $\sigma_1 = 210.64$ MPa, $\sigma_2 = 0$ MPa, $\sigma_3 = -17.56$ MPa;

c 点: $\sigma_1 = 84.956$ MPa, $\sigma_2 = 0$ MPa, $\sigma_3 = -84.956$ MPa。

9. $M_e = \dfrac{2Ebhl}{3(1+\mu)}\varepsilon_{45°}$。

10. $\sigma_\alpha = 53$ MPa, $\tau_\alpha = 18.5$ MPa。

11. 12.99979 kN·m/m³

12. 第一强度理论: $\sigma_1 = 24.271$ MPa $< [\sigma_t]$, 安全;

第二强度理论: $\sigma_1 - V(\sigma_2 + \sigma_3) = 26.589$ MPa $< [\sigma_t]$, 安全。

13. $\sigma_{r3} = 900$ MPa。

14. σ_{r4} 超过 $[\sigma]$ 的 3.53%, 工程上允许。

组合变形

　　构件在外力作用下同时发生两种或两种以上基本变形，称为组合变形。本章采用 ABAQUS 有限元结构分析软件模拟构件组合变形，展示构件发生组合变形的实际应力和变形情况。本章主要介绍了杆件的弯曲与拉伸(压缩)、弯曲与扭转及两相互垂直平面内的弯曲的组合变形的应力和强度计算。

案例：齿轮轴、大烟囱

　　结合有限元思想，采用 ABAQUS 有限元结构分析软件模拟齿轮传动轴，如图 9.1(a)、(b)所示，在齿轮啮合力的作用下，同时发生弯曲和扭转。图 9.1(a)所示为未发生弯曲和扭转组合变形时的齿轮轴，从图中可知，此时的应力值为 0 MPa；图 9.1(b)所示为齿轮轴开始工作，且发生弯曲和扭转组合变形时的有限元模型应力分布云图，从图中可知，此时的应力值为 71.56 MPa。从而可以判定，齿轮轴发生弯曲和扭转组合变形时，应力增加，构件会产生明显变形，受力分析如图 9.1(c)所示(此受力图中的三个齿轮啮合点受力已经平移等效处理)。如图 9.2 所示为某工厂的烟囱，因自重引起轴向压缩，还有水平方向的风力引起的弯曲。由此不难发现，在实际工程中，有许多构件在荷载作用下所发生的变形往往是两种或两种以上基本变形的组合，称为组合变形。常见的组合变形有很多种类型，但从基本变形来看，组合变形就是拉压、弯曲及扭转三种基本变形的组合。

　　在线弹性范围内、小变形条件下，组合变形中各个基本变形及其应力，可以认为是各自独立互不影响的，因此，可利用叠加原理计算组合变形，即将组合变形分解为几种基本变形，分别研究每种基本变形及其应力，然后再叠加起来，即可求出组合变形及其应力。

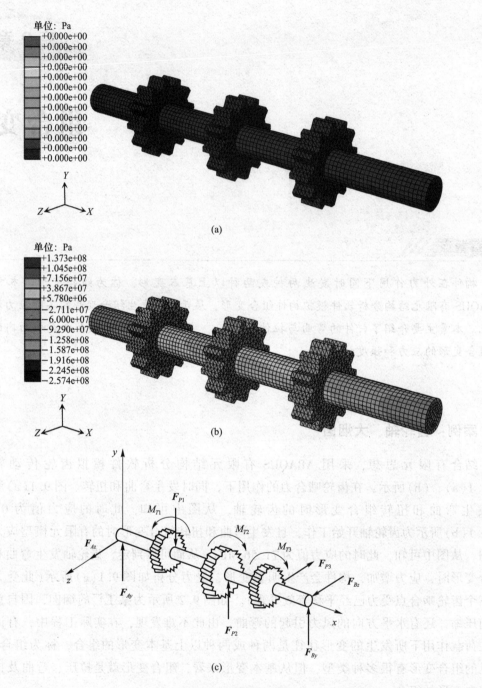

图 9.1　齿轮传动轴

(a)受力前；(b)受力后；(c)力学模型

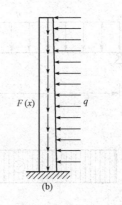

图 9.2　某工厂的烟囱

(a)示意图；(b)受力模型

9.1　概述

前面几章讨论了杆件在外力作用下只发生一种基本变形时的强度和刚度计算。但工程中有许多构件并不是发生单一的基本变形，而是同时发生几种基本变形。

构件在外力作用下同时发生两种或两种以上基本变形，称为组合变形。本章主要讨论组合变形条件下的强度计算。在线弹性和小变形的条件下，可以认为发生组合变形构件的每种基本变形是各自独立、互不影响的。即任一载荷作用所产生的应力和变形，不受其他载荷的影响。因此，可以采用叠加原理计算组合变形构件的应力和变形。理论研究和大量实践证明，由叠加法计算出来的结果与实际情况是符合的。其基本步骤：第一，将作用在杆件上的载荷按静力等效分解为几组，使每组载荷只产生一种基本变形；第二，分别计算每种基本变形产生的应力，然后再进行叠加，得到构件在组合变形时的应力；第三，根据危险点的应力状态选用适当的强度理论进行强度计算。

本章将重点介绍以下两种组合变形，即弯曲与拉伸(压缩)的组合，偏心拉压及斜弯曲属于此类；弯曲与扭转的组合简称弯扭组合，其分析方法同样适用于其他组合变形形式。需要说明的是，由于剪力对构件强度的影响一般远小于其他内力，所以在组合变形下的强度计算中，由剪力引起的切应力可以忽略不计。也就是说，剪力图一般不必画出。

9.2　弯曲与拉伸(压缩)的组合

弯曲与拉伸(压缩)的组合变形是工程中常见的组合变形。当构件承受轴向力作用时，还作用着位于形心主惯性面内的横向力，这时便产生弯曲与拉伸(压缩)的组合变形。下面以图 9.3 所示的简支梁结构同时受横向力和轴向力载荷作用为例，说明如何分析这类组合变形问题，分析步骤如下。

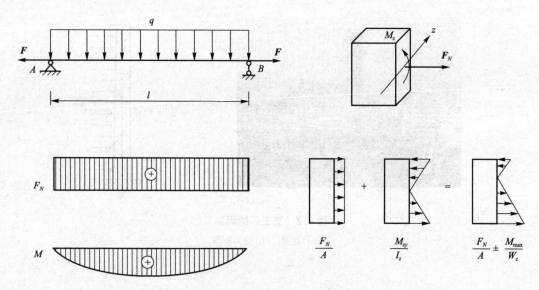

图 9.3 简支梁结构组合变形

1. 外力分析

根据力的平移定理，轴向力 F 沿轴向引起轴向拉伸，横向力均布荷载 q 引起横向弯曲。因此，简支梁结构的变形为拉伸与弯曲组合变形。

2. 内力分析

在拉力 F 作用下，引起截面变形的轴力为常数 F，在横向力均布荷载 q 作用下，引起的弯矩为 M_z，由分析可知简支梁结构各截面的危险程度不相同。

3. 应力分析

与轴向拉力相应的拉伸正应力均匀分布，其值为

$$\sigma_N = \frac{F_N}{A}$$

与弯矩相应的弯曲正应力沿截面高度呈线性分布，其值为

$$\sigma_N = \frac{M_z y}{I_z}$$

二者均为正应力，故可直接代数叠加，得到简支梁结构横截面上任一点的总应力，其值为

$$\sigma_{\min}^{\max} = \frac{F_N}{A} \pm \frac{M_{\max}}{W_z}$$

4. 强度计算

轴向力为拉力，危险点在简支梁结构中点截面上、下边缘处，中点弯矩有最大值，其应力状态为单向应力状态。可分别建立两危险点强度条件

$$\sigma_{c\max} = \left| \frac{F_N}{A} - \frac{M_{\max}}{W_z} \right| \leqslant [\sigma_c]$$

$$\sigma_{t\max} = \left| \frac{F_N}{A} + \frac{M_{\max}}{W_z} \right| \leqslant [\sigma_t]$$

若轴力为压力，危险点仍然在简支梁结构中点截面上、下边缘处，中点弯矩有最大值，其应力状态为单向应力状态。可分别建立两危险点强度条件

$$\sigma_{c\max} = \left| -\frac{F_N}{A} - \frac{M_{\max}}{W_z} \right| \leqslant [\sigma_c]$$

$$\sigma_{t\max} = \left| -\frac{F_N}{A} + \frac{M_{\max}}{W_z} \right| \leqslant [\sigma_t]$$

【例9.1】　如图9.4(a)所示，起重机的最大吊重 $F = 12$ kN，许用应力 $[\sigma] = 100$ MPa，试为横梁 AB 选择合适的工字钢。

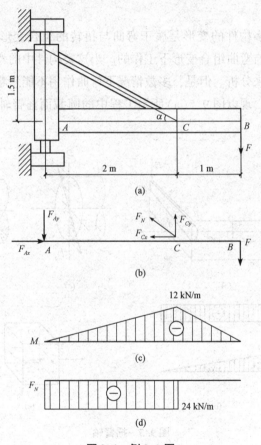

图9.4　例9.1图

解： 根据横梁 AB 的受力简图，由平衡方程 $\sum M_A = 0$，得 $F_{cy} = 18$ kN，于是

$$F_{cx} = F_{cy}\tan\alpha = 18 \times \frac{2}{1.5} = 24(\text{kN})$$

作 AB 梁的弯矩图和轴力图。在 C 点左侧截面上，弯矩为极值而轴力与 AC 段任一截面相同，故为危险截面。

计算时可以先不考虑轴力的影响，只按弯曲强度条件确定工字钢的弯曲截面系数

$$W \geqslant \frac{M}{[\sigma]} = \frac{12 \times 10^3}{100 \times 10^6} = 120 \times 10^{-6} (\text{m}^3) = 120 \text{ cm}^3$$

查型钢表,选 $W = 141$ cm^3 的 16 号工字钢,其截面面积 $A = 26.1$ cm^2。选定工字钢后,再按弯曲与压缩的组合变形校核强度。根据 C 点左侧截面上弯曲正应力与压缩引起的均匀分布压应力的叠加,可知在该截面的下边缘各点的压应力最大,其值为

$$\sigma_{cmax} = \frac{F_N}{A} + \frac{M_{max}}{W} = \frac{24 \times 10^3}{26.1 \times 10^{-4}} + \frac{12 \times 10^3}{141 \times 10^{-6}} = 94.3 (\text{MPa})$$

最大压应力略小于许用应力,说明所选工字钢是合适的。

9.3 弯曲与扭转的组合

在机械工程中,很多构件的变形是属于弯曲与扭转的组合变形,例如,机械中的传动轴、曲柄等都是在扭转与弯曲组合变形下工作的。当这类构件中的弯曲作用很小时,可以将它看成只受扭转的杆件来分析。但是,多数情况下弯曲作用不能忽略,这时就要作为弯曲与扭转的组合变形来考虑。现以图 9.5(a) 所示工程中的圆截面摇臂轴为例,说明弯扭组合问题的分析方法。

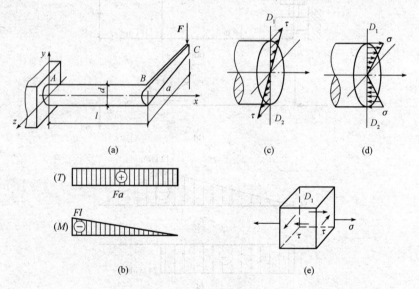

图 9.5 摇臂轴

1. 外力分析

将外力 F 向 AB 杆右端截面形心平移,得到一个作用于 B 点的横向力 F 及一力偶 $m = Fa$。F 使 AB 发生弯曲,M 使 AB 产生扭转,所以,在外力作用下 AB 产生弯扭组合变形。

2. 内力分析

分别作 AB 杆的弯矩图和扭矩图[图 9.5(b)],由此可知,AB 杆各截面上扭矩相等,弯矩 $M_{max} = Fl$,危险截面为 A 截面。

3. 应力分析

在危险截面 A 上，与扭矩 T 对应的最大切应力发生在周边各点，与弯矩 $M_{\max}$ 对应的最大正应力发生在上下两端点 D_1、D_2，如图 9.5(c)、(d) 所示。

由此可知，危险点为 D_1、D_2 两点。对于塑性材料杆，抗拉与抗压性能相同，所以这两点同等危险。任取一点 D_1 研究[图 9.5(e)]，该点处单元体为二向应力状态，其上应力为

$$\tau = \frac{T}{W_t}, \quad \sigma = \frac{M_{\max}}{W}。$$

式中，圆截面的抗扭截面系数 $W_t = \dfrac{\pi d^3}{16}$，抗弯截面系数 $W = \dfrac{\pi d^3}{32}$。

4. 强度计算

对于塑性材料杆应采用第三或第四强度理论进行强度计算。建立强度条件为

$$\sigma_{r3} = \sqrt{\sigma^2 + 4\tau^2} \leqslant [\sigma] \tag{9.1}$$

$$\sigma_{r4} = \sqrt{\sigma^2 + 3\tau^2} \leqslant [\sigma] \tag{9.2}$$

对圆截面轴 $W_t = 2W$，代入不等式(9.1)、式(9.2)的左边可得

$$\sigma_{r3} = \sqrt{\sigma^2 + 4\tau^2} = \sqrt{\left(\frac{M}{W}\right)^2 + 4\left(\frac{T}{2W}\right)^2} = \frac{\sqrt{M^2 + T^2}}{W}$$

$$\sigma_{r4} = \sqrt{\sigma^2 + 3\tau^2} = \sqrt{\left(\frac{M}{W}\right)^2 + 3\left(\frac{T}{2W}\right)^2} = \frac{\sqrt{M^2 + 0.75T^2}}{W}$$

这样，杆的强度条件就可以写为

$$\sigma_{r3} = \frac{\sqrt{M^2 + T^2}}{W} \leqslant [\sigma] \tag{9.3}$$

$$\sigma_{r4} = \frac{\sqrt{M^2 + 0.75T^2}}{W} \leqslant [\sigma] \tag{9.4}$$

上式对空心圆截面轴也适用，但对非圆截面轴，由于 $W_t \neq 2W$，所以不适用。

由以上的分析可以看到，对承受弯扭组合作用的杆件作强度计算时，一般需先由弯矩图和扭矩图确定危险截面。对于圆截面杆，包含轴线的任意纵向面都是纵向对称面，若横截面上有两个弯矩 M_y 和 M_z 同时作用，将 M_y 和 M_z 按矢量求和所得的总弯矩 M(图 9.6)的作用平面仍然是纵向对称面，此时，总弯矩的大小为

$$M = \sqrt{M_y^2 + M_z^2} \tag{9.5}$$

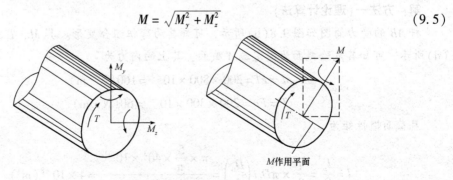

图 9.6　弯矩合成

因此，可由各截面的总弯矩大小及扭矩的情况确定危险截面。至于危险点的位置及其应力状态，可根据危险截面上的总弯矩和扭矩的实际方向及它们分别产生的正应力和切应力分布而定，例如图9.7所示的情况，其危险点为 D_1 和 D_2。此时，强度计算仍可采用式(9.3)或式(9.4)进行，即

$$\sigma_{r3} = \frac{\sqrt{M^2 + T^2}}{W} + \frac{\sqrt{M_y^2 + M_z^2 + T^2}}{W} \leqslant [\sigma] \tag{9.6}$$

$$\sigma_{r4} = \frac{\sqrt{M^2 + 0.75T^2}}{W} + \frac{\sqrt{M_y^2 + M_z^2 + 0.75T^2}}{W} \leqslant [\sigma] \tag{9.7}$$

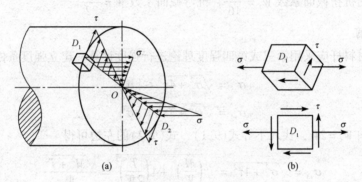

图9.7 危险截面上的危险点

(a)危险的位置；(b)应力状态

对于除弯、扭外，轴还受轴向拉(压)作用的情况，即发生弯拉扭或弯压扭组合变形。对于这类杆件，其危险点的应力状态仍属于图9.7(b)所示的应力状态。如果这类杆件由塑性材料制成，则仍可应用式(8.28)、式(8.29)进行强度计算，只需要注意其中的正应力 σ 是弯曲正应力 σ_M 和拉(压)正应力 σ_N 之和，即强度条件为

$$\sigma_{r3} = \sqrt{\sigma^2 + 4\tau^2} = \sqrt{(\sigma_M + \sigma_N)^2 + 4\tau^2} \leqslant [\sigma] \tag{9.8}$$

$$\sigma_{r4} = \sqrt{\sigma^2 + 3\tau^2} = \sqrt{(\sigma_M + \sigma_N)^2 + 3\tau^2} \leqslant [\sigma] \tag{9.9}$$

【例9.2】 水平薄壁圆管 AB，A 端固定支承，B 端与刚性臂 BC 垂直连接[图9.8(a)]，且 $l = 800$ mm，$a = 300$ mm。圆管的平均直径 $D_0 = 40$ mm，壁厚 $t = 5/\pi$ mm。材料的 $[\sigma] = 100$ MPa，若在 C 段作用铅垂载荷 $P = 200$ N，试按第三强度理论校核该圆管强度。

解：方法一(理论计算法)

杆 AB 的受力简图如图9.8(b)所示，可知其为弯扭组合变形。其 M、T 图如图9.8(c)、(d)所示，可知其危险截面为固定端 A 截面，其上的内力为

$$M = Fl = 200 \times 800 \times 10^{-3} = 160(\text{N} \cdot \text{m})$$

$$T = Fa = 200 \times 300 \times 10^{-3} = 60(\text{N} \cdot \text{m})$$

且截面惯性矩为

$$I = \frac{I_p}{2} = \frac{1}{2} \times \pi D_0 t \left(\frac{D_0}{2}\right) = \frac{\pi \times \frac{5}{\pi} \times 40^3 \times 10^{-12}}{8} = 4 \times 10^{-8} (\text{m}^4)$$

所以，抗弯截面系数为

$$W = \frac{1}{(D_0 + t)/2} = \frac{4 \times 10^{-8} \times 2}{\left(40 + \dfrac{5}{\pi}\right) \times 10^{-3}} = 1.92 \times 10^{-6} (\mathrm{m}^4)$$

由第三强度理论条件

$$\sigma_{r3} = \frac{\sqrt{M^2 + T^2}}{W} = \frac{\sqrt{160^2 + 60^2}}{1.92 \times 10^{-6}} = 89 \times 10^6 (\mathrm{Pa}) = 89\ \mathrm{MPa} < [\sigma]$$

故 AB 杆满足强度条件。

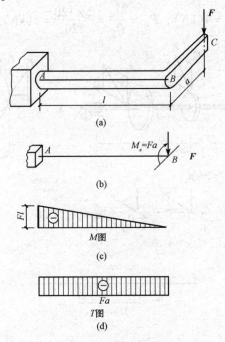

图 9.8 例 9.2 图

方法二(有限元计算法)

经有限元建模，可得该细长杆的应力状态及分布规律。该薄壁圆管应力最大处在 A 端，最大应力值约为 85 MPa，小于材料的允许应力，如图 9.9 所示。

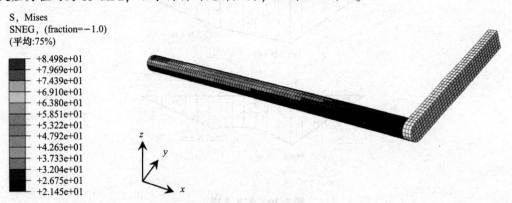

图 9.9 有限元模型

【例9.3】 齿轮减速箱中轴 AB 如图9.10(a)所示，已知轴的转速 $n = 955$ r/min，由电动机输入功率 $P = 12$ kW，两齿轮节圆直径 $D_1 = 60$ mm、$D_2 = 120$ mm。齿轮啮合力与齿轮节圆切线的夹角(压力角)为 $\alpha = 20°$，轴的直径 $d = 25$ mm，材料为45号钢，许用应力 $[\sigma] = 160$ MPa。试校核此轴的强度。

解：(1) 外力简化。将外力向 AB 轴线简化，结果如图9.10(b)所示。

图中 $T_1 = T_2 = 9\,550\,\dfrac{P}{n} = 9\,550 \times \dfrac{12}{955} = 120(\text{N}\cdot\text{m})$，而 $T_1 = P_{1z}\cdot\dfrac{D_1}{2}$，$T_2 = P_{2y}\cdot\dfrac{D_2}{2}$

所以 $P_{1z} = \dfrac{2T_1}{D_1} = \dfrac{2\times120}{60} = 4(\text{kN})$，$P_{1y} = \dfrac{2T_2}{D_2} = \dfrac{2\times120}{120} = 2(\text{kN})$

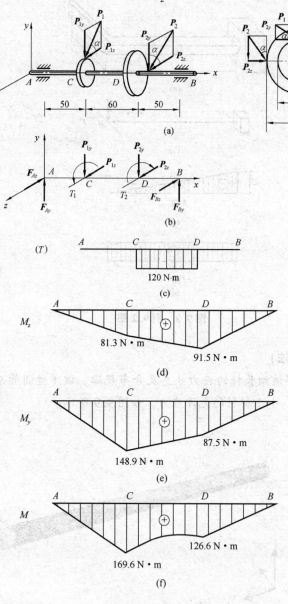

图9.10 例9.3图

由三角关系可求得

$$P_{1y} = P_{1z}\tan20° = 4 \times 0.364 = 1.456(\text{kN})$$

$$P_{2z} = P_{2y}\tan20° = 2 \times 0.364 = 0.728(\text{kN})$$

由图可知，AB 轴的 CD 段产生弯曲与扭转组合变形。

(2)内力分析。T_1、T_2 使轴 CD 段产生扭转，可作轴的扭矩图[图 9.10(c)]。P_{1y}、P_{2y} 与轴承反力 F_{Ay}、F_{By} 使轴产生在 xy 平面内的弯曲，P_{1z}、P_{2z} 与轴承反力 F_{Ax}、F_{Bx} 使轴产生 xz 平面内的弯曲，可分别作出两个平面内的弯矩图[图 9.10(d)、(e)]。

对于圆截面轴，由于任一直径均为截面的对称轴，因此无论截面上的弯矩方向如何，都不会影响使用弯曲正应力公式。于是，再作轴的合成弯矩图，与力的合成原理相同，合成弯矩的数值等于两互相垂直于此平面内弯矩平方和的开方，即 $M = \sqrt{M_x^2 + M_y^2}$。

代入数值求得

$$M_A = M_B = 0$$

$$M_C = \sqrt{81.3^2 + 148.9^2} = 169.63(\text{N} \cdot \text{m})$$

$$M_D = \sqrt{91.5^2 + 87.5^2} = 126.62(\text{N} \cdot \text{m})$$

可作出合成弯矩图[图 9.10(f)]。可以证明，在 CD 段的合成弯矩图必为凹曲线。

由此可见，轴的危险截面为 C 截面。

(3)强度校核。AB 轴为 45 号钢，可按第三或第四强度理论计算，由第三强度理论的强度条件

$$\sigma_{r3} = \frac{\sqrt{M^2 + T^2}}{W} \leqslant [\sigma]$$

在 C 截面上，$M_C = 169.63$ N·m，$T = 120$ N·m，轴径 $d = 25$ mm，代入上式得

$$\sigma_{r3} = \frac{32\sqrt{169.93^2 + 120^2}}{\pi \times 25^3} \times 10^3 = \frac{32 \times 207.78 \times 10^3}{\pi \times 25^3} = 135.5(\text{MPa}) \leqslant [\sigma]$$

所以，此轴强度足够。

知识拓展

两相互垂直平面内的弯曲

前面曾指出，对于具有纵向对称面的梁，当外力作用在梁的纵向对称面内时，变形后的梁轴线成为纵向对称面内的平面曲线，这种弯曲变形称为平面弯曲，又称对称弯曲。但有时外力并不作用在梁的纵向对称面内，例如图 9.11 所示的梁具有两个对称面（y、z 为对称轴），横向载荷 F 通过截面形心并与 y 轴成夹角 φ。这时，梁将在相互垂直的两个对称面内发生弯曲，称为双向弯曲。由于弯曲后的梁轴线一般不在外力作用平面内，因此又称斜弯曲。现以图 9.11 所示的矩形截面梁为例，说明两相互垂直平面内的弯曲梁（斜弯曲）的应力计算方法。

将 F 沿横截面对称轴分解为 F_y、F_z：

$$F_y = F\sin\varphi, \quad F_z = F\cos\varphi \tag{a}$$

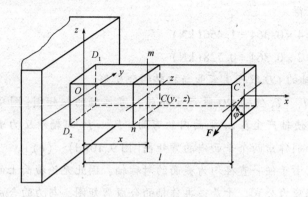

图 9.11　两相互垂直平面内的弯曲梁

在 F_z 作用下，梁将在铅直纵向对称面内发生平面弯曲，在 F_y 作用下，梁将在水平纵向对称面内发生平面弯曲。在任意截面 x 处分别有弯矩

$$M_y = F\cos\varphi(l-x), \ M_z = F\sin\varphi(l-x) \tag{b}$$

x 截面任意点 $C(y, z)$ 处由 M_y 和 M_z 引起的正应力分别为

$$\sigma' = \frac{M_y z}{I_y}, \ \sigma'' = -\frac{M_z y}{I_z} \tag{c}$$

由叠加原理可得 x 截面任意点 $C(y, z)$ 处的正应力为

$$\sigma = \sigma' + \sigma'' = \frac{M_y z}{I_y} - \frac{M_z y}{I_z} \tag{9.10}$$

应用上式计算时，M_y、M_z 矢量分别与 y 轴和 z 轴的正向相一致。具体计算时，也可对式中各物理量均取绝对值，各项应力的正、负号可按拉为正、压为负来判断。

图 9.11 所示矩形截面梁的危险截面显然在固定端截面处，而危险点则在角点 D_1 和 D_2 处。危险点的最大应力与强度条件为

$$\sigma_{\max} = \frac{M_y}{W_y} + \frac{M_z}{W_z} \leqslant [\sigma]$$

式中，两弯矩 M_y、M_z 取绝对值。

对于有外凸角点的截面，如矩形截面、工字形截面等，最大应力一定发生在角点处。而对于没有外凸角点的截面，需要先求截面上中性轴的位置。根据中性轴定义，中性轴上各点处的正应力均为零，令 y_0、z_0 代表中性轴上任意点的坐标，由式(9.10)，令 $\sigma = 0$，即得中性轴方程为

$$\frac{M_y z_0}{I_y} - \frac{M_z y_0}{I_z} = 0 \tag{9.11}$$

式(9.11)表示中性轴为通过截面形心的直线，如图 9.12 所示。

设中性轴与 y 轴的夹角为 θ，则

$$\tan\theta = \frac{z_0}{y_0} = \frac{I_y}{I_z} \cdot \frac{M_z}{M_y} = \frac{I_y}{I_z}\tan\varphi$$

式中，φ 为合弯矩 M 与 y 轴的夹角。当 $I_z \neq I_y$ 时，$\theta \neq \varphi$，说明中性轴与外力作用线不垂直，

或者说变形后的梁轴线不在外力所在的平面，即形成斜弯曲。如果 $I_z = I_y$（如圆形、正方形截面），$\theta = \varphi$，这时，中性轴与外力作用线垂直，形成平面弯曲。

中性轴可将横截面分为两部分，一部分为受拉应力；另一部分为受压应力。作两条平行于中性轴的直线分别与截面周边相切于 D_1 和 D_2 点（图9.12），这两点即是发生最大拉应力和最大压应力的危险点。将危险点的坐标代入式（9.11），即可求得横截面上的最大拉应力和最大压应力。危险点的应力状态为单向应力状态或近似单向应力状态，故其强度条件为

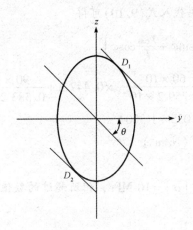

图9.12　中性轴表示

$$\sigma_{\max} = \left| \frac{M_y z}{I_y} - \frac{M_z y}{I_z} \right| \leq [\sigma] \tag{9.12}$$

斜弯曲时，在建立强度条件时，首先确定危险截面，然后在危险截面上，针对不同的截面形式，求出最大正应力的数值。若材料的抗拉强度和抗压强度不同时，需要分别校核最大拉应力和最大压应力。

【**例9.4**】　有一屋桁架结构如图9.13(a)所示。已知：屋面坡度为1:2，二桁架之间的距离为4 m，木檩条的间距为1.5 m，屋面重（包括檩条）为 1.4 kN/m²。若木檩条采用 120 mm×180 mm 的矩形截面，所用松木的弹性模量 $E = 10$ GPa，许用应力 $[\sigma] = 10$ MPa，试校核木檩条的强度。

解：（1）确定计算简图。屋面的重量是通过檩条传给桁架的。檩条简支在桁架上，其计算跨度等于二桁架间的距离 $l = 4$ m，檩条上承受的均布荷载 $q = 1.4 \times 1.5 = 2.1$(kN/m)，其计算简图如图9.13(b)、(c)所示。

（2）内力及有关数据的计算。

$$M_{\max} = \frac{ql^2}{8} = \frac{2.1 \times 10^3 \times 4^2}{8} = 4\,200(\text{N} \cdot \text{m})$$

$$= 4.2 \text{ kN} \cdot \text{m}(\text{发生在跨中截面})$$

屋面坡度为1:2，即 $\tan\varphi = \dfrac{1}{2}$ 或 $\varphi = 26°34'$。故

$$\sin\varphi = 0.447\,2, \quad \cos\varphi = 0.894\,4$$

另外，计算出

$$I_z = \frac{bh^3}{12} = \frac{120 \times 180^3}{12} = 0.583\,2 \times 10^8\,(\mathrm{mm}^4) = 0.583\,2 \times 10^{-4}\,\mathrm{m}^4$$

$$I_y = \frac{hb^3}{12} = \frac{180 \times 120^3}{12} = 0.259\,2 \times 10^8\,(\mathrm{mm}^4) = 0.259\,2 \times 10^{-4}\,\mathrm{m}^4$$

$$y_{max} = \frac{h}{2} = 90\,\mathrm{mm},\quad z_{max} = \frac{b}{2} = 60\,\mathrm{mm}$$

(3)强度校核。将上列数据代入式(9.10)可得

$$\begin{aligned}
\sigma_{max} &= \left| M_{max} \left(\frac{z_{max}}{I_y} \sin\varphi + \frac{y_{max}}{I_z} \cos\varphi \right) \right| \\
&= 4\,200 \times \left(\frac{60 \times 10^{-3}}{0.259\,2 \times 10^{-4}} \times 0.447\,2 + \frac{90 \times 10^{-3}}{0.583\,2 \times 10^{-4}} \times 0.894\,4 \right) \\
&= 4\,200 \times (1\,035 + 1\,380) \\
&= 10.14 \times 10^6\,(\mathrm{N/m^2}) \\
&= 10.14\,\mathrm{MPa}
\end{aligned}$$

$\sigma_{max} = 10.14\,\mathrm{MPa}$ 虽稍大于 $[\sigma] = 10\,\mathrm{MPa}$，但所超过的数值小于 $[\sigma]$ 的5%，故满足强度要求。

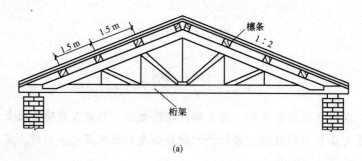

(a)

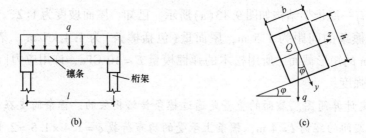

(b)　　　　　　　　　　(c)

图9.13　例9.4图

【例9.5】　如图9.14所示，矩形截面的简支梁在跨中间受一个集中力 F_p 作用：已知，$F_p = 10\,\mathrm{kN}$，与形心主轴 y 形成 $\varphi = 15°$ 的夹角，设木材的弹性模量 $E = 10^4\,\mathrm{MPa}$，试求：

(1)危险截面上的最大正应力。

(2)最大挠度及其方向。

解： (1)计算最大正应力。把载荷沿 y 轴和 z 轴分解为 F_{Py} 和 F_{Pz}

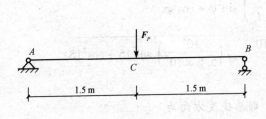
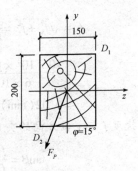

$$\varphi=15°$$

图 9.14　例 9.5 图

$$F_{Py} = F_P\cos\varphi = F_P\cos15°$$

$$F_{Pz} = F_P\sin\varphi = F_P\sin15°$$

危险截面在跨中，最大弯矩为

$$M_{z\max} = \frac{1}{2}F_{Py}l = \frac{1}{2}F_P\cos\varphi l = \frac{1}{2}\times10\times\cos15°\times1.5 = 7.25(\text{kN}\cdot\text{m})$$

$$M_{y\max} = \frac{1}{2}F_{Pz}l = \frac{1}{2}F_P\sin\varphi l = \frac{1}{2}\times10\times\sin15°\times1.5 = 1.94(\text{kN}\cdot\text{m})$$

由于正应力线性分布，再根据两弯矩方向，最大正应力在 D_1 和 D_2 点，D_1 为最大拉应力点，D_2 为最大压应力点，由于矩形截面两点对称，因此，两点正应力的绝对值相等，只计算一点即可，计算 D_1 点。

$$\sigma_{\max} = \frac{M_{z\max}}{W_z} + \frac{M_{y\max}}{W_y}$$

其中

$$W_z = \frac{bh^2}{6} = \frac{150\times200^2}{6} = 10^6(\text{mm}^3)$$

$$W_y = \frac{hb^2}{6} = \frac{200\times150^2}{6} = 7.5\times10^5(\text{mm}^3)$$

因此，最大正应力为

$$\sigma_{\max} = \frac{M_{z\max}}{W_z} + \frac{M_{y\max}}{W_y} = \frac{7.25\times10^6}{10^6} + \frac{1.94\times10^6}{7.5\times10^5} = 9.84(\text{MPa})$$

(2)计算最大挠度及其方向。沿 z 轴和 y 轴方向的挠度为

$$f_z = \frac{F_{Pz}(2l)^3}{48EI_y} = \frac{F_P\sin\varphi l^3}{6EI_y}$$

$$f_y = \frac{F_{Py}(2l)^3}{48EI_z} = \frac{F_P\cos\varphi l^3}{6EI_z}$$

其中

$$I_y = \frac{hb^3}{12} = \frac{200\times150^3}{12} = 5.6\times10^7(\text{mm}^4)$$

$$I_z = \frac{bh^3}{12} = \frac{150\times200^3}{12} = 10^8(\text{mm}^4)$$

总挠度为

$$f = \sqrt{f_y^2 + f_z^2} = \frac{F_P l^3}{6EI_z} \sqrt{\left(\frac{I_z}{I_y}\right)^2 \sin^2\varphi + \cos^2\varphi}$$

$$= \frac{10 \times 10^3 \times (1.5 \times 10^3)^3}{6 \times 10^4 \times 10^8} \sqrt{\left(\frac{10^8}{5.6 \times 10^7}\right)^2 \sin^2 15 + \cos^2 15}$$

$$= 6.02(\text{mm})$$

设总挠度 f 与 y 轴方向的夹角为 β，则总挠度方向为

$$\tan\beta = \frac{f_z}{f_y} = \frac{I_z}{I_y}\tan\varphi = \frac{10^8}{5.6 \times 10^7}\tan 15° = 0.478$$

本章小结

工程中有许多构件并不是发生单一的基本变形，而是同时发生几种基本变形，即组合变形，产生组合变形构件的强度计算，主要是应力的计算和强度条件的建立。在线弹性和小变形的条件下，可以认为发生组合变形构件的每种基本变形是各自独立、互不影响的。因此，可以采用叠加原理计算组合变形构件的应力和变形。本章主要内容如下：

(1)有限元软件模拟构件弯扭组合变形实际情况。ABAQUS 有限元结构分析软件模拟齿轮传动轴的结果表明，在齿轮啮合力的作用下，会同时发生弯曲和扭转，且齿轮轴发生弯曲和扭转组合变形时，应力增加，构件产生明显变形，在线弹性范围内、小变形条件下，组合变形中各个基本变形及其应力，可以认为是各自独立、互不影响的。

(2)组合变形强度计算方法。计算组合变形构件的强度，需要特别注意的是，掌握计算原理和方法，而不是简单记公式。组合变形强度计算采用的是叠加法。其基本步骤如下：

1)外力分析——将作用在杆件上的载荷按静力等效分解为几组，使每一组载荷只产生一种基本变形，从而确定构件产生组合变形的类型。

2)内力分析——作杆件每一种基本变形的内力图，确定危险截面。

3)应力分析——分别计算每种基本变形产生的应力，然后再进行叠加，得到构件在组合变形时的应力。

4)强度计算——根据危险点的应力状态选用适当的强度理论进行强度计算。

(3)与弯曲拉伸(压缩)的组合变形。危险点为单向应力状态，危险截面通常由弯矩分析决定，强度条件为

$$\sigma_{\max} = \sigma_{M\max} + |\sigma_N| \leqslant [\sigma]$$

式中，$\sigma_{M\max}$ 为由弯曲引起的正应力，σ_N 为由拉伸(压缩)引起的应力。

(4)弯曲与扭转的组合变形。危险截面通常由弯矩分析决定。危险点处于两向应力状态，应采用适当的强度理论进行计算。对于用塑性材料制成的圆形截面杆件，强度条件通常为

$$\sigma_{r3} = \frac{\sqrt{M^2 + T^2}}{W} \leqslant [\sigma]$$

$$\sigma_{r4} = \frac{\sqrt{M^2 + 0.75T^2}}{W} \leqslant [\sigma]$$

如果危险截面存在 M_y、M_z 两个弯矩分量，应对其进行合成，合成弯矩 $M = \sqrt{M_y^2 + M_z^2}$，再代入上式强度条件进行计算。

对空心圆截面轴上式也适用，但对非圆截面轴，由于 $W_t \neq 2W$，上式不适用。

(5) 两相互垂直平面内的弯曲。梁在相互垂直的两个对称面内发生的弯曲，称为斜弯曲。斜弯曲时，在建立强度条件时，首先确定危险截面，然后在危险截面上，针对不同的截面形式，求出最大正应力的数值。若材料的抗拉强度和抗压强度不同时，需分别校核最大拉应力和最大压应力。

1) 对于有外凸角点的截面，如矩形截面、工字形截面等，最大应力一定发生在角点处，为单项应力状态，强度条件为

$$\sigma_{max} = \frac{M_y}{W_y} + \frac{M_z}{W_z} \leq [\sigma]$$

式中，两弯矩 M_y、M_z 取绝对值。

2) 对于圆形截面，危险点位于截面外边缘的某点上，应对弯矩分量进行合成，$M = \sqrt{M_y^2 + M_z^2}$，其强度条件为

$$\sigma_{max} = \frac{\sqrt{M_y^2 + M_z^2}}{W} \leq [\sigma]$$

习　题

9.1　填空题

1. 求解组合变形的基本方法是_____。

2. 梁弯曲时，梁的中性层_____。

3. 进行应力分析时，单元体上剪切应力等于零的面称为_____，其上正应力称为_____。

9.2　判断题

1. 弯扭组合变形情况下，如按第三强度理论校核满足强度条件，则用第四强度理论校核也一定满足条件。　　　　　　　　　　　　　　　　　　　　　　（　　）

2. 能较好解释脆性材料断裂失效的理论为最大切应变理论和畸变能密度理论。（　　）

9.3　简答题

1. 分析组合变形的基本方法是叠加法，它的应用条件是什么？为什么？

2. 什么是斜弯曲？杆件受到什么样的外力可以发生斜弯曲？

3. 矩形截面杆处于双向弯曲与拉伸的组合变形时，危险点处于何处？

4. 圆轴在 M_y 和 M_z 共同作用下，最大弯曲正应力发生在截面上的哪一点？

5. 横力弯曲梁的横向力作用在梁的形心主惯性平面内，则梁是否只产生平面弯曲？

6. 在建立组合变形下的强度条件时，是否都须应用强度理论？在什么情况下可应用强度理论进行强度计算？试对所介绍的各种组合变形进行分析讨论。

9.4　实践应用题

1. 悬臂起重机如图 9.15 所示。横梁用 20a 工字钢制成，其抗弯刚度 $W_z = 237 \text{ cm}^3$，横

截面面积 $A = 35.5 \text{ cm}^2$，总荷载 $P = 34 \text{ kN}$，横梁材料的许用应力 $[\sigma] = 125 \text{ MPa}$。校核横梁 AB 的强度。(本题试用有限元软件求解)

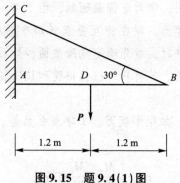

图 9.15　题 9.4(1)图

2. 如图 9.16 所示的支架，已知载荷 $P = 45 \text{ kN}$，作用在 C 处，支架材料的许用应力 $[\sigma] = 160 \text{ MPa}$，试选择横梁 AC 的工字钢型号。

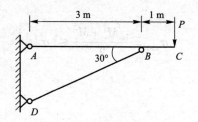

图 9.16　题 9.4(2)图

3. 如图 9.17 所示短柱受载荷 F_1 和 F_2 的作用，试求固定端截面上角点 A、B、C 及 D 的正应力，并确定其中性轴的位置。

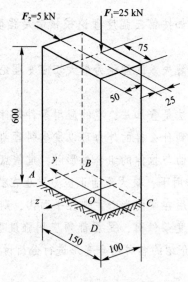

图 9.17　题 9.4(3)图

4. 如图 9.18 所示水平放置的圆筒形容器。容器内径为 1.5 m，厚度 $\delta = 4$ mm，内储均匀内压 $P = 0.2$ MPa 的气体。容器每米重 18 kN。试求截面上 A 点的应力。

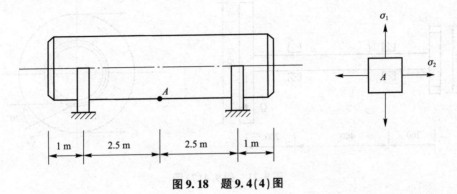

图 9.18 题 9.4(4)图

5. 如图 9.19 所示作用于悬臂木梁上的载荷：xy 平面内 $P_1 = 800$ N，xz 平面内 $P_2 = 1\ 650$ N。若木材的许用应力 $[\sigma] = 10$ MPa，矩形截面边长之比 $h/b = 0$，试确定截面的尺寸。

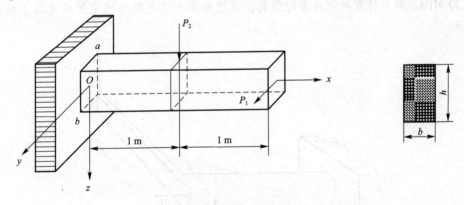

图 9.19 题 9.4(5)图

6. 如图 9.20 所示为 16 号工字梁两端简支，载荷 $P = 7$ kN，作用于跨度中点截面，通过截面形心并与 z 轴成 20°角。若 $[\sigma] = 160$ MPa，试校核梁的强度。

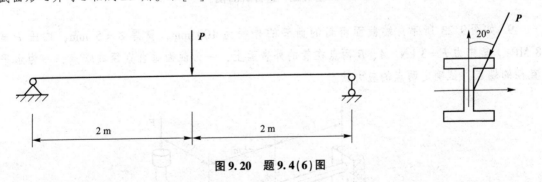

图 9.20 题 9.4(6)图

7. 如图 9.21 所示，带轮传动轴传动功率 $P = 7$ kW，转速 $n = 200$ r/min。皮轮重量 $Q = 1.8$ kN。左端齿轮上的啮合力 P_n 与齿轮节圆切线的夹角(压力角)为 20°。轴的材料为 Q255 钢，许用应力 $[\sigma] = 80$ MPa。试分别在忽略和考虑带轮重量的两种情况下，按第三强度理论估算轴的直径。

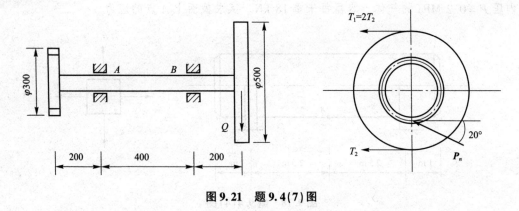

图 9.21   题 9.4(7)图

8. 如图 9.22 所示,已知圆钢轴直径 $d = 200$ mm,在其右拐边缘 C 中心作用有竖直方向力 F,在 B 中心作用有水平方向力 $2F$。已知:梁跨长 $L = 5a$,$a = 1$ m。材料的许用应力 $[\sigma] = 120$ MPa。若不计弯曲切应力的影响,试按照第三强度理论确定作用在轴上的载荷 F 的容许值。

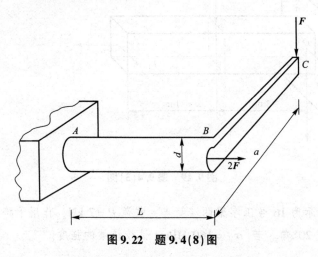

图 9.22   题 9.4(8)图

9. 如图 9.23 所示,端截面密封的曲管的外径为 100 mm,壁厚 $\delta = 5$ mm,内压 $P = 8$ MPa。集中力 $F = 3$ kN。A、B 两点在管的外表面上,一为截面垂直直径的端点,一为水平直径的端点。试确定两点的应力状态。

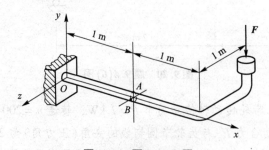

图 9.23   题 9.4(9)图

10. 如图 9.24 所示,折轴杆的横截面为边长 12 mm 的正方形。用单元体表示 A 点的应力状态,确定其主应力。

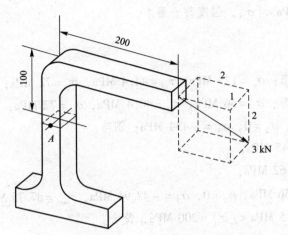

图 9.24 题 9.4(10)图

11. 如图 9.25 所示,有一横截面直径 $D \times d = 60$ mm $\times 30$ mm,长度 $L = 2$ m 的空心圆截面轴,材料弹性常数 $E = 200$ GPa、$V = 0.3$,材料许用应力 $[\sigma] = 200$ MPa,受扭矩 $M = 3$ kN·m 和中部集中力 $F_P = 1.5$ kN,轴向力 $F_N = 30$ kN 作用,试求该轴:

(1)危险截面横截面上的最大切应力 τ_{max}。

(2)危险截面横截面上的最大正应力 σ_{max}。

(3)危险截面危险点的三个主应力、最大切应力和第一主应变。

(4)用最大切应力设计准则校核该轴强度。

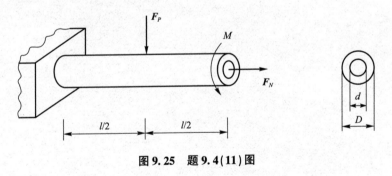

图 9.25 题 9.4(11)图

第9章 习题答案

9.1—9.3 略

9.4 实践应用题

1. $\sigma_{cmax} = 94.37$ MPa $< [\sigma]$,强度符合要求。

2. 22b 工字钢。

3. $\sigma_A = 8.83$ MPa,$\sigma_B = 3.83$ MPa,$\sigma_C = -12.2$ MPa,$\sigma_D = -7.17$ MPa,$\alpha_y = 15.6$ mm,$\alpha_z = 33.44$ mm。

4. $\sigma_1 = 37.5$ MPa。

5. $h = 2b = 180$ mm。

6. $\sigma_{max} = 159.6$ MPa $< [\sigma]$，强度符合要求。

7. 48 mm。

8. $F \leqslant 18.8$ kN。

9. A 点的应力状态：$\sigma_x = 125$ MPa，$\tau_{xz} = 44.4$ MPa，$\sigma_z = 72$ MPa；

　 B 点的应力状态：$\sigma_x = 36$ MPa，$\tau_{xy} = 40.4$ MPa，$\sigma_y = 72$ MPa；图略。

10. $\sigma_1 = 768$ MPa，$\sigma_2 = 0$，$\sigma_3 = -434$ MPa；图略。

11. （1）$\tau_{max} = 75.45$ MPa；

　　（2）$\sigma_{max} = 89.62$ MPa；

　　（3）$\sigma_1 = 132.56$ MPa，$\sigma_2 = 0$，$\sigma_3 = -42.94$ MPa，$\tau_{max} = 87.75$ MPa，$\varepsilon_1 = 7.27 \times 10^4$；

　　（4）$\sigma_{r3} = 175.5$ MPa $< [\sigma] = 200$ MPa，符合。

压杆稳定

本章首先结合有限元思想，采用 ABAQUS 有限元结构分析软件模拟杆件受压变形，展示短粗杆受压变形与细长杆受压变形的实际情况，介绍压杆稳定的基本概念，然后根据平衡条件和小挠度微分方程分析不同约束情况下弹性压杆的临界荷载及欧拉公式的适用范围，最后介绍压杆的稳定性计算和提高稳定性能的措施。

案例：受压杆件

在第 2 章中，曾讨论过受压杆件的强度问题，并且认为只要压杆满足了强度条件，就能保证其正常工作。但是，实践与理论证明，这个结论仅对短粗的压杆才是正确的，对细长压杆不能应用上述结论。

结合有限元思想，采用 ABAQUS 有限元结构分析软件模拟短粗杆受压变形，设置杆件横截面为矩形（1 cm × 2 cm），高为 3 cm，施加荷载重量为 6 kN。如图 10.1(a)所示为短粗杆受压后三维有限元模型位移分布云图。从图中可知，短粗杆受压后，最大位移值仅为 8.662×10^{-10} m，位移可以忽略不计，因而，可以判定当该短粗杆受 6 kN 的压力时，不会发生破坏。

同理，结合有限元思想，采用 ABAQUS 有限元结构分析软件模拟细长杆受压变形，设置杆件横截面与图 10.1(a)的短粗杆相同[与图 10.1(a)显示比例不同]，该细长杆的高为 1.4 m，对其施加的压力为 0.1 kN，如图 10.1(b)所示为细长杆受压后三维有限元模型位移分布云图。从图中可知，细长杆受压后，最大位移值高达 0.92 m，且从图中可以看出杆件变弯，因而可以判定当该细长杆受 0.1 kN 的压力时，杆件会被压弯，导致破坏，其受力简图如图 10.1(c)所示。这是因为细长杆丧失工作能力的原因，不是因为强度不够，而是由于出现了与强度问题截然不同的另一种破坏形式，如图 10.1(d)所示为某工程脚手架失稳坍塌事故现场，这种破坏与细长杆的稳定性相关。稳定性是指细长杆保持原有直线平衡形式的能力。对于受压细长杆，在压力由小逐渐增大的过程中，当压力逐渐增大至某一数值时，细长杆将突然变弯，不再保持原有的直线平衡形式，因而丧失了承载能力，这种受压直杆突然变弯的现象，称为丧失稳定或失稳。而致使细长杆由稳定平衡转向不稳定平衡的轴向压力称为临界压力或临界载荷，细长杆临界压力的计算公式称为欧拉公式。但在实际工程中，也有很多压杆不适用于欧拉公式，即非弹性柔度杆。这类压杆的临界压力计算，一般使用以试验结果为依据的经验公式。为了保证压杆在工作中不会发生丧失稳定性的现象，还必须进行压杆的稳定计算。压杆在最大工作压力下，横截面上的应力必须小于临界应力。

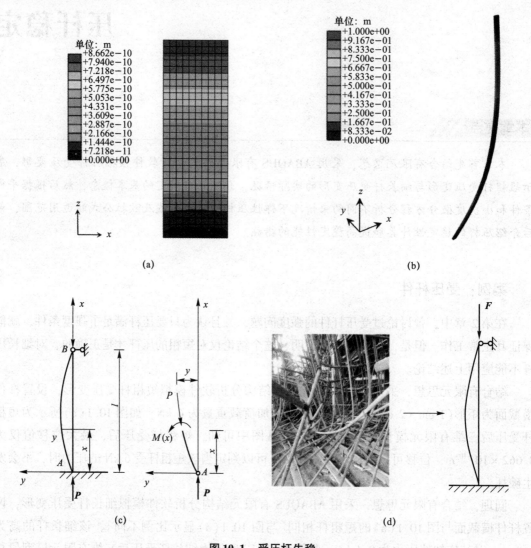

图 10.1 受压杆失稳

(a)短粗杆受压；(b)细长杆受压；(c)力学模型；(d)杆件失稳

10.1 压杆稳定概述

如图 10.2(a)所示为理想状态下的受压杆件，当轴向压力 F 小于某一数值时，压杆偏离其原有的轴线位置产生一定的弯曲。当轴向压力 F 撤销后压杆又重新回到原来的直线平衡位置，这说明压杆的直线平衡是稳定的。如图 10.2(b)所示，当轴向压力 F 逐渐增大达到某一数值时，压杆偏离直线平衡位置，但是当轴向压力 F 撤销后压杆却不能回到原有的直线平衡位置而是在弯曲状态下达到一个新的平衡位置。压杆失去直线平衡状态的现象称为丧失稳定，简称为失稳。从直线平衡状态到不稳定平衡状态的轴向压力极限值称为临界载荷或临界力，常用 F_{cr} 表示。

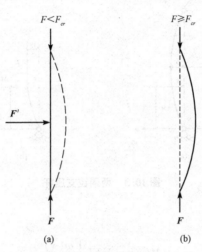

图 10.2　压杆稳定与失稳

(a)稳定状态；(b)失稳状态

对于压杆而言，失稳时杆件的内力不一定很大，有时甚至低于杆件材料的比例极限，所以稳定与强度之间有着本质的区别，强度是由杆件材料所决定的，稳定则不然。由于失稳破坏通常是突然发生的，因此产生的后果很严重，对于实际工程中的稳定问题必须要引起足够的重视。

当压杆的材料、截面尺寸、长度和约束等情况确定时，杆件的临界载荷 F_{cr} 就是一个固定值，因此，分析压杆的稳定问题实际上就是确定临界载荷的一个过程。

所谓的理想状态下的压杆须满足以下条件：材质均匀且为弹性体，杆件的轴线为直线，轴向力与杆件的轴线重合。但是实际中，由于多种因素的存在导致理想状态不能满足，如构件在制造、运输和安装过程中，不可避免地会产生微小的初弯曲，当轴心压力作用线与杆件的轴线不重合时，载荷存在初偏心等因素。在压杆承载力理论性研究方面，通常是以理想状态下的压杆为力学模型，因此，临界载荷都是在这一力学模型下计算的。

10.2　细长压杆临界压力的欧拉公式

10.2.1　两端铰支细长杆的临界载荷

如图 10.3(a)所示，现以两端铰支、长度为 l 的理想压杆为例推导其临界载荷。假设压

杆在临界力 F_{cr} 作用下轴线呈微弯曲状态并保持平衡，取压杆 x 方向任意截面在 y 方向的挠度为 ω，则该截面的弯矩为

$$M(x) = F_{cr} \cdot \omega \tag{10.1}$$

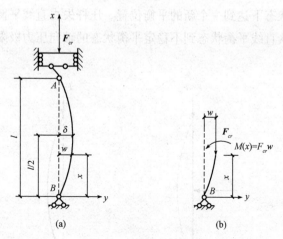

图 10.3　两端铰支压杆

由小挠曲微分方程

$$M(x) = -EI\frac{\mathrm{d}^2\omega(x)}{\mathrm{d}x^2} \tag{10.2}$$

可得

$$EI\omega'' + F_{cr}\omega = 0 \tag{10.3}$$

将式(10.3)两端同时除以 EI，并令

$$\frac{F_{cr}}{EI} = k^2 \tag{10.4}$$

则式(10.2)可写成

$$\omega'' + k^2\omega = 0 \tag{10.5}$$

上式通解为

$$\omega = A\sin kx + B\cos kx \tag{10.6}$$

式中，A、B、k 为未知数，可由挠曲线的边界条件确定。

当 $x = 0$，$\omega = 0$，代入式(10.6)，可得 $B = 0$，则

$$\omega = A\sin kx \tag{10.7}$$

当 $x = l$，$\omega = 0$，代入式(10.7)，可得

$$A\sin kl = 0 \tag{10.8}$$

式(10.8)成立的条件是 $A = 0$ 或者 $\sin kl = 0$，如果 $A = 0$ 与前述不符合，因此只有

$$\sin kl = 0 \tag{10.9}$$

可得

$$kl = n\pi \quad (n = 1, 2, 3\cdots) \tag{10.10}$$

当 $n = 1$ 为最小的非零解时，可得

$$kl = \sqrt{\frac{F_{cr}}{EI}} \cdot l = \pi \tag{10.11}$$

即

$$F_{cr} = \frac{\pi^2 EI}{l^2} \tag{10.12}$$

式(10.12)最早是由瑞士科学家欧拉(L. Euler)在 1774 年推导出的，因此被称为欧拉公式。

10.2.2　不同杆端约束下细长杆的临界载荷

压杆的约束情况除两端铰支外，还有其他情况，如一端固定一端自由、两端均为固定、一端固定一端铰支等。不同约束情况下压杆的临界力，可采用与两端铰支相同的方法进行推导。但是，利用已经推导出的两端铰支压杆的临界力，可以较简便地求出其他情况下的临界力。在此，将其他三种类型约束的杆件的长度相当于两端铰支类型约束的杆件的长度推导出来，称为相当长度。

观察图 10.4(b)发现，压杆一端固定一端自由，相当长度为 $2l$ 的压杆与两端铰支长度为 l 的压杆的挠曲线相同。因此，一端固定一端自由，相当长度为 $2l$ 压杆的临界力等于两端铰支长度为 l 的压杆的临界力，即

$$F_{cr} = \frac{\pi^2 EI}{(2l)^2} \tag{10.13}$$

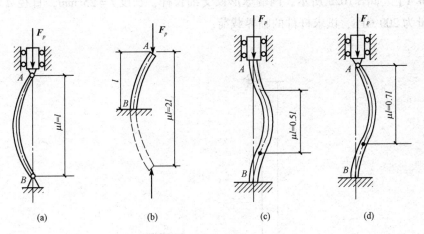

图 10.4　不同约束情况下的压杆

同理，两端均为固定压杆的临界力为

$$F_{cr} = \frac{\pi^2 EI}{(0.5l)^2} \tag{10.14}$$

同理，一端固定一端铰支压杆的临界力为

$$F_{cr} = \frac{\pi^2 EI}{(0.7l)^2} \tag{10.15}$$

上述四种压杆的临界荷载统一可表示为

$$F_{cr} = \frac{\pi^2 EI}{(\mu l)^2} \qquad (10.16)$$

令

$$\mu l = l_0 \qquad (10.17)$$

式(10.16)为欧拉公式的一般表达式，l_0 称为杆件的相当长度，μ 称为杆件的相当长度系数(表10.1)。

表10.1　杆件的相当长度系数

杆件两端的约束情况	理论 μ 值	建议 μ 值
两端铰支	1	1
一端固定一端自由	2	2.1
两端均为固定	0.5	0.65
一端固定一端铰支	0.7	0.8

当然压杆的约束情况不仅上面四种，实际的情况要复杂得多，不同情况下的相当长度系数可以查阅相关结构设计规范和手册。

【例10.1】　如图10.5所示，两端球形铰支细长杆，长度 $l = 25$ mm，直径 $d = 1.0$ mm，其弹性模量为200 GPa，试求杆件的临界载荷。

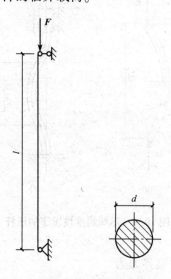

图10.5　例10.1图

解：方法一(理论计算法)
该细长杆为两端球形铰支，其临界载荷为

$$F_{cr} = \frac{\pi^2 EI}{l^2} = \frac{\pi^3 Ed^4}{64l^2}$$

$$= \frac{\pi^3 \times 200 \times 10^9 \times (0.001)^4}{64 \times (0.025)^2} = 155(\text{N})$$

方法二(有限元计算法)

经有限元建模,可得该细长杆的临界载荷约为 154 N,与理论计算法十分接近。同时,有限元模型能够清晰地展示该细长杆的变形状况,如图 10.6 所示。

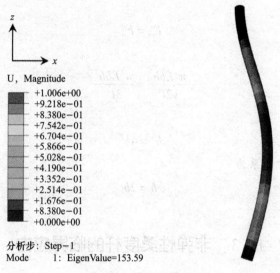

U, Magnitude

+1.006e+00
+9.218e−01
+8.380e−01
+7.542e−01
+6.704e−01
+5.866e−01
+5.028e−01
+4.190e−01
+3.352e−01
+2.514e−01
+1.676e−01
+8.380e−01
+0.000e+00

分析步: Step−1
Mode　　1: EigenValue=153.59

图 10.6　有限元模型

【**例 10.2**】　如图 10.7 所示一矩形截面的细长压杆,其两端为柱形铰约束,即在 xOy 平面内可视为两端铰支,在 xOz 平面内可视为两端固定。若压杆是在弹性范围内工作,试确定压杆截面尺寸 b 和 h 之间应有的合理关系。

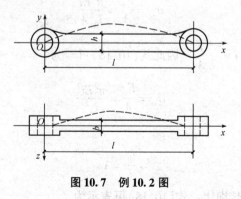

图 10.7　例 10.2 图

解:(1)若压杆在 xOy 平面内失稳,压杆可视为两端铰支,则长度系数 $\mu = 1$,且截面对中性轴的惯性矩 $I_z = \dfrac{bh^3}{12}$。

则

$$F'_{cr} = \frac{\pi^2 E I_z}{l^2} = \frac{\pi^2 E b h^3}{12 l^2}$$

(2)若压杆在 xOz 平面内失稳，压杆可视为两端固定，则长度系数 $\mu = 0.5$，且截面对中性轴的惯性矩 $I_y \frac{hb^3}{12}$。则

$$F''_{cr} = \frac{\pi^2 E I_y}{(0.5l)^2} = \frac{\pi^2 E h b^3}{3 l^2}$$

(3)由分析，应有

$$F'_{cr} = F''_{cr}$$

即

$$\frac{\pi^2 E b h^3}{12 l^2} = \frac{\pi^2 E h b^3}{3 l^2}$$

可得

$$h^2 = 4 b^2$$

即合理的截面尺寸关系为

$$h = 2b$$

10.3　非弹性柔度杆的临界应力

10.3.1　临界应力与柔度

当压杆所受压力等于临界载荷，其截面上的压应力称为临界应力，用记号 σ_{cr} 表示。假设截面面积为 A，则临界应力可表示为

$$\sigma_{cr} = \frac{F_{cr}}{A} = \frac{\pi^2 E I}{l_0^2 A} \tag{10.18}$$

由于截面的回转半径 $i = \sqrt{\dfrac{I}{A}}$，因此式(10.18)可写为

$$\sigma_{cr} = \frac{F_{cr}}{A} = \frac{\pi^2 E i^2}{l_0^2} \tag{10.19}$$

令

$$\frac{l_0}{i} = \lambda \tag{10.20}$$

λ 称为构件的柔度或长细比，式(10.18)可表示为

$$\sigma_{cr} = \frac{F_{cr}}{A} = \frac{\pi^2 E}{\lambda^2} \tag{10.21}$$

这就是临界应力的欧拉公式，由于 $\pi^2 E$ 为常数，因此决定 σ_{cr} 大小的因素取决于长细比 λ，随着 λ 的增大 σ_{cr} 减小。

10.3.2　欧拉公式的适用范围

在推导欧拉公式时采用了梁挠曲线的近似微分方程，该方程式是基于胡克定律求出的，因此，欧拉公式须满足胡克定律的要求，换而言之，欧拉公式求出的临界载荷只是构件在弹性阶段的最大承载力值，即 σ_{cr} 不大于材料的比例极限 σ_p 欧拉公式才适用。用公式表示为

$$\sigma_{cr} = \frac{\pi^2 E}{\lambda^2} \leqslant \sigma_p \tag{10.22}$$

将式(10.22)写为

$$\lambda \geqslant \pi \sqrt{\frac{E}{\sigma_p}} = \lambda_p \tag{10.23}$$

λ_p 为能够应用欧拉公式的柔度界限值，这就是说只有当压杆的柔度 $\lambda \geqslant \lambda_p$ 时，欧拉公式才适用。通常称 $\lambda \geqslant \lambda_p$ 的压杆为大柔度杆或细长压杆。

【例10.3】　有一两端铰支的圆截面受压杆，杆沿长度方向直径一致为 $d = 80$ mm，钢材的弹性模量 $E = 210$ GPa，此杆用 Q235 钢制成，比例极限 $\sigma_p = 200$ MPa，试求此杆能应用欧拉公式的最短柱长。

解：只有当 $\lambda \geqslant \lambda_p$ 时，才能应用欧拉公式

$$\lambda \geqslant \pi \sqrt{\frac{E}{\sigma_p}} = \pi \sqrt{\frac{210 \times 10^3}{200}} = 101.8$$

所以，由 $\lambda \geqslant 101.8$，即 $\dfrac{\mu l}{i} \leqslant 101.8$，得

$$l \geqslant \frac{101.8i}{\mu} = \frac{101.8}{\mu} \sqrt{\frac{I}{A}} = \frac{101.8}{1} \sqrt{\frac{\pi \times 80^4/64}{\pi \times 80^2/4}} = 2.04(\text{m})$$

所以，当杆长 $l \geqslant 2.04$ m 时，才可以应用欧拉公式。

10.3.3　非弹性失稳压杆的临界应力的经验公式

在实际工程中，常见压杆的柔度往往小于 λ_p，即非细长压杆，其临界力超过材料的比例极限时，属于非弹性稳定问题，这类问题的临界应力可通过解析法求得，但通常采用经验公式进行计算，这些公式是在试验与分析的基础上建立的。常见的经验公式有直线公式与抛物线公式等。各国采用的经验公式多以本国的试验为依据，我国根据自己的试验材料采用了下列直线公式和抛物线公式：

直线公式为　　　　　　　　　　　$\sigma_{cr} = a - b\lambda$

抛物线公式为　　　　　　　　　　$\sigma_{cr} = a - b\lambda^2$

式中　A——压杆的横截面面积；

　　　λ——压杆的柔度；

　　　a，b——与材料有关的常数，随材料不同而不同，具体参看相关设计规范或其他参
　　　　　　　考书。

10.4　压杆的稳定计算

各种金属结构的压杆，稳定性计算的思路基本相同。本节重点介绍《钢结构设计标准》(GB 50017—2017)[①]中关于轴心受压构件的稳定计算，其他材料的受压构件在相关资料中查阅。

10.4.1　轴心受压构件的柱子曲线

实际轴心受压构件不可避免地存在残余应力、初弯曲、初偏心、材质不匀等缺陷，并对构件整体稳定具有一定的影响。但是从概率的角度考虑，这些因素同时存在并达到最大的可能性很低。因此，《钢结构设计标准》(GB 50017—2017)规定，普通钢结构(由热轧钢板和型钢组成)中的轴心受压构件，可只考虑残余应力和初弯曲(取杆长的千分之一)的不利影响，忽略初偏心及材质不匀的影响。

按照最大强度理论，并同时考虑构件残余应力和初弯曲的影响，借助计算机计算技术，可以得到实际轴心受压构件的临界应力 σ_{cr} 与柔度 λ 的关系曲线，即柱子曲线。

由于各类轴心受压构件截面上的残余应力分布和大小差异显著，并且对稳定的影响又随构件屈曲方向而不同，而构件的初弯曲对稳定的影响也与截面形式和屈曲方向有关。因此，轴心受压构件不同的截面形式和屈曲方向都对应着不同的柱子曲线。为了便于应用，在一定的概率保证下，我国将柱子曲线按照构件的截面形式、截面尺寸、加工方法及弯曲方向等因素，划分为 a、b、c、d 四类，如图 10.8 所示。图中标示的截面和屈曲方向以外的其他情

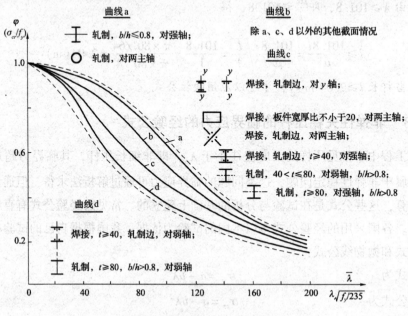

图 10.8　我国钢结构柱子曲线

---

① 自《钢结构通用规范》(GB 55006—2021)实施之日起，该标准相关强制性条文第 4.3.2、4.4.1、4.4.3、4.4.4、4.4.5、4.4.6、18.3.3 条同时废止。

形，均属于 b 类曲线；a 类曲线截面承载力最高，主要原因是残余应力影响最小；c 类曲线承载力较低，主要原因是残余应力影响较大(包括板厚度方向的影响)；曲线 d 承载力最低，主要是由于厚板或特厚板处于最不利的屈曲方向。在图 10.8 中，$\bar{\lambda}$ 为无量纲长细比，$\bar{\lambda}\lambda = \sqrt{f_y/235}$。$\varphi$ 为轴心受压构件的整体稳定系数，大小与临界应力 σ_{cr} 及所用钢材屈服强度 f_y 有关。

10.4.2　受压构件的稳定公式

利用最大强度准则确定出轴心受压构件的临界应力 σ_{cr}，引入抗力分项系数 γ_R，则轴心受压构件的稳定计算公式如下：

$$\sigma = \frac{N}{A} \leqslant \frac{\sigma_{cr}}{\gamma_R} = \frac{\sigma_{cr}}{\gamma_R} \cdot \frac{f_y}{f_y} = \varphi f \tag{10.24}$$

式中　f——钢材的强度设计值。

轴心受压构件截面类别见表 10.2。

表 10.2　轴心受压构件截面类别(板厚 $t \geqslant 40$ mm)

截面情况		对 x 轴	对 y 轴
轧制工字形或 H 形截面	$t < 80$ mm	b 类	c 类
	$t \geqslant 80$ mm	c 类	d 类
焊接工字形截面	翼缘为焰切边	b 类	b 类
	翼缘为轧制或剪切边	c 类	d 类
焊接箱形截面	板件宽厚比 >20	b 类	b 类
	板件宽厚比 $\leqslant 20$	c 类	c 类

将式(10.24)变形，即可得到钢结构设计规范对轴心受压构件整体稳定的计算公式：

$$\frac{N}{\varphi A} \leqslant f \tag{10.25}$$

式中，整体稳定系数 φ 取值的过程是，先根据轴心受压构件截面类别表确定构件的截面类别，然后按照计算得到的构件柔度，由"轴心受压构件整体稳定系数"表格中即可查得(表 10.3)。

表 10.3　轴心受压构件的稳定系数

a 类截面轴心受压构件的稳定系数 φ										
λ/ε_k	0	1	2	3	4	5	6	7	8	9
0	1.000	1.000	1.000	1.000	0.999	0.999	0.998	0.998	0.997	0.996
10	0.995	0.994	0.993	0.992	0.991	0.989	0.998	0.986	0.985	0.983
20	0.981	0.979	0.977	0.976	0.974	0.972	0.970	0.968	0.966	0.964
30	0.963	0.961	0.959	0.957	0.955	0.952	0.950	0.948	0.946	0.944
40	0.941	0.939	0.937	0.934	0.932	0.929	0.927	0.924	0.921	0.919
50	0.916	0.913	0.910	0.907	0.904	0.900	0.897	0.894	0.890	0.886
60	0.883	0.879	0.875	0.871	0.867	0.863	0.858	0.854	0.849	0.844
70	0.839	0.834	0.829	0.824	0.818	0.813	0.807	0.801	0.795	0.789
80	0.783	0.776	0.770	0.763	0.757	0.750	0.743	0.736	0.728	0.721
90	0.714	0.706	0.699	0.691	0.684	0.676	0.668	0.661	0.653	0.645
100	0.638	0.630	0.622	0.615	0.607	0.600	0.592	0.585	0.577	0.570
110	0.563	0.555	0.548	0.541	0.534	0.527	0.520	0.514	0.507	0.500
120	0.494	0.488	0.481	0.475	0.469	0.463	0.457	0.451	0.445	0.440
130	0.434	0.429	0.423	0.418	0.412	0.407	0.402	0.397	0.392	0.387
140	0.383	0.378	0.373	0.369	0.364	0.360	0.356	0.351	0.347	0.343
150	0.339	0.335	0.331	0.327	0.323	0.320	0.314	0.312	0.309	0.305
160	0.302	0.298	0.295	0.292	0.289	0.285	0.282	0.279	0.276	0.273
170	0.270	0.267	0.264	0.262	0.259	0.256	0.253	0.251	0.248	0.246
180	0.243	0.241	0.238	0.236	0.233	0.231	0.229	0.226	0.224	0.222
190	0.220	0.218	0.215	0.213	0.211	0.209	0.207	0.205	0.203	0.201
200	0.119	0.198	0.196	0.194	0.192	0.190	0.189	0.187	0.185	0.183
210	0.182	0.180	0.179	0.177	0.175	0.174	0.172	0.171	0.169	0.168
220	0.166	0.165	0.164	0.162	0.161	0.159	0.158	0.157	0.155	0.154
230	0.153	0.152	0.150	0.149	0.148	0.147	0.146	0.144	0.143	0.142
240	0.141	0.140	0.139	0.138	0.136	0.135	0.134	0.133	0.132	0.131
250	0.130	—	—	—	—	—	—	—	—	—
b 类截面轴心受压构件的稳定系数 φ										
λ/ε_k	0	1	2	3	4	5	6	7	8	9
0	1.000	1.000	1.000	0.999	0.999	0.998	0.997	0.996	0.995	0.994
10	0.992	0.991	0.989	0.987	0.985	0.983	0.981	0.978	0.976	0.973
20	0.970	0.967	0.963	0.960	0.957	0.953	0.950	0.946	0.943	0.939
30	0.936	0.932	0.929	0.925	0.922	0.918	0.914	0.910	0.906	0.903
40	0.899	0.895	0.891	0.887	0.882	0.878	0.874	0.870	0.865	0.861
50	0.856	0.852	0.847	0.842	0.838	0.833	0.828	0.823	0.818	0.813

b 类截面轴心受压构件的稳定系数 φ									
λ/ε_k	0	1	2	3	4	5	6	7	8	9
60	0.807	0.802	0.797	0.791	0.786	0.780	0.774	0.769	0.763	0.757
70	0.751	0.745	0.739	0.732	0.726	0.720	0.714	0.707	0.701	0.694
80	0.688	0.681	0.675	0.668	0.661	0.655	0.648	0.641	0.635	0.628
90	0.621	0.614	0.608	0.601	0.594	0.588	0.581	0.575	0.568	0.561
100	0.555	0.549	0.542	0.536	0.529	0.523	0.517	0.511	0.505	0.499
110	0.493	0.487	0.481	0.475	0.470	0.464	0.458	0.453	0.447	0.442
120	0.437	0.432	0.426	0.421	0.416	0.411	0.406	0.402	0.397	0.392
130	0.387	0.383	0.378	0.374	0.370	0.365	0.361	0.357	0.353	0.349
140	0.345	0.341	0.337	0.333	0.329	0.326	0.322	0.318	0.315	0.311
150	0.308	0.304	0.301	0.298	0.295	0.291	0.288	0.285	0.282	0.279
160	0.276	0.273	0.270	0.267	0.265	0.262	0.259	0.256	0.254	0.251
170	0.249	0.246	0.244	0.241	0.239	0.236	0.234	0.232	0.229	0.227
180	0.225	0.223	0.220	0.218	0.216	0.214	0.212	0.210	0.208	0.206
190	0.204	0.202	0.200	0.198	0.179	0.195	0.193	0.191	0.190	0.188
200	0.186	0.184	0.183	0.181	0.180	0.178	0.176	0.175	0.173	0.172
210	0.170	0.169	0.167	0.166	0.165	0.163	0.162	0.160	0.159	0.158
220	0.156	0.155	0.154	0.153	0.151	0.150	0.149	0.148	0.146	0.145
230	0.144	0.143	0.142	0.141	0.140	0.138	0.137	0.136	0.135	0.134
240	0.133	0.132	0.131	0.130	0.129	0.128	0.127	0.126	0.125	0.124
250	0.123	—	—	—	—	—	—	—	—	—

c 类截面轴心受压构件的稳定系数 φ									
λ/ε_k	0	1	2	3	4	5	6	7	8	9
0	1.000	1.000	1.000	0.999	0.999	0.998	0.997	0.996	0.995	0.993
10	0.992	0.990	0.988	0.986	0.983	0.981	0.978	0.976	0.973	0.970
20	0.966	0.959	0.953	0.947	0.940	0.934	0.928	0.921	0.915	0.909
30	0.902	0.896	0.890	0.884	0.877	0.871	0.865	0.858	0.852	0.846
40	0.839	0.833	0.826	0.820	0.814	0.807	0.801	0.794	0.788	0.781
50	0.775	0.768	0.762	0.755	0.748	0.742	0.735	0.729	0.722	0.715
60	0.709	0.702	0.695	0.689	0.682	0.676	0.669	0.662	0.656	0.649
70	0.643	0.636	0.629	0.623	0.618	0.610	0.604	0.597	0.591	0.584
80	0.578	0.572	0.566	0.559	0.553	0.547	0.541	0.535	0.529	0.523
90	0.517	0.511	0.505	0.500	0.494	0.488	0.483	0.477	0.472	0.467
100	0.463	0.458	0.454	0.449	0.445	0.441	0.436	0.432	0.428	0.423

c类截面轴心受压构件的稳定系数 φ										
λ/ε_k	0	1	2	3	4	5	6	7	8	9
110	0.419	0.415	0.411	0.407	0.403	0.339	0.395	0.391	0.387	0.383
120	0.379	0.375	0.371	0.367	0.364	0.360	0.356	0.353	0.349	0.346
130	0.342	0.339	0.335	0.332	0.328	0.325	0.322	0.319	0.315	0.312
140	0.309	0.306	0.303	0.300	0.297	0.294	0.291	0.288	0.285	0.282
150	0.280	0.277	0.274	0.271	0.269	0.266	0.264	0.261	0.258	0.256
160	0.254	0.251	0.249	0.246	0.224	0.242	0.239	0.237	0.235	0.233
170	0.230	0.228	0.226	0.224	0.222	0.220	0.218	0.216	0.214	0.212
180	0.210	0.208	0.206	0.205	0.203	0.201	0.199	0.197	0.196	0.194
190	0.192	0.190	0.189	0.187	0.186	0.184	0.182	0.181	0.179	0.178
200	0.176	0.175	0.173	0.172	0.70	0.169	0.168	0.166	0.165	0.163
210	0.162	0.161	0.159	0.158	0.157	0.156	0.154	0.154	0.152	0.151
220	0.150	0.148	0.147	0.146	0.145	0.144	0.143	0.143	0.140	0.139
230	0.138	0.137	0.136	0.135	0.134	0.133	0.132	0.132	0.130	0.129
240	0.128	0.127	0.126	0.125	0.124	0.124	0.123	0.123	0.121	0.120
250	0.119	—	—	—	—	—	—	—	—	—

d类截面轴心受压构件的稳定系数 φ										
λ/ε_k	0	1	2	3	4	5	6	7	8	9
0	1.000	1.000	0.999	0.999	0.998	0.996	0.994	0.992	0.990	0.987
10	0.984	0.981	0.978 0	0.974	0.969	0.965	0.960	0.995	0.949	0.944
20	0.937	0.927	0.918	0.909	0.900	0.891	0.883	0.847	0.865	0.857
30	0.848	0.840	0.831	0.823	0.815	0.807	0.799	0.790	0.782	0.774
40	0.766	0.759	0.751	0.743	0.735	0.728	0.720	0.712	0.705	0.697
50	0.690	0.683	0.675	0.668	0.661	0.654	0.646	0.639	0.632	0.625
60	0.618	0.612	0.605	0.598	0.591	0.585	0.578	0.572	0.565	0.559
70	0.552	0.546	0.540	0.543	0.528	0.522	0.516	0.510	0.504	0.498
80	0.493	0.487	0.481	0.476	0.470	0.465	0.460	0.454	0.449	0.444
90	0.439	0.434	0.429	0.424	0.419	0.414	0.410	0.405	0.401	0.397
100	0.394	0.390	0.387	0.383	0.380	0.376	0.373	0.370	0.366	0.363
110	0.359	0.356	0.353	0.350	0.346	0.343	0.340	0.337	0.334	0.331
120	0.328	0.325	0.322	0.319	0.316	0.313	0.310	0.307	0.304	0.301
130	0.299	0.296	0.293	0.290	0.288	0.285	0.282	0.280	0.277	0.275
140	0.272	0.270	0.267	0.265	0.262	0.260	0.258	0.255	0.253	0.251
150	0.248	0.246	0.244	0.242	0.240	0.237	0.235	0.233	0.231	0.229

λ/ε_k	d类截面轴心受压构件的稳定系数 φ									
	0	1	2	3	4	5	6	7	8	9
160	0.227	0.225	0.223	0.221	0.219	0.217	0.215	0.213	0.212	0.210
170	0.208	0.206	0.204	0.203	0.201	0.199	0.197	0.196	0.194	0.192
180	0.191	0.189	0.188	0.186	0.184	0.183	0.181	0.180	0.178	0.177
190	0.176	0.174	0.173	0.171	0.170	0.168	0.167	0.166	0.164	0.163
200	0.162	—	—	—	—	—	—	—	—	—

【例10.4】 如图10.9所示，两端简支，长度 $l=5$ m 的压杆由两根槽钢组成，若限定两个槽钢腹板之间的距离为 100 mm，槽钢材料的许可应力 $[\sigma]=120$ MPa。若承受压力 $P=400$ kN，试选择槽钢的型号。

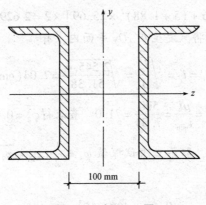

100 mm

图 10.9 例 10.4 图

解： 此题没有给定稳定的安全系数，显然要应用折减系数法求解。

稳定条件：

$$\sigma = \frac{P}{A} \leqslant \varphi[\sigma]$$

式中，A 和 φ 均未知，需反复迭代求解。截面面积：

$$A = \frac{P}{\varphi[\sigma]}$$

设折减系数的第一个试探值 $\varphi_1 = 0.5$，得截面面积的第一个试探值：

$$A_1 = \frac{P}{\varphi_1[\sigma]} = \frac{400 \times 10^3}{0.5 \times 120} = 66.7(\text{cm}^2)$$

选两个 20 槽钢，有

$$A = 32.83 \times 2 = 65.66(\text{cm}^2)$$

$$I_z = 1\ 913.7 \times 2 = 3\ 827.4(\text{cm}^4)$$

$$I_y = [143.6 + (5 + 1.95)^2 \times 32.83] \times 2 = 3\ 458.7(\text{cm}^4)$$

此时失稳将只会发生在 xOz 平面内，注意到

$$i_{\min} = i_y = \sqrt{\frac{I_y}{A}} = \sqrt{\frac{3\,458.7}{65.66}} = 7.26(\text{cm})$$

$$\lambda_{\max} = \frac{\mu l}{i_{\min}} = \frac{500}{7.26} = 68.9$$

查表得 $\overline{\varphi_1} = 0.794$，因为此实际的折减系数与假定的折减系数相差甚远，需进行第二次试算。选折减系数的第二个试探值 $\varphi_2 = \frac{1}{2}(\varphi_1 + \overline{\varphi_1}) = 0.647$，得截面面积的第二试探值：

$$A_2 = \frac{P}{\varphi_2[\sigma]} = \frac{400 \times 10^3}{0.647 \times 120} = 51.5(\text{cm}^2)$$

选两个 18a 槽钢，有

$$A = 25.69 \times 2 = 51.38(\text{cm}^2)$$

$$I_z = 1\,272.7 \times 2 = 2\,545.4(\text{cm}^4)$$

$$I_y = [98.6 + (5 + 1.88)^2 \times 25.69] \times 2 = 2\,629.2(\text{cm}^4)$$

注意到 $I_y > I_z$，此时失稳将只发生在 xOy 平面内，有

$$i_{\min} = i_z = \sqrt{\frac{I_z}{A}} = \sqrt{\frac{2\,545.4}{51.38}} = 7.04(\text{cm})$$

$$\lambda_{\max} = \frac{\mu l}{i_{\min}} = \frac{500}{7.04} = 71.0 \quad 查表得 \overline{\varphi_2} = 0.783$$

$\overline{\varphi_2}$ 与 φ_2 仍有较大的差别，取第三次试探值 $\varphi_3 = \frac{1}{2}(\varphi_2 + \overline{\varphi_2}) = 0.715$，可得截面面积的第三次试探值：

$$A_3 = \frac{P}{\varphi_3[\sigma]} = \frac{400 \times 10^3}{0.715 \times 120} = 46.6(\text{cm}^2)$$

选两个 16a 槽钢，有

$$A = 21.95 \times 2 = 43.9(\text{cm}^2)$$

$$I_z = 866.2 \times 2 = 1\,732.4(\text{cm}^4)$$

$$I_y = [73.3 + (5 + 1.8)^2 \times 21.95] \times 2 = 2\,176.5(\text{cm}^4)$$

若失稳将仍会在 xOy 平面内，有

$$i_{\min} = i_z = \sqrt{\frac{I_z}{A}} = \sqrt{\frac{1\,732.4}{43.9}} = 6.28(\text{cm})$$

$$\lambda_{\max} = \frac{\mu l}{i_{\min}} = \frac{500}{6.28} = 79.6 \quad 查表得 \overline{\varphi_2} = 0.733$$

此时 $\overline{\varphi_3}$ 与 φ_3 已经很接近，按两个 16a 槽钢计算压杆的许可压力，有

$$[P] = A[\sigma_{st}] = A\overline{\varphi_3}[\sigma] = 43.9 \times 10^2 \times 0.733 \times 120 = 386(\text{kN})$$

较实际载荷 $F = 400$ kN 低 $\delta = \dfrac{400 - 386}{400} = 3.5\%$，是允许的，实际选择槽钢型号为 16a。

知识拓展

提高压杆稳定性的措施

由上面讨论可知，影响压杆稳定性的因素有压杆的截面形状、长度、约束条件和材料性质等。讨论如何提高压杆的稳定性，也需要从以下几个方面考虑：

(1) 选择合理的截面形状。从欧拉公式可以看出，截面的惯性矩 I 越大，临界压力 F_{cr} 越大。从经验公式又可看到，柔度 λ 越小，临界应力越高。由于 $\lambda = \dfrac{\mu l}{i}$，所以提高惯性半径 i 的数值就能减小 λ 的数值。可见，如不增加截面面积，尽可能地把材料放在离截面形心较远处，以取得较大的 I 和 i，就等于提高了临界压力。例如，空心环形截面就比实心圆截面合理(图 10.10)。同理，由四根角钢组成的起重臂(图 10.11)，其四根角钢应分散布置在截面的四角 [图 10.11(b)]，而不是集中放置在截面形心的附近 [图 10.11(c)]。由型钢组成的桥梁桁架中的压杆或建筑物中的柱，也都是把型钢分开安放，如图 10.12 所示。当然，也不能为了取得较大的 I 和 i，就无限制地增加环形截面的直径并减小其壁厚，这将使其因变成薄壁圆管而有引起局部失稳，发生局部折断的危险。对由型钢组成的组合压杆，也要用足够强的缀条或缀板把分开放置的型钢连成一个整体(图 10.11、图 10.12)。否则，各条型钢将变为分散、单独的受压杆件，达不到预期的稳定性。

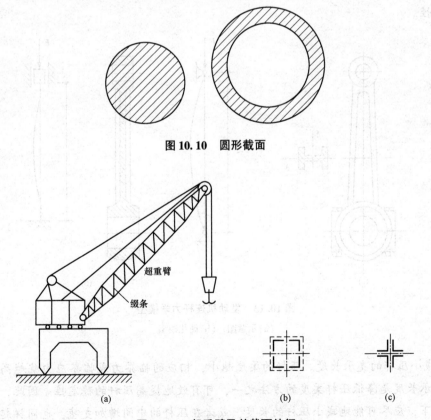

图 10.10　圆形截面

超重臂

缀条

(a)　　　　(b)　　　　(c)

图 10.11　起重臂及其截面特征

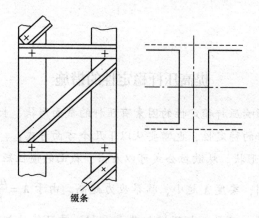

缀条

图 10.12 桥梁桁架加固措施

如压杆在各个纵向平面内的相当长度 μl 相同，应使截面对任一形心轴的 i 相等或接近相等，这样，压杆在任一纵向平面内的柔度 λ 都相等或接近相等，于是在任一纵向平面内有相等或接近相等的稳定性。例如，圆形、环形或图 10.11(b)所示的截面，都能满足这一要求。相反，某些压杆在不同的纵向平面内，μl 并不相同。例如，发动机的连杆，在摆动平面内，两端可简化为铰支座[图 10.13(a)]，而在垂直于摆动平面的平面内，两端可简化为固定端[图 10.13(b)]，这就要求连杆截面对两个形心主惯性轴 x 和 y 有不同的 i_x 和 i_y，使得在两个主惯性平面内的柔度接近相等。这样，连杆的两个主惯性平面内仍然可以有接近相等的稳定性。

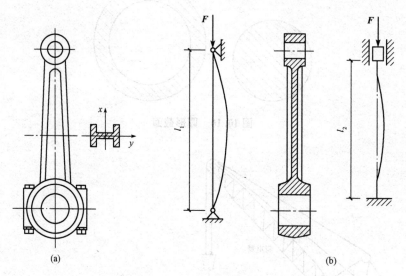

(a)　　　　　　　　　　　　(b)

图 10.13 发动机连杆力学模型

(a)示意图；(b)简化模型

(2)减小压杆的支承长度。压杆的柔度越小，相应的临界力或临界应力就越高，而减小压杆的支承长度是降低压杆柔度的方法之一，可有效地提高压杆的稳定性。因此，在条件允许的情况下，应尽可能地减小压杆的长度，或者在压杆的中间增加支座，也同样起到减小压杆支撑长度的作用。例如，钢铁厂无缝钢管车间的穿孔机（图 10.14），原来轧制普通钢管，后改轧合金钢管，要求顶杆的穿孔压力增大，为了提高顶杆的稳定性，在顶杆中段增加一个抱辊装置，这就达到了提高顶杆稳定性的目的。

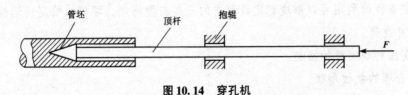

图 10.14　穿孔机

　　(3)改善杆端的约束情况。从表 10.1 中可以看出，若杆端约束的刚性越强，压杆的长度因数 μ 就越小，相应地，柔度 λ 就越小，临界力就越大。其中以固定端约束的刚性最好，铰支端次之，自由端最差。因此，尽可能加强杆端约束的刚性，就能使压杆的稳定性得到相应的提高。

　　(4)合理选用材料。上述各点，一方面都是通过降低压杆柔度的方法来提高压杆的稳定性；另一方面合理选用材料，对提高压杆稳定性也能起到一定的作用。

　　对于大柔度杆，由式(10.16)可知，材料的弹性模量 E 越大，压杆的临界力就越高。故选用弹性模量较大的材料可以提高压杆的稳定性。但须注意，由于一般钢材的弹性模量 E 大致相同，且临界压力与材料的强度指标无关，故选用高强度钢并不能起到有效提高细长压杆稳定性的作用。

　　对于中柔度杆，由相关资料可知，采用强度高的优质钢，系数 a 显著增大，按式 $\sigma_{cr} = a - b\lambda$，压杆临界应力也就较高，故其稳定性将更好。至于柔度很小的短杆，本身就是强度问题，优质钢材的强度高，其优越性自然是明显的。

本章小结

　　本章结合有限元思想，采用 ABAQUS 有限元结构分析软件数值模拟的方法，展示短粗杆受压变形与细长杆受压变形的实际情况，结果表明，短粗杆受压产生的变形可以忽略不计，而细长杆受压后会被压弯，导致破坏。因此，本章通过研究理想细长压杆的稳定性特征，提出了临界力的概念、稳定性条件的建立和计算的基本方法。其主要应注意以下几个方面问题。

　　(1)柔度 λ 是压杆稳定计算中的一个重要物理量，无论是计算压杆的临界力(或临界应力)，还是根据稳定条件对压杆进行稳定计算，都需首先计算出 λ 值。从物理意义上看，λ 值综合地反映了压杆的长度、截面的形状和尺寸、杆两端支承情况对临界力(或临界应力)的影响，杆的 λ 值越大，越容易失稳。当两个方向的 λ 值不同时，杆总是沿 λ 值大的方向失稳。

　　(2)欧拉公式是计算临界力的重要公式，该公式是通过解微分方程得到的，微分方程的建立，则是基于压杆在临界力作用下可保持微弯状态的平衡。

　　从欧拉公式看到，细长压杆的临界力与杆件的长度(l)、横截面的形状和尺寸(I)、杆两端的支承情况(μ)、杆件所用材料(E)有关，设计压杆时，应综合考虑这些因素。

（3）欧拉公式是在 $\sigma \leqslant \sigma_p$ 的条件下导出的，该公式有其严格的适用范围。该范围以柔度的形式表示为 $\lambda \geqslant \lambda_p$，在应用欧拉公式计算临界力或临界应力时，应首先计算出杆的 λ 和 λ_p，且满足 $\lambda \geqslant \lambda_p$ 时方可应用此公式。

（4）稳定条件的利用可以解决稳定计算中的三类典型问题，即校核稳定、选择（设计）截面及确定许可载荷。

（5）提高压杆稳定性的措施。

1）选择合理的截面形状。

2）减小压杆的支承长度。

3）改善杆端的约束情况。

4）合理选用材料。

习 题

10.1　填空题

1. 一理想均匀直杆受轴向压力 $P = P_Q$ 时处于直线平衡状态。在其受到一微小横向干扰力后发生微小弯曲变形，若此时解除干扰力，则压杆_____。

2. 一细长压杆当轴向力_____时发生失稳而处于微弯平衡状态，此时若解除压力 P，则压杆的微弯变形_____。

3. 压杆属于细长杆、中长杆还是短粗杆，是根据压杆的_____来判断的。

4. 压杆的柔度集中地反映了压杆的_____对临界应力的影响。

10.2　判断题

1. 在材料相同的条件下，随着柔度的增大，细长杆的临界应力是减小的，中长杆不是。
（　　　）

2. 两根材料和柔度都相同的压杆临界应力不一定相等，临界压力一定相等。　（　　　）

3. 细长杆承受轴向压力 P 的作用，其临界压力与杆承受压力的大小无关。　（　　　）

10.3　简答题

1. 压杆稳定性涉及强度或刚度问题，有什么本质的区别和联系？试举例说明。

2. 压杆的压力达到临界压力值，是否就丧失了承载的能力？

3. 压杆的柔度反映了压杆的哪些因素？

4. 如图 10.15 所示的两细长杆均与基础刚性连接，但第一根杆[图 10.15（a）]的基础放在弹性地基上，第二根杆[图 10.15（b）]的基础放在刚性地基上。试问：两杆的临界力是否均为 $F_{cr} = \dfrac{\pi^2 E I_{min}}{(2l)^2}$？并由此判断压杆长度因数 μ 是否可能大于 2。

5. 把一张纸竖立在桌上，其自重就足以使它弯曲。若把纸折成三角形放置，其自重就不能使它弯曲了。若把纸卷成圆筒后竖放，甚至在顶端加上小砝码也不会弯曲。这是什么原因？

6. 如果压杆横截面 $I_y > I_z$，当杆件失稳时，横截面一定绕 z 轴转动而失稳吗？

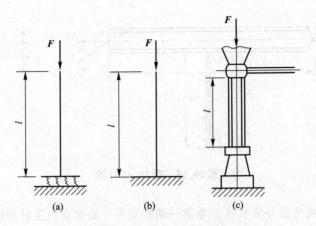

图 10.15 题 10.3(4)图

10.4 实践应用题

1. 有一长 $l = 300$ mm、截面宽 $b = 6$ mm、高 $h = 10$ mm 的压杆。两端铰接，压杆材料为 Q235 钢，$E = 200$ GPa。试计算压杆的临界应力和临界力。

2. 三根圆截面压杆，直径均为 $d = 160$ mm，材料为 Q235 钢，$E = 200$ GPa，$\sigma_s = 240$ MPa。两端均为铰支，长度分别为 l_1、l_2、l_3。且 $l_1 = 2l_2 = 4l_3 = 5$ m。试求各杆的临界压力 F_{cr}。

3. 一根两端铰支钢杆，所受最大压力 $P = 47.8$ kN。其直径 $d = 45$ mm，长度 $l = 703$ mm，钢材的 $E = 210$ GPa，$\sigma_p = 280$ MPa，$\lambda_2 = 43.2$，计算临界压力的公式有：（a）欧拉公式；（b）直线公式：$\sigma_{cr} = 461 - 2.568\lambda$（MPa）。试求：

（1）此杆的类型。

（2）此杆的临界压力。

4. 托架如图 10.16 所示，在横杆端点 D 处受到 $P = 30$ kN 的力作用。已知斜撑杆 AB 两端柱形约束(柱形铰销钉垂直于托架平面)，为空心圆截面，外径 $D = 50$ mm，内径 $d = 36$ mm，材料为 A3 钢，$E = 210$ GPa，$\sigma_p = 200$ MPa。若稳定安全系数 $n_{st} = 2$，试校核杆 AB 的稳定性。(本题试用有限元软件求解)

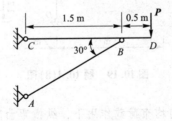

图 10.16 题 10.4(4)图

5. 如图 10.17 所示的结构中，梁 AB 为 No.14 普通热轧工字钢，CD 为圆截面直杆，其直径 $d = 20$ mm，二者材料均为 Q235 钢。结构受力如图 10.17 所示，A、C、D 三处均为球铰约束。若已知 $F = 25$ kN，$l_1 = 1.25$ m，$l_2 = 0.55$ m，$\sigma_s = 235$ MPa，强度安全因数 $n_s = 1.45$，稳定安全因数 $[n]_{st} = 1.45$。试校核此结构是否安全。

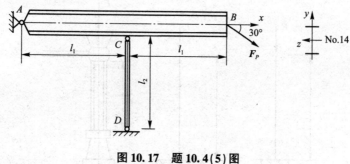

图 10.17 题 10.4(5)图

6. 由压杆挠曲线的微分方程式，导出一端固定另一端自由的压杆的欧拉公式。

7. 在图 10.18 所示的铰接杆系 ABC 中，AB 和 BC 皆为细长压杆，且截面相同，材料相同。若因在 ABC 平面内失稳而破坏，并规定 $0 < \theta < \dfrac{\pi}{2}$，试确定 F 为最大值时的 θ 角。

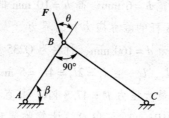

图 10.18 题 10.4(7)图

8. 如图 10.19 所示，AB 为刚杆，CD 为圆截面杆，直径 $d = 40$ mm，$E = 200$ GPa，$\lambda_s = 60$，$\lambda_p = 100$，中柔度杆临界应力公式为 $\sigma_{cr} = a - b\lambda$，其中：$a = 461$ MPa，$b = 2.568$ MPa。试按结构稳定性求临界载荷 q_{cr}。

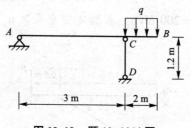

图 10.19 题 10.4(8)图

9. 如图 10.20 所示，在横向均布荷载作用下，纵横弯曲问题的最大挠度及弯矩。若 $q = 20$ kN/m，$F = 200$ kN，$l = 3$ m，杆件为 20a 工字钢，试计算杆件的最大正应力及最大挠度。

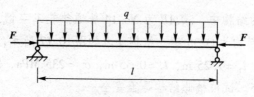

图 10.20 题 10.4(9)图

10. 如图 10.21 所示的结构，$q = 20$ kN/m，梁的截面为矩形，$b = 90$ mm，$h = 130$ mm，柱的截面为圆形，直径 $d = 80$ mm。梁和柱的材料均为 Q235 钢，$E = 200$ GPa，$[\sigma] = 160$ MPa，$\sigma_p = 200$ MPa。规定稳定安全因数 $n_{st} = 3$。试校核结构的安全性。

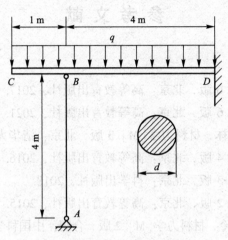

图 10.21　题 10.4(10) 图

第 10 章　习题答案

10.1—10.3　略

10.4　实践应用题

1. $\sigma_{cr} = 65.8$ MPa，$F_{cr} = 3.95$ kN。

2. $F_{cr1} = 2\,540$ kN，$F_{cr2} = 4\,710$ kN，$F_{cr3} = 4\,823$ kN。

3. (1) 中柔度杆；(2) $\sigma_{cr} = 461 - 2.568\lambda$（MPa），$P_{cr} = 478$ KN。

4. $n = 6.5 > n_{st} = 5$，所以稳定。

5. $n_w = 2.11 > 1.8$，所以安全。

6. 推导略。

7. $\theta = \arctan(\cot^2\beta)$。

8. $q_{cr} = 64.5$ kN/m。

9. $\sigma_{max} = 155$ MPa，$\omega_{max} = -4.5$ mm。

10. $n_{st} = 4.62 > 3$，所以安全。

参 考 文 献

[1] 刘鸿文. 材料力学[M]. 6版. 北京：高等教育出版社，2017.

[2] 孙训方. 材料力学[M]. 6版. 北京：高等教育出版社，2021.

[3] 范钦珊，殷雅俊，唐靖林. 材料力学[M]. 3版. 北京：清华大学出版社，2015.

[4] 单辉祖. 材料力学[M]. 4版. 北京：高等教育出版社，2016.

[5] 苟文选. 材料力学[M]. 3版. 北京：科学出版社，2018.

[6] 俞茂宏. 材料力学[M]. 2版. 北京：高等教育出版社，2015.

[7] 杨咸启，张伟林，李晓玲. 材料力学[M]. 2版. 合肥：中国科学技术大学出版社，2015.